全国高职高专食品类、保健品开发与管理专业"十三五"规划教材

（供食品营养与检测、食品质量与安全专业用）

U0297411

食品仪器分析技术

主　　编　欧阳卉　赵　强

副 主 编　梁芳慧　段春燕

编　　者　（以姓氏笔画为序）

于　勇（湖南食品药品职业学院）

王　妮（长春职业技术学院）

苏敬红（山东职业学院）

李桂霞（山东商务职业学院）

宋从从（潍坊工程职业学院）

欧阳卉（湖南食品药品职业学院）

赵　强（山东商务职业学院）

赵玉文（山东药品食品职业学院）

段春燕（重庆医药高等专科学校）

唐　超（重庆安全技术职业学院）

陶玉霞（黑龙江职业学院）

梁芳慧（长春医学高等专科学校）

谢小瑜（柳州职业技术学院）

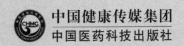

中国健康传媒集团

中国医药科技出版社

内容提要

　　本教材为"全国高职高专食品类、保健品开发与管理专业'十三五'规划教材"之一，系根据本套教材的编写指导思想和原则要求，结合专业培养目标和本课程的教学目标、内容与任务要求编写而成。本教材具有专业针对性强、紧密结合新时代行业要求和社会用人需求、与职业技能鉴定相对接等特点；内容主要包括电化学分析法、光谱法、色谱法、质谱法、酶联免疫法等。本教材为书网融合教材，即纸质教材有机融合电子教材、教学配套资源（PPT、微课、视频、图片等）、题库系统、数字化教学服务（在线教学、在线作业、在线考试）。

　　本教材主要供全国高职高专食品营养与检测、食品质量与安全专业师生使用，也可作为食品检验技术、药学等相关专业教材，还可作为生产企业相关人员的培训教材或相关专业人员参考用书。

图书在版编目（CIP）数据

食品仪器分析技术／欧阳卉，赵强主编 . —北京：中国医药科技出版社，2019.1

全国高职高专食品类、保健品开发与管理专业"十三五"规划教材

ISBN 978 - 7 - 5214 - 0551 - 4

Ⅰ. ①食… 　Ⅱ. ①欧… ②赵… 　Ⅲ. ①食品分析 - 仪器分析 - 高等职业教育 - 教材 　Ⅳ. ①TS207.3

中国版本图书馆 CIP 数据核字（2018）第 257126 号

美术编辑　陈君杞

版式设计　南博文化

出版　**中国健康传媒集团** | 中国医药科技出版社

地址　北京市海淀区文慧园北路甲 22 号

邮编　100082

电话　发行：010 - 62227427　邮购：010 - 62236938

网址　www.cmstp.com

规格　889 × 1194mm $\frac{1}{16}$

印张　14 ¾

字数　319 千字

版次　2019 年 1 月第 1 版

印次　2022 年 1 月第 4 次印刷

印刷　三河市航远印刷有限公司

经销　全国各地新华书店

书号　ISBN 978 - 7 - 5214 - 0551 - 4

定价　**38.00 元**

获取新书信息、投稿、为图书纠错，请扫码联系我们。

数字化教材编委会

主　编　欧阳卉　赵　强
副主编　梁芳慧　段春燕
编　者（以姓氏笔画为序）

于　勇（湖南食品药品职业学院）

王　妮（长春职业技术学院）

苏敬红（山东职业学院）

李桂霞（山东商务职业学院）

宋从从（潍坊工程职业学院）

欧阳卉（湖南食品药品职业学院）

赵　强（山东商务职业学院）

赵玉文（山东药品食品职业学院）

段春燕（重庆医药高等专科学校）

唐　超（重庆安全技术职业学院）

陶玉霞（黑龙江职业学院）

梁芳慧（长春医学高等专科学校）

谢小瑜（柳州职业技术学院）

出版说明

为深入贯彻落实《国家中长期教育改革发展规划纲要（2010—2020年）》和《教育部关于全面提高高等职业教育教学质量的若干意见》等文件精神，不断推动职业教育教学改革，推进信息技术与职业教育融合，对接职业岗位的需求，强化职业能力培养，体现"工学结合"特色，教材内容与形式及呈现方式更加切合现代职业教育需求，以培养高素质技术技能型人才，在教育部、国家药品监督管理局的支持下，在本套教材建设指导委员会专家的指导和顶层设计下，中国医药科技出版社组织全国120余所高职高专院校240余名专家、教师历时近1年精心编撰了"全国高职高专食品类、保健品开发与管理专业'十三五'规划教材"，该套教材即将付梓出版。

本套教材包括高职高专食品类、保健品开发与管理专业理论课程主干教材共计24门，主要供食品营养与检测、食品质量与安全、保健品开发与管理专业教学使用。

本套教材定位清晰、特色鲜明，主要体现在以下方面。

一、定位准确，体现教改精神及职教特色

教材编写专业定位准确，职教特色鲜明，各学科的知识系统、实用。以高职高专食品类、保健品开发与管理专业的人才培养目标为导向，以职业能力的培养为根本，突出了"能力本位"和"就业导向"的特色，以满足岗位需要、学教需要、社会需要，满足培养高素质技术技能型人才的需要。

二、适应行业发展，与时俱进构建教材内容

教材内容紧密结合新时代行业要求和社会用人需求，与职业技能鉴定相对接，吸收行业发展的新知识、新技术、新方法，体现了学科发展前沿、适当拓展知识面，为学生后续发展奠定了必要的基础。

三、遵循教材规律，注重"三基""五性"

遵循教材编写的规律，坚持理论知识"必需、够用"为度的原则，体现"三基""五性""三特定"。结合高职高专教育模式发展中的多样性，在充分体现科学性、思想性、先进性的基础上，教材建设考虑了其全国范围的代表性和适用性，兼顾不同院校学生的需求，满足多数院校的教学需要。

四、创新编写模式，增强教材可读性

体现"工学结合"特色，凡适当的科目均采用"项目引领、任务驱动"的编写模式，设置"知识目标""思考题"等模块，在不影响教材主体内容基础上适当设计了"知识链接""案例导入"等模块，以培养学生理论联系实际以及分析问题和解决问题的能力，增强了教材的实用性和可读性，从而培养学生学习的积极性和主动性。

五、书网融合，使教与学更便捷、更轻松

全套教材为书网融合教材，即纸质教材与数字教材、配套教学资源、题库系统、数字化教学服务有机融合。通过"一书一码"的强关联，为读者提供全免费增值服务。按教材封底的提示激活教材后，读者可通过电脑、手机阅读电子教材和配套课程资源（PPT、微课、视频、动画、图片、文本等），并可在线进行同步练习，实时反馈答案和解析。同时，读者也可以直接扫描书中二维码，阅读与教材内容关联的课程资源（"扫码学一学"，轻松学习PPT课件；"扫码看一看"，即刻浏览微课、视频等教学资源；"扫码练一练"，随时做题检测学习效果），从而丰富学习体验，使学习更便捷。教师可通过电脑在线创建课程，与学生互动，开展布置和批改作业、在线组织考试、讨论与答疑等教学活动，学生通过电脑、手机均可实现在线作业、在线考试，提升学习效率，使教与学更轻松。

编写出版本套高质量教材，得到了全国知名专家的精心指导和各有关院校领导与编者的大力支持，在此一并表示衷心感谢。出版发行本套教材，希望受到广大师生欢迎，并在教学中积极使用本套教材和提出宝贵意见，以便修订完善，共同打造精品教材，为促进我国高职高专食品类、保健品开发与管理专业教育教学改革和人才培养做出积极贡献。

中国医药科技出版社

2019年1月

全国高职高专食品类、保健品开发与管理专业"十三五"规划教材

建设指导委员会

委　　　　员（以姓氏笔画为序）

王　丹（长春医学高等专科学校）

王　磊（长春职业技术学院）

王文祥（福建医科大学）

王俊全（天津天狮学院）

王淑艳（包头轻工职业技术学院）

车云波（黑龙江生物科技职业学院）

牛红云（黑龙江农垦职业学院）

边亚娟（黑龙江生物科技职业学院）

曲畅游（山东药品食品职业学院）

伟　宁（辽宁现代服务职业技术学院）

刘　岩（山东药品食品职业学院）

刘　影（茂名职业技术学院）

刘志红（长春医学高等专科学校）

刘春娟（吉林省经济管理干部学院）

刘婷婷（安庆医药高等专科学校）

江津津（广州城市职业学院）

孙　强（黑龙江农垦职业学院）

孙金才（浙江医药高等专科学校）

杜秀虹（玉溪农业职业技术学院）

杨玉红（鹤壁职业技术学院）

杨兆艳（山西药科职业学院）

杨柳清（重庆三峡医药高等专科学校）

李　宏（福建卫生职业技术学院）

李　峰（皖西卫生职业学院）

李时菊（湖南食品药品职业学院）

李宝玉（广东农工商职业技术学院）

李晓华（新疆石河子职业技术学院）

吴美香（湖南食品药品职业学院）

张　挺（广州城市职业学院）

张　谦（重庆医药高等专科学校）

张　镝（长春医学高等专科学校）

张迅捷（福建生物工程职业技术学院）

张宝勇（重庆医药高等专科学校）

陈　瑛（重庆三峡医药高等专科学校）

陈铭中（阳江职业技术学院）

陈梁军（福建生物工程职业技术学院）

林　真（福建生物工程职业技术学院）

欧阳卉（湖南食品药品职业学院）

周鸿燕（济源职业技术学院）

赵　琼（重庆医药高等专科学校）

赵　强（山东商务职业学院）

赵永敢（漯河医学高等专科学校）

赵冠里（广东食品药品职业学院）

钟旭美（阳江职业技术学院）

姜力源（山东药品食品职业学院）

洪文龙（江苏农林职业技术学院）

祝战斌（杨凌职业技术学院）

贺　伟（长春医学高等专科学校）

袁　忠（华南理工大学）

原克波（山东药品食品职业学院）

高江原（重庆医药高等专科学校）

黄建凡（福建卫生职业技术学院）

董会钰（山东药品食品职业学院）

谢小花（滁州职业技术学院）

裴爱田（淄博职业学院）

前言
QIANYAN

本教材为全国高职高专食品类、保健品开发与管理专业"十三五"规划教材之一，是根据全国高职高专食品类、保健品开发与管理专业培养目标和主要就业方向及职业能力要求，按照本套教材的编写指导思想和原则，结合本课程教学大纲，由全国11所院校从事教学和生产一线的教师、学者悉心编写而成。

《食品仪器分析技术》是高职高专食品营养与检测、食品检测技术等专业的必修课程，是食品质量与安全专业的素质拓展课程，是职业技能教育的重要课程。学习本课程教材主要是为学习后续食品理化检验技术、食品质量安全管理、食品掺伪检验技术等课程及今后从事食品检验等岗位工作奠定基础。

本教材在编写中坚持"三基、五性、三特定"的原则，始终贯彻基本知识、基本理论、基本技能的要求，力求更具先进性、实践性、职业性、实用性、针对性和前瞻性。本教材为理实一体化教材，全书共分为十一章内容、1个附录及17个实训。主要介绍电化学分析法、紫外-可见分光光度法、红外分光光度法、原子吸收分光光度法、荧光分光光度法、经典柱色谱法、薄层色谱法、气相色谱法、高效液相色谱法、质谱法、酶联免疫法等内容。在相应章节后有实训，紧贴食品检验实践，以实现理论与实践结合。本教材为书网融合教材，即纸质教材有机融合电子教材、教学配套资源、题库系统、数字化教学服务（在线教学、在线作业、在线考试）。实现课堂教学和现场教学的延伸，有利于提高学生学习兴趣，培养出既具有一定的理论知识又有较强的操作技能的全面综合职业素质良好的食品技术技能人才。

本教材实行主编负责制，参加编写的人员有王妮（第一章）、梁芳慧（第二章、实训一、二、三）、欧阳卉（第三章、实训四、五、六）、陶玉霞（第四章、实训七）、谢小瑜（第五章、实训八和九）、段春燕（第六章、实训十、十一、附录）、唐超（第七章第一节、第二节）、苏敬红（第七章第三节、实训十二、十三）、赵强（第八章、实训十四）、宋从从（第九章第一节、第二节）、赵玉文（第九章第三节、实训十五、十六）、于勇（第十章）、李桂霞（第十一章、实训十七）。

本教材主要供全国高职高专食品营养与检测、食品检测技术、食品质量与安全专业师生使用，也可供药学、中药学等相关专业用书，还可作为生产企业相关人员的培训教材或相关专业人员参考用书。

在教材编写过程中得到了各位编委及所在院校领导、尤其是湖南食品药品职业学院、山东商务职业学院领导和老师们的大力支持和帮助，株洲市食品药品检验所副所长朱跃芳给予了热情帮助，谨此一并致谢！

由于编写时间仓促，编者水平有限，书中难免有疏漏和不妥之处，敬请使用本教材的师生和各位读者批评指正。

编　者
2019年1月

目录

MULU

第一章　绪　　论

👉 **案例讨论**

　　案例：近日，网络新闻报道，市场上出现部分假酒。假酒最为危害人体健康的是用工业乙醇勾兑成食用白酒销售。工业乙醇中含有剧毒物质甲醇，饮用甲醇 4~6 g 就会使人致盲，10 g 以上就可致死。

　　问题：如果你是一名食品检验员，请谈谈这些假酒可以采用什么方法进行鉴别和定量？

　　民以食为天。食品是人类生活中不可缺少的必需品，是人类生命活动所需能量和营养的来源，食品品质的好坏与人们的身体健康密切相关。仪器分析是食品生产加工、贮藏及流通过程中质量控制的重要手段。随着现代光电技术、信息技术和食品科学的迅猛发展，以及人们对食品中功能性成分和有害污染物成分的检测要求也越来越广泛和苛刻，仪器分析在食品质量控制中起到的作用越来越大，所占的比重不断增长并已成为现代食品分析的重要支柱。

第一节　仪器分析的任务和方法分类

一、仪器分析的任务

　　仪器分析是指通过测量物质的某些物理或物理化学性质的参数及其变化来获取物质的化学组成、成分含量及化学结构等信息的一类分析方法。这类方法通常需要采用比较复杂和特殊的仪器设备，顾得名"仪器分析"。它是一门多种学科相互渗透、相互促进的边缘学科，也是分析化学的一个重要分支，是分析化学的发展方向。

扫码"学一学"

仪器分析是在化学分析的基础上发展起来的。许多仪器分析方法中的样品处理都涉及化学分析方法（如样品的处理、分离及干扰的掩蔽等）。同时仪器分析方法大多是相对的分析方法，要用标准溶液来校对，而标准溶液大多需要化学分析方法来标定。因此，化学分析方法和仪器分析方法是相辅相成的，在使用时可根据具体情况，取长补短，互相配合。仪器分析是分析化学的主干，只有在化学分析的基础上仪器分析才能发挥其独特的性能。因此在解决实际问题时，应根据具体的情况，参照各种方法的特点选择适宜的分析方法。

仪器分析的主要任务是对试样组成进行定性分析、定量分析、结构分析，以及一般化学分析法难以胜任的特殊分析，如物相分析、微区分析、表面分析、价态分析以及状态分析等。

仪器分析课程是食品、医疗卫生、化学、化工、制药、环境、生命科学等学科的专业基础课之一。《食品仪器分析技术》是我国高等职业院校食品营养与检测、食品检测技术等专业学生必修的一门专业基础课，是食品质量与安全专业学生的一门专业素质拓展课程，是职业技能教育的重要课程。通过本课程的学习，要求学生掌握现代仪器分析方法的基本原理、仪器结构、使用技术，能够根据具体的分析检测任务，结合所学的各类仪器分析方法，选择合适的分析手段，解决工作中所遇到的问题，完成工作任务。

> 课堂互动
>
> 仪器分析与化学分析有何区别和联系？

二、仪器分析方法的分类

物质的几乎所有的物理或物理化学性质（如光学性质、电化学性质、热学性质等）都可用于分析，因此仪器分析方法种类很多，各种方法有其比较独立的方法原理而自成体系，通常根据用以测量的物质性质仪器分析方法大致分为光学分析法、电化学分析法、色谱法、质谱法及其他分析法等五大类。如表1-1列举了食品中常用的仪器分析方法分类。

表1-1　食品中常用的仪器分析方法分类

方法分类	主要方法	被测物质性质
电化学分析法	电位分析法	电极电位
	电导分析法	电导
	库仑分析法	电量
	极谱法和伏安法	电流-电压
光学分析法	原子发射光谱法、火焰光度法	辐射的发射
	荧光光谱法、磷光光谱法、放射化学法	辐射的发射
	紫外-可见分光光度法、原子吸收分光光度法	辐射的吸收
	红外分光光度法、核磁共振波谱法	辐射的吸收
	比浊法、拉曼光谱法	辐射的散射
	折射法、干涉法	辐射的折射
	X射线衍射法、电子衍射法	辐射的衍射
	偏振法、旋光色散法	辐射的旋转

续表

方法分类	主要方法	被测物质性质
色谱法	气相色谱法、液相色谱法、超临界流体色谱法	两相间的分配
质谱法	质谱法	质荷比
其他仪器分析法	热分析法	热性质

1. 电化学分析法 是根据溶液中物质的电化学性质及其变化规律，建立在以电位、电导、电流和电量等电化学参数与被测物质某些量之间的计量关系的基础之上，对物质进行定性和定量的仪器分析方法，是一种快速、灵敏、准确的微量和痕量分析方法。根据所测电信号的不同，电化学分析法（electrochemical analysis）可分为电导分析法、电位分析法、电解分析法、库仑分析法、极谱法和伏安法等。

2. 光学分析法 基于物质发射辐射能或辐射能与物质相互作用而建立起来的分析方法。光学分析法（optical analysis）是一种物理方法，包括光谱法和非光谱法。

（1）光谱法 是以被测物质对光的发射、吸收、散射或荧光为基础建立的分析方法，通过测量光的波长和强度相互关系进行分析。根据物质分子或原子内不同能级间跃迁所需要的能量和不同波长光的能量相互匹配关系，建立了一系列的光谱分析法。如原子发射光谱法（atomic emission spectrometry，AES）、原子吸收分光光度法（atomic absorption spectrophotometry，AAS）、紫外 – 可见分光光度法（ultraviolet visible spectrophotometry，UV – Vis）、红外分光光度法（infrared spectrophotometry，IR）、拉曼光谱法（Raman spectroscopy）、荧光分光光度法（fluorescence spectrophotometry，FS）、核磁共振波谱法（nuclear magnetic resonance spectroscopy，NMR）等。

（2）非光谱法 非光谱法也叫一般光学分析法，分析时不涉及物质内部能级的跃迁，只涉及光的传播方向、速度或其他物理性质的改变，如折射、反射、干涉、衍射和偏振等。包括折射法、旋光法、比浊法、X 射线衍射法等。

3. 色谱法 根据混合物各组分在互不相溶的两相间（流动相和固定相）中吸附、分配或亲和作用的差异而进行分离和分析的方法。色谱法主要包括气相色谱法（gas chromatography，GC）、液相色谱法（liquid chromatography，LC）、高效液相色谱法（high performance liquid chromatography，HPLC）、薄层色谱法（thin layer chromatography，TLC）、超临界流体色谱法（supercritical fluid chromatography）、激光色谱、电色谱等。

4. 质谱法 质谱法（mass spectrometry，MS）是通过将被测样品转化为运动的气态离子并按质荷比（m/z，该离子的相对质量与所带单位电荷的比值）大小进行分离和测定的分析方法。

5. 其他仪器分析方法 仪器分析发展迅速，新方法不断涌现，如免疫分析法、放射分析法、流动注射分析法、热分析法等。

本书结合食品药品检验工作的实际，重点介绍电化学分析法、紫外 – 可见分光光度法、红外分光光度法、原子吸收分光光度法、荧光分光光度法、经典柱色谱法、薄层色谱法、气相色谱法、高效液相色谱法、质谱法和酶联免疫分析法等常用的现代仪器分析方法技术。

扫码"学一学"

第二节 仪器分析的特点和发展趋势

一、仪器分析的特点

1. 灵敏度高 仪器分析的灵敏度远远高于化学分析，仪器分析的检测限一般都在 10^{-6} 级、10^{-9} 级、甚至可达 10^{-14} 级。例如，原子吸收分光光度法测定某些元素的绝对灵敏度可达 10^{-14}（非火焰式）~10^{-9} g/mL（火焰式）。电子光谱甚至可达 10^{-18} g/L。因此，仪器分析适用于微量组分（含量在 0.01% ~1%）和痕量组分（含量 <0.01%）的分析，它对于超纯物质的分析，环境监测及生命科学研究，食品中农药残留、兽药残留、重金属、生物毒素的检测和质量监控等有重要意义。

2. 选择性好 仪器分析法适于复杂组分试样的分析。许多仪器分析方法可以通过选择或调整检测条件，在测定共存组分时，相互间不产生干扰。

3. 样品用量少 化学分析法样品用量在 10^{-4} ~10^{-1} g；仪器分析试样用量常在 10^{-8} ~10^{-2} g，测定时有时只需数微升或数毫克样品。

4. 应用范围广 现代仪器分析方法众多，功能各不相同，不但可用于成分分析，价态、状态及结构分析，还可以用于物相分析、表面分析、微区分析、遥测、遥控分析。有些仪器分析方法可以在不破坏样品的情况下进行无损分析，适于食品领域内快速无损检测。如近红外分光光度法在果蔬加工中实现果蔬类原料的无损检测、在线质量监控，对保证食品质量安全有重要意义。

5. 易于实现自动化，操作简便快速 被测组分的浓度变化或物理性质变化转变成某种电学参数，使分析仪器与计算机连接，便于遥测、遥控、自动化；可作即时、在线分析控制生产过程、环境自动监测与控制，操作较简便，省去了繁多化学操作过程，随自动化、程序化程度的提高，操作将更趋于简化。

仪器分析在使用上还存在一定局限性，仪器设备结构复杂，科技含量高，成本与技术要求高，价格昂贵，对维护及环境等要求高，普及使用比较困难；是一种相对分析方法，常不能单独使用，需要进行样品预处理，和化学分析法是相辅相成、相互配合的；一般不适于常量和高含量组分的分析测试，测定结果准确度不及化学分析法，相对误差大。

二、仪器分析的发展趋势

1. 方法创新 进一步提高仪器分析方法的灵敏度、选择性和准确度，各种选择性检测技术和多组分同时分析技术等是当前仪器分析研究的重要课题。

2. 分析仪器智能化 将计算机技术与分析仪器相结合，实现分析操作的自动化和智能化，是仪器分析的一个非常重要的发展趋势。在一些分析方法中，在分析工作者的指令控制下，微机不仅能运算分析结果，而且还可以优化操作条件、控制完成整个分析过程，包括进行储存分析方法和数据采集、处理与计算等，直至动态显示和最终结果输出。目前，计算机技术对仪器分析的发展影响极大，已成为现代分析仪器一个不可分割的部分；随着应用软件的不断开发利用，分析仪器将更加智能化。

3. 新型动态分析检测和非破坏性检测 运用先进的技术和分析原理，研究并建立有效而实用的实时、在线和高灵敏度、高选择性的新型动态分析检测和非破坏性分析，是 21 世纪仪器分析发展的一个主流。目前，多种生物传感器和酶传感器、免疫传感器、DNA 传感器、细胞传感器等不断涌现，为活体分析带来了机遇。

4. 多种方法的联合使用 随着样品的复杂性和测量难度不断增加及分析测试信息量和响应速度的要求不断提高，需要将几种方法结合起来，组成联用技术进行分析，便于发挥不同分析方法间的协同作用，提高方法的灵敏度、准确度及对复杂混合物的分辨能力，并能获得不同方法单独使用时所不具备的某些功能。联用分析技术已成为当前仪器分析的主要发展方向之一，例如色谱 – 质谱联用技术、色谱 – 红外光谱联用技术已经得到应用。

5. 扩展时空多维信息 随着环境科学、宇宙科学、能源科学、生命科学、临床化学、生物医学等学科的兴起，现代仪器分析的发展已不局限于将待测组分分离出来进行表征和测量，而且成为一门为物质提供尽可能多的化学信息的科学。随着人们对客观物质认识的深入，某些过去所不甚熟悉的领域，如多维、不稳定和边界条件等，也逐渐提到日程上来。采用现代核磁共振波谱、质谱、红外光谱等分析方法，可提供有机物分子的精细结构、空间排列构成及瞬态变化等信息，为人们对化学反应历程及生命的认识提供了重要基础。

第三节 分析仪器的主要性能指标与分析方法的选择验证

扫码"学一学"

一、分析仪器的主要性能指标

分析仪器的性能指标主要用来衡量仪器的分析测试能力，包括精度、分辨率、重复性、灵敏度、稳定性、检测极限、线性范围、选择性和响应时间。

1. 精度 是判断分析仪器的重要指标，常用误差表示。误差越小，精度越高。在仪器指标中常以"精度等级"表示，是指在规定的使用条件下仪器的最大误差。精度是重复性和准确度的综合反映，仪器精度越高，重复性和准确度也越高。

2. 分辨率 分辨率是仪器区分成分相近特性的能力。分辨率越高，仪器区分能力越强。

3. 重复性 说明仪器测量值的分散性，由同一操作者用同一台仪器对同一被测物质在短时间内连续重复测定数次，所得测量结果的一致性。

4. 稳定性 指在规定的时间内，在测量条件不变的情况下仪器示值保持不变的计量特性。常用单位时间内仪器漂移满量程的百分数表示。也可用漂移、噪声等表示。测量仪器产生不稳定的因素很多，主要原因是元器件的老化，零部件的磨损，以及使用、贮存、维护工作不仔细等所致。测量仪器进行的周期检定或校准，是对其稳定性的一种考核。稳定性也是科学合理地确定检定周期的重要依据之一。

5. 灵敏度 指分析仪器在稳定条件下对被测物质微小变化的响应，是分析仪器的指示值增量与被测物增量之比。

6. 检测极限 检测极限也称检出限或最小检测量，是指分析仪器能准确检测的最小物质含量。一般以给出信号为空白溶液信号的标准偏差的 3 倍时所对应的待测组分的浓度或质量表示。仪器的检测极限与自身噪声水平有很大的关系，比灵敏度更具有明确的意义，可从灵敏度和噪声两个方面来说明仪器的性能。

7. 线性范围　又称为动态范围，是指仪器检测的信号与被测物质的浓度或质量成线性关系的范围，用该物质在线性范围内的最大进样量与最小进样量之比表示。

8. 选择性　表示仪器区分待测组分与非待测组分的能力。选择性越好，干扰越少。

9. 响应时间　是衡量仪器动态特性的参数，它反映了当被测物质参数变化后仪器的输出信号能否及时准确地变化。

二、分析方法的选择和验证

（一）分析方法的选择

分析方法选择十分重要，遵循三个原则：适用性原则、准确性原则、速度原则。选择分析方法时需对样品的状态、性质（酸碱性、稳定性、相对分子质量、复杂程度等）、来源（取样方式和样品量）、分析目的等全面进行了解，以便采取有针对性的分析步骤，而且要随时关注国家标准、国家政策的变化，根据客观条件（人力、仪器设备和财力）制定分析方案。具体应考虑以下内容。

1. 对被分析样品的组分及其理化性质等全面了解

（1）方法应与被测组分的含量相适应　测定常量组分时，多数可采用滴定分析法，相对误差为千分之几；测定微量组分时，采用仪器分析法，灵敏度高。

（2）方法应考虑被测组分的性质　试样具有酸性或碱性，且纯度高，可用酸碱滴定法；试样具有氧化性或还原性，且纯度较高，可用氧化还原滴定法。

（3）分析复杂样品，一般用色谱法　具有一定挥发性的物质，用 GC 法；非挥发性的物质，用 HPLC 法、TLC 法（具体检测方法视被测组分的性质确定）。

2. 方法应与测定的具体要求相适应　用于成品、仲裁分析，对方法的准确度要求高；中间体分析、环境检测，要求快速简便；微量或痕量分析，对方法的灵敏度要求高。

3. 建立方法时要考虑干扰物质的影响　选择测定方法时，要同时考虑到干扰物质对测定的影响，改变分析条件，再选择适当的分离方法或加入掩蔽剂，在排除各种干扰后，才能准确测定。

（二）分析方法的验证

验证分析方法的目的是证明所采用的方法是否符合相应的要求。验证的内容包括准确度、精密度、专属性、检测限、定量限、线性、范围、耐用性等八方面。

1. 准确度　准确度（accuracy）指用该方法测定的结果与真实值或参考值接近的程度，一般以百分回收率表示。具体做法：将被测样品平均分为 A、B 两份，在其中的一份 A 中加入已知量 C 的待测组分，回收率的计算方法：

$$回收率 \% = \frac{(A + C) 测定结果 - B 测定结果}{加入的待测组分量（C）} \times 100\% \qquad (1-1)$$

评价要求：在规定的范围内，至少用 9 次测定结果进行评价，通常可以制备高、中、低 3 个不同浓度的样品，各测定 3 次，报告已知加入量的回收率。

2. 精密度　精密度（precision）指使用同一方法，对同一试样进行多次测定所得测定结果的一致程度。同一分析人员在同一条件下测定结果的精密度又称为重复性；在不同实验室由不同分析人员测定结果的精密度称为重现性。

精密度常用偏差、标准偏差（S）或相对标准偏差（RSD）表示。偏差愈小，精密度愈高。

$$S = \sqrt{\frac{\sum_{i=1}^{n}(x_i - \bar{x})^2}{n-1}} \qquad (1-2)$$

$$RSD = \frac{S}{\bar{x}} \times 100\% \qquad (1-3)$$

3. 专属性 专属性（specificity）指在其他成分可能存在的情况下，采用的方法能准确测定出被测物的特性。

4. 检测限 检测限（limit of detection，LOD）是指试样中被测物能被检测出的最低量（浓度）。包括非仪器分析目视法和信噪比法，一般以信噪比为 3∶1 或 2∶1 时相应浓度或注入仪器的量确定检测限。

5. 定量限 定量限（limit of quantitation，LOQ）是指被测样品能被定量测定的最低量，测定结果应该具有一定的准确度和精密度。一般以信噪比为 10∶1 时的浓度或注入仪器的量进行确定。

6. 线性 线性（linearity）是指在设计的范围内，测试结果与试样中被测物浓度成正比关系的程度。

7. 范围 范围（range）是指能达到一定精密度、准确度和线性时，测试方法适用的高低限浓度或量的区间。应根据分析方法的具体应用和线性、准确度、精密度结果和要求确定。

8. 耐用性 耐用性（ruggedness）是指在测定条件有小的变动时，测定结果不受影响的承受程度，为常规检测提供依据。例如，HPLC 中典型的变动因素：流动相的组成和 pH；不同厂牌或不同批号的同类型色谱柱；柱温、流速等。GC 中典型的变动因素：不同厂牌或不同批号的色谱柱、固定相；不同类型的担体；柱温、进样量、检测器温度等。

拓展阅读

仪器分析在食品检测中的应用

随着社会的进步和人民生活水平的提高，食品安全问题也越来越受到人们的关注。但是食品中农药残留、非法添加剂、重金属等安全问题仍然存在，屡禁不止，人们的健康面临着很大的隐患，这不但需要建立起完善的监督体系，更需要加强对食品安全的检测与监督。但是，一般样品基质复杂，检测组分含量低，使用常规的化学分析方法很难达到检测要求，然而仪器分析却能完成这个任务。比如，光学分析法能测定食品中的铅、砷、汞、铜、铬等重金属离子，还可以精密测定钇、镧、镨等多种稀土元素；气相色谱法可以完成脂类化合物、风味成分、农药残留、多环芳烃等的定性或者定量分析；高效液相色谱法已成为食品分析中的重要技术手段，用于检测食品中的防腐剂、甜味剂、食用色素等各类添加剂、蛋白质、氨基酸、糖类、脂肪酸、维生素等营养成分以及抗生素、杀虫剂、生物毒素等污染物；质谱以及色谱质谱联用技术的应用，使农药残留分析从原有的依靠色谱法测定一种或几种食品农药残留，发展到可同时测定多种不同种类的农药残留，实现了对多组分农药的高通量、高灵敏度定性及定量分析。仪器分析方法对保障和提高我国食品质量安全具有重要的现实意义。

本章小结

1. 仪器分析方法的分类　常根据测定方法原理不同分为电化学分析法、光学分析法、色谱法、质谱法及其他仪器分析法五类。

2. 仪器分析特点　测定灵敏度高，选择性好，样品用量少，应用范围广，易于实现自动化，操作简便快速。

3. 分析仪器主要性能指标　精度、分辨率、重复性、稳定性、灵敏度、检测极限、线性范围、选择性和响应时间。

4. 仪器分析发展方向　方法创新、分析仪器智能化、新型动态分析检测和非破坏性检测、多种方法的联合使用、扩展时空多维信息。

? 思考题

1. 什么是仪器分析？仪器分析的任务是什么？有何特点？

2. 写出分析仪器的主要性能指标。

3. 分析方法的选择应考虑哪几个方面？分析方法验证内容包括哪些？

（王妮）

扫码"练一练"

第二章　电化学分析法

电化学分析法是利用物质在溶液中的电化学性质及其变化规律对物质进行定性或定量分析的仪器分析方法。根据测定电化学参数的不同，电化学分析法可分为电位分析法、电导分析法、电解分析法、伏安法四类：①电位分析法，是通过测量电极电位，确定待测物含量的分析方法，包括直接电位法和电位滴定法；②电导分析法，是通过测量和分析溶液的电导，确定待测物含量的分析方法，包括电导法和电导滴定法；③电解分析法，是根据通电时，通过称量待测物质在电池电极表面上定量析出的沉积物的质量来测定待测离子含量的分析方法，包括电重量分析法、库仑分析法、库仑滴定法；④伏安法，是根据电解被测物质试液所得到的电流－电压曲线进行分析的方法，包括电流滴定法（包括永停滴定法）、极谱法、溶出法。

电化学分析法具有仪器设备简单，操作方便，分析速度快，灵敏度高，选择性好，易于实现自动化等优点，是最早应用的仪器分析方法，广泛应用于生产、科研、食品、医药卫生等领域。本章主要介绍测量电池电动势的电位法和测量电路中电流的永停滴定法。

第一节　电化学分析法的基本原理

电化学分析法的实验过程如图 2－1，通常是将两个电极插入电解质溶液（含被测对象）中，通过测量化学电池的电压、电流、电导（电阻）、电量等电化学参数，利用电化学参数与被测物质之间量的关系对物质进行分析。

扫码"学一学"

一、化学电池

化学电池是电化学分析法必须具备的组成部分，它是化学能与电能相互转换的反应装置。

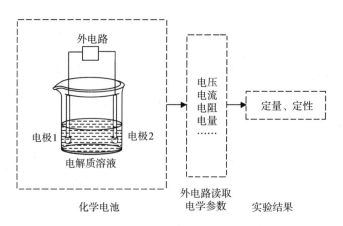

图2-1 电化学分析法的实验过程示意图

化学电池由电解质溶液、两个电极和外电路三部分组成。两个电极插入同一溶液内构成无液接电池如图2-2b，或分别插入两个用盐桥连接的不同溶液中构成有液接电池如图2-2a。溶液与溶液面之间存在的电位差称为液接电位。盐桥的玻璃管中装有琼脂凝胶，充满饱和氯化钾、硝酸钾或氯化铵等，盐桥的作用是消除不同种或不同浓度电解质溶液间的液接电位，同时为离子的迁移提供通道，构成电流回路。

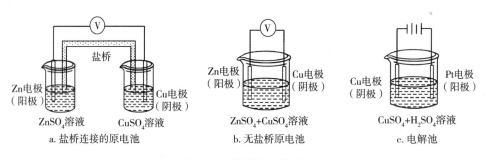

图2-2 化学电池类型

按化学能与电能转换形式的不同，化学电池可分为原电池和电解池（图2-2c）。原电池又称自发电池，是电池内部自发地发生化学反应产生电能的装置。电解池是指电极反应不能自发进行，在外部电源提供电能才能发生化学反应，将电能转变为化学能的装置，如电解、

课堂互动

化学电池主要由哪几部分组成？外电路可以测量什么电化学参数？

电镀。在图2-2a或b中，是铜锌原电池，铜片和锌片分别浸于$CuSO_4$和$ZnSO_4$的溶液中，两电极之间用金属导线连接，并连接电流计，电流计显示有电流通过，在锌电极上发生氧化反应，电极反应如下：

$$锌电极：Zn \rightleftharpoons Zn^{2+} + 2e \quad 氧化反应（阳极）、负极$$

在铜电极上发生还原反应，电极反应如下：

$$铜电极：Cu^{2+} + 2e \rightleftharpoons Cu \quad 还原反应（阴极）、正极$$

上述单个电极上发生的化学反应称为半电池反应，简称半反应。其中发生氧化反应的电极称为阳极；发生还原反应的电极称为阴极。电极电位较高的为正极，电极电位较低的为负极。铜锌原电池用电池符号可表示为：

$$（-）Zn｜ZnSO_4（x\ mol/L）\ ‖\ CuSO_4（x\ mol/L）｜Cu（+）$$

习惯上，负极写在左边，正极写在右边，单实线"｜"表示相之间的界面，双线"‖"表示"盐桥"。

电池的电动势：当流过电池的电流为零或接近于零时两电极间的电位差称为电动势。铜锌原电池的电池电动势为 $E = \varphi_右 - \varphi_左$。

二、电极电位

电极和溶液的相界面产生电位差。以金属锌电极为例，将锌片插入硫酸锌电解质溶液中构成锌电极。金属锌是强还原剂，容易失去电子，表现为 Zn 离开锌表面变为 Zn^{2+}，即：$Zn \rightarrow Zn^{2+} + 2e$，锌被氧化，而溶液中的 Zn^{2+} 也有得到电子变为 Zn 的倾向，即：$Zn^{2+} + 2e \rightarrow Zn$，锌离子被还原，锌被氧化的倾向大于锌离子被还原的倾向，Zn^{2+} 由锌表面向溶液迁移，使锌片带负电荷，电解质溶液中带正电荷的离子在静电力的

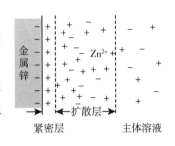

图 2 - 3　双电层结构示意图

作用下等量排布在溶液界面，在金属相的表面和溶液界面形成双电层，如图 2 - 3。双电层的形成抑制了电荷继续转移的倾向，最后建立动态平衡，在相界面产生稳定的电位差，即金属锌电极的电极电位。

若金属被氧化的倾向小于溶液中该离子的还原倾向时，如铜电极、银电极，在相界面上双电层的电荷分布与锌电极相反，即金属表面带正电荷，溶液界面带负电荷。

电极反应表示为：

$$Ox + ne \rightleftharpoons Red$$

反应式中 Ox 为氧化态；Red 为还原态；n 为转移的电子数。

用能斯特（Nernst）方程表示的电极电位与电极表面溶液中离子活度之间的关系，见式 2 - 1。

$$\varphi_{Ox/Red} = \varphi^{\ominus}_{Ox/Red} + \frac{RT}{nF} \ln \frac{a_{Ox}}{a_{Red}} \tag{2-1}$$

式中，$\varphi_{Ox/Red}$ 为电极电位；$\varphi^{\ominus}_{Ox/Red}$ 为标准电极电位；R 为摩尔气体常数，8.314 J/（mol·K）；T 为热力学温度，K；F 为法拉第常数，96 485 C/mol；n 为电极反应中转移的电子数；a_{Ox}、a_{Red} 分别为氧化态和还原态的活度，活度是活度系数与浓度的乘积，当离子浓度很小时，在一定条件下，可以浓度代替活度进行计算；固体物质和纯液体物质的活度作为 1 mol/L。当温度为 298 K 时，式 2 - 1 可以简化为：

$$\varphi_{Ox/Red} = \varphi^{\ominus}_{Ox/Red} + \frac{0.0592}{n} \lg \frac{a_{Ox}}{a_{Red}} \tag{2-2}$$

三、常用电极

一般根据在电化学分析中作用的不同分为指示电极和参比电极。常用的指示电极有金属电极和离子选择性电极。常用的参比电极有甘汞电极和银 - 氯化银电极。

（一）指示电极

电极电位值随待测离子活度（或浓度）的变化而改变（符合能斯特方程），其值反映待测离子浓度大小的电极称为指示电极。指示电极应符合下列基本要求：①电极电位与有关离子浓度（确切地说，为活度）符合能斯特方程式；②响应速度快，重现性好；③结构简单，使用方便。按照指示电极电位产生机理不同，指示电极分为两类：一类是基于电子交换的金属电极；一类是基于离子的交换和扩散的离子选择性电极。

1. 金属电极 以金属为基体，是基于电子交换的一类电极。

（1）金属 – 金属离子电极 由金属 M 插入该金属离子 M^{n+} 的溶液中组成，表示为：$M \mid M^{n+}$。只有一个相界面，又称为第一类电极。例如，银 – 银离子电极（$Ag \mid Ag^+$），电极反应为：$Ag^+ + e \rightleftharpoons Ag$。298 K 时，其电极电位见式 2 – 3：

$$\varphi_{Ag^+/Ag} = \varphi^{\ominus}_{Ag^+/Ag} + 0.0592 \lg a_{Ag^+} \tag{2 – 3}$$

由式 2 – 3 可知，金属 – 金属离子电极的电极电位（$\varphi_{Ag^+/Ag}$）在一定条件下仅与金属离子的活度（a_{Ag^+}）有关，可作为测定金属离子活度（或浓度）的指示电极。

（2）金属 – 金属难溶盐电极 又称为第二类电极。金属表面覆盖其难溶盐，插入该难溶盐阴离子的溶液中，即得到此类电极，表示为：$M \mid M_mX_n \mid X^{m-}$。例如，将银丝表面涂覆难溶盐氯化银，插入氯化钾溶液中，组成银 – 氯化银电极（$Ag \mid AgCl \mid Cl^-$），电极反应为：$AgCl + e \rightleftharpoons Ag + Cl^-$。298 K 时，其电极电位见式 2 – 4、2 – 5：

$$\varphi_{Ag^+/Ag} = \varphi^{\ominus}_{Ag^+/Ag} + 0.0592 \lg a_{Ag^+} = \varphi^{\ominus}_{Ag^+/Ag} + 0.0592 \lg \frac{k_{sp}}{a_{Cl^-}} \tag{2 – 4}$$

$$\varphi_{AgCl/Ag} = \varphi^{\ominus}_{AgCl/Ag} - 0.0592 \lg a_{Cl^-} \tag{2 – 5}$$

由式 2 – 4、2 – 5 可知，金属 – 金属难溶盐电极的电极电位与难溶盐阴离子的活度（或浓度）有关，因此，这类电极可作为测定金属难溶盐阴离子活度（或浓度）的指示电极。

（3）惰性金属电极 由惰性金属插入含有氧化态和还原态离子的溶液中组成，惰性金属不参与电极反应仅起传递电子的作用，此类电极也称零类电极。例如，将铂丝插入含有 Fe^{3+}、Fe^{2+} 的溶液中（$Pt \mid Fe^{3+}, Fe^{2+}$），电极反应为：$Fe^{3+} + e \rightleftharpoons Fe^{2+}$。298 K 时，其电极电位见式 2 – 6：

$$\varphi_{Fe^{3+}/Fe^{2+}} = \varphi^{\ominus}_{Fe^{3+}/Fe^{2+}} + 0.0592 \lg \frac{a_{Fe^{3+}}}{a_{Fe^{2+}}} \tag{2 – 6}$$

惰性金属电极电位取决于溶液中氧化态与还原态离子活度的比值，是测定溶液中氧化态或还原态离子活度及比值的指示电极。

2. 离子选择性电极 是一种电化学传感器，其电极电位与溶液中特定离子活度的对数呈线性关系。其主要组成部分是由固体或液体特殊材料构成的对某种物质（待测离子）有选择性响应的敏感膜，基于离子交换和扩散产生膜电位，故离子选择性电极也称为膜电极。离子选择性电极的选择性随电极膜而异，如以特殊玻璃为电极膜对氢离子具有选择性响应的 pH 玻璃电极，以氟化镧（LaF_3）单晶为电极膜对氟离子具有选择性响应的氟电极。下面介绍玻璃电极。

（1）玻璃电极构造 玻璃电极的构造见图 2 – 4。玻璃电极一般由内参比电极、内参比溶液、玻璃膜、电极管、导线和电极插头等几部分构成。玻璃膜（电极膜）厚度为 0.03 ～

0.1 mm，其组成为 Na_2O、CaO、SiO_2 等。电极内装 0.1 mol/L HCl 溶液或含有一定浓度 KCl 的 pH = 4 或 pH = 7 的内参比溶液，溶液中插入 Ag – AgCl 电极作为内参比电极。电极上端是高度绝缘外套屏蔽线的导线和引出线，以免漏电和静电干扰。

（2）玻璃膜对 H^+ 的响应原理　玻璃电极使用前需要在水或稀酸溶液中浸泡，玻璃膜表面将形成一层 $10^{-5} \sim 10^{-4}$ mm 厚的水化胶层。浸泡后的玻璃膜由膜内外的两个水化胶层、膜中间的干玻璃层三部分组成。溶液中的 H^+ 能进入水化胶层代替 Na^+ 的点位，其他阴离子或二价、高价的阳离子不能进入，因此玻璃膜对 H^+ 有选择性响应。测定时，试样溶液中的 H^+ 浓度与水化胶层中的 H^+ 浓度不同，H^+ 将由浓度高的一边向浓度低的一边扩散，平衡后在溶液和水化胶层的相界面形成双电层，产生电位差，即相界电位，如图 2 – 5 所示。

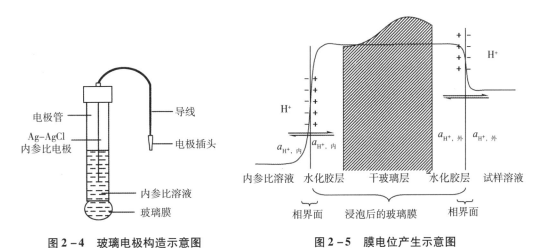

图 2 – 4　玻璃电极构造示意图　　　　图 2 – 5　膜电位产生示意图

玻璃膜内外两侧溶液的 pH 不相同，因此玻璃膜内外界面形成的相界电位不同，跨越整个玻璃膜形成电位差，称为膜电位 $\varphi_{膜}$，由于内参比溶液为一定 pH 的缓冲溶液，$a_{H^+,外}$ 为一定值，298 K 时 $\varphi_{膜}$ 为：

$$\varphi_{膜} = K + 0.0592 \lg a_{H^+,外} = K - 0.0592 pH_{外} \qquad (2-7)$$

式中，K 为电极常数。

玻璃电极的电极电位为膜电位 $\varphi_{膜}$ 与银 – 氯化银内参比电极电位之和，见式 2 – 8：

$$\varphi_{玻璃} = \varphi_{膜} + \varphi_{AgCl/Ag} = K - 0.0592 pH_{外} + \varphi_{AgCl/Ag} = K' - 0.0592 pH_{外} \qquad (2-8)$$

K' 为玻璃电极的常数，只与玻璃电极本身性能有关。由式 2 – 8 可知，在一定温度下，玻璃电极的电极电位 $\varphi_{玻璃}$ 与试样溶液的 pH 呈线性关系。这是玻璃电极测定溶液 pH 的理论依据。

（3）玻璃电极性能　玻璃电极可测定有色或浑浊的溶液，且测定时不受溶液中氧化剂或还原剂的干扰。玻璃电极的性能有以下几点。

课堂互动

玻璃电极对 H^+ 产生响应的是哪部分？玻璃电极的电极电位包括哪几部分的电位值？

①电极斜率。当溶液 pH 变化一个单位时，引起玻璃电极电位的变化值称为电极斜率（S），电极斜率的理论计算见式 2 – 9。通常玻璃电极的 S 稍小于理论值，298 K 时，$S = 59.2$ mV/pH。使用过程中，由于玻璃电极逐渐老化，S 值与理论值的偏离越来越大，298 K

时，如果 $S < 52 \, \text{mV/pH}$ 时，此玻璃电极不宜再使用。

$$S = \frac{\Delta\varphi}{\Delta\text{pH}}$$
(2-9)

②碱差和酸差。普通玻璃电极适用于测定 pH = 1~9 的溶液。在 pH > 9 的溶液中，Na^+ 相当于 H^+ 向水化胶层扩散，测得 pH 低于真实值，产生负误差，称为碱差或钠差。使用含 Li_2O 的锂玻璃电极可测至 pH 13.5 也不产生误差。在 pH < 1 的溶液中，测得 pH 高于真实值，产生正误差，称为酸差。这可能是 H^+ 与水分子水合，H^+ 活度减小所致。

③不对称电位。当玻璃膜内外溶液中 H^+ 活度相等时，$\varphi_{膜} = 0$。但实际上仍有 1~30 mV 的电位差存在，该电位称为不对称电位。主要原因是由于制造工艺、磨损等使得玻璃膜内外表面会有细微差异所致。干玻璃电极的不对称电位较大且不稳定，因此电极在使用前，必须先在水或稀酸中浸泡 24 小时以上，可降低不对称电位并使之趋于稳定。

④内阻。玻璃电极内阻很大，这就要求使用过程中通过的电流必须很小，须使用高阻抗的测量仪器。

⑤温度。一般玻璃电极适宜的使用温度为 5~60 ℃。温度过高，不利于离子交换且电极使用寿命下降；温度过低，电极内阻增大，测定困难。测定时，用于校准的标准缓冲溶液与试样溶液的温度应相同。

课堂互动

根据玻璃电极的性能，你认为玻璃电极在使用过程中需要注意哪些问题？

拓展阅读

氟离子选择性电极

氟离子选择性电极是目前最成功的单晶膜电极，其敏感膜由 LaF_3 单晶掺杂一些氟化铕（EuF_2）或氟化钙（CaF_2）制成 1~2 mm 厚的薄片。EuF_2 和 CaF_2 可增加其导电性。因为 LaF_3 晶格空穴的大小、形状和电荷等情况都使得它只能容纳氟离子，而不能让其他离子进入空穴，故该膜对氟离子有选择性响应。

氟电极的线性范围一般在 10^{-6} ~ 10^{-1} mol/L。氟电极的主要干扰物质是 OH^-。可能原因是：OH^- 进入单晶膜参与电荷传递；在膜表面 OH^- 与单晶膜中的 La^{3+} 反应，反应产物 F^- 对电极本身响应造成干扰。氟电极响应的是试样溶液中氟离子的活度。溶液 pH 过低易形成氟化氢分子，pH 过高则 OH^- 产生干扰，故测定时，需控制试液的 pH 在 5~6 之间。氟电极可以直接用于色度、浑浊度较高及干扰物质较多的水样测定。

（二）参比电极

参比电极是指在一定条件下，电极电位不随试样中待测离子浓度变化而改变的电极。对参比电极的基本要求是：电位值已知，电位稳定，可逆性好，在测量电动势过程中有不同方向的微弱电流通过时，电位能保持不变；重现性好；装置简单，使用方便，寿命长。常用的参比电极有甘汞电极和银－氯化银电极。

1. 甘汞电极 甘汞电极是由金属汞、甘汞（Hg_2Cl_2）和氯化钾溶液组成的电极，可表示为 $Hg \mid Hg_2Cl_2（s）\mid KCl（c）$，其结构示意如图 2-6。

甘汞电极的电极反应为：$Hg_2Cl_2 + 2e \rightleftharpoons 2Hg + 2Cl^-$。

甘汞电极在 298 K 时的电极电位见式 2-10：

$$\varphi_{Hg_2Cl_2/Hg} = \varphi^{\ominus}_{Hg_2Cl_2/Hg} - 0.0592 \lg a_{Cl^-} \qquad (2-10)$$

由式 2-10 可知，当温度一定时，甘汞电极的电极电位取决于氯离子的活度（或浓度），当氯离子的活度（或浓度）一定时，电极电位也一定，表 2-1 为不同氯离子浓度的甘汞电极的电极电位。氯化钾的饱和溶液容易制备，因此饱和甘汞电极（saturated calomel electrode，SCE）较常用。

表 2-1 不同氯化钾浓度的甘汞电极的电极电位（298 K）

电极名称	0.1 mol/L 甘汞电极	1.0 mol/L 甘汞电极	饱和甘汞电极
KCl 溶液浓度	0.1 mol/L	1.0 mol/L	饱和溶液
电极电位	0.3337 V	0.2801 V	0.2412 V

2. 银-氯化银电极 是在银丝表面涂覆一薄层氯化银，插入氯化钾溶液中组成的电极，其结构示意如图 2-7。银-氯化银电极结构简单，可制成很小的体积，因此常作为其他离子选择性电极的内参比电极。

课堂互动

你认为在分析工作中哪个电极作为参比电极，哪个电极作为指示电极？是固定不变的吗？为什么？

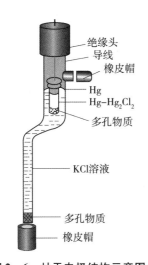

图 2-6 甘汞电极结构示意图

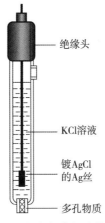

图 2-7 银-氯化银电极结构示意图

同样，银-氯化银电极的电极电位仅与溶液中氯离子的活度（或浓度）有关。在 298 K，不同 KCl 浓度的银-氯化银电极的电极电位值见表 2-2。

表 2-2 不同氯化钾浓度的银-氯化银电极的电极电位（298 K）

电极名称	0.1 mol/L Ag-AgCl 电极	标准 Ag-AgCl 电极	饱和 Ag-AgCl 电极
KCl 溶液浓度	0.1 mol/L	1.0 mol/L	饱和溶液
电极电位	0.2880 V	0.2223 V	0.1990 V

拓展阅读

复合 pH 电极

将指示电极与参比电极组装在一起就构成了复合电极。复合 pH 电极通常是由玻璃电极与银－氯化银电极或玻璃电极与甘汞电极组合而成。复合电极的参比电极和指示电极间有微孔材料，微孔材料可以防止内外溶液的混合，又起到盐桥的作用。复合 pH 电极浸入试样溶液就组成工作电池，复合 pH 电极体积小、使用方便、测定值稳定，在分析工作中较普通玻璃电极应用更广泛。

第二节　酸度计

案例讨论

案例： 近年，国内外有新闻报道，少数年轻人把酸度较大的饮料当水喝多年，造成牙釉质脱矿（牙齿溶解）。牙釉质脱矿的原因有很多，牙齿所处的酸碱性环境是原因之一。一般认为，牙齿长时间浸于 pH 5.0 以下的酸性溶液环境时，可使牙釉质脱矿。

问题： 1. 口感各异的碳酸饮料到底有多酸？
　　　　 2. 如何快速准确地测定溶液 pH（酸度）？

将指示电极与参比电极插入试样溶液中组成测量电池，通过测量电池的电动势，依据电动势与待测组分活度（浓度）之间的函数关系，直接测出待测组分的活度（浓度）的电位法称为直接电位法。

酸度计又称 pH 计，是专为使用玻璃电极直接测定试样溶液 pH（H^+ 活度的负对数）而设计的一种电子电位计。酸度计配上相应的离子选择性电极也可以测定溶液的电池电动势。

一、酸度计的基本原理

（一）pH 测量工作电池

测定溶液的 pH，常用饱和甘汞电极作参比电极，玻璃电极作指示电极，浸入被测溶液组成原电池，即 pH 测量工作电池，可表示为：

$$(-)\ Ag\ |\ AgCl\ (s)，内参比溶液\ |\ 玻璃膜\ |\ 试样溶液\ \|$$
$$KCl\ (饱和溶液)，Hg_2Cl_2\ (s)\ |\ Hg\ (+)$$

电池的电动势为饱和甘汞电极和玻璃电极的电极电位之差。298 K 时，电池的电动势 E 见式 2－11：

$$E = \varphi_{饱和甘汞} - \varphi_{玻璃} = \varphi_{饱和甘汞} - (K' - 0.0592\,pH_{外}) = K'' + 0.0592\,pH_{外} \quad (2-11)$$

式中，K'' 为常数，是 $\varphi_{饱和甘汞}$ 和 K' 的组合常数。由式 2 – 11 可知，电池电动势 E 与试样溶液的 pH 呈线性关系。由于每一支玻璃电极的 K' 不相同，且每一支玻璃电极的不对称电位值也不相同，K'' 很难确定。因此，实际工作中采用两次测定法测定溶液的 pH。

（二）两次测定法

两次测定法是使用同一对玻璃电极和饱和甘汞电极，将两个电极插入标准缓冲溶液（pH_s）中，测出其电动势（E_s），再将两个电极插入试样溶液（pH_x）中，测出其电动势（E_x），298 K 时有：

$$E_s = K'' + 0.0592\,pH_s \qquad (2-12)$$

$$E_x = K'' + 0.0592\,pH_x \qquad (2-13)$$

上述两式相减，整理后可得：

$$pH_x = pH_s + \frac{E_x - E_s}{0.0592} \qquad (2-14)$$

实际测定时，为减小误差，试样溶液 pH_x 应尽量接近标准缓冲溶液 pH_s，一般要求 $\Delta pH < 2$。

二、酸度计的基本结构

酸度计主要由电位计和测量电极两部分组成，如图 2 – 8 所示。电位计由阻抗转换器、放大器、功能调节器和显示器等部分组成。电位计上包括"温度"调节键、"定位"调节键、"斜率"调节键、"pH/mV"选择键等。"pH/mV"选择键供选择仪器测量功能。"温度"调节键用于补偿由于溶液温度不同对测量结果的影响，因溶液的 pH 随温度变化而变化，通过温度补偿器进行调节，以抵消温度改变引起的误差。在进行溶液的 pH 测量及校正时必须将温度调至该溶液的温度值上。用标准缓冲溶液

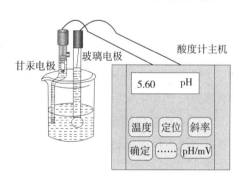

图 2 – 8　酸度计基本结构示意图

校正仪器时，调节"定位"键，使仪器的 pH 示值与标准缓冲溶液的 pH 一致，消除玻璃电极不对称电位及其他因素引起的电位偏差影响。"斜率"调节键用于补偿电极转换系数。用另外一标准缓冲溶液对仪器进行核对，调节"斜率"键，pH 示值与标准缓冲溶液的 pH 应不超过 ±0.02 pH 单位，否则需要检查电位计或电极。经过温度调节、定位调节后，酸度计可准确地指示溶液的 pH。

三、酸度计的使用及注意事项

（一）仪器的使用

1. 仪器及电极的安装　取下酸度计电极插口上的短路插头，将参比电极和指示电极（或复合电极）的插头插入电极插口内，将电极浸于去离子水中，连接酸度计主机电源，预热 20 分钟，点击"pH/mV"，选择测量 pH 工作模式。

扫码"看一看"

2. 仪器检定　检定时室温 10～30 ℃，相对湿度应小于 65%，室内无腐蚀性气体存在；周围无强的机械振动和电磁干扰。

酸度计在使用前，需检定其准确度和重复性。选择两种新配制的 pH 相差约 3 个单位的标准缓冲溶液，使测量试样溶液 pH 处于两种标准缓冲溶液之间。检定仪器示值的总误差和重复性总误差，应符合要求。具体参见 JJG 119—2005《实验室 pH（酸度）计检定规程》。

3. 仪器校正　一般采用两点法进行校正。应使用经政府计量行政部门批准的 pH 有证标准物质。标准溶液的配制方法和 pH 见相应标准物质证书。

（1）标准溶液的配制　按需配制标准缓冲溶液，具体配制见后面实训相关内容。

（2）供试液的配制　用新沸放冷且 pH 在 5.5～7.0 范围内的去离子水，按规定配制供试液。

（3）校正操作　接通电源，并点击"温度"键，在酸度计上设置相应的温度；取与试样溶液 pH 接近的第一个标准缓冲溶液（pHs$_1$）进行校正定位，轻轻振摇溶液，稍后读数，点击"定位"，并调节按键使 pH 示值和 pHs$_1$ 标准值相同；定位后，再用第二个标准缓冲溶液（pHs$_2$）校正仪器示值，点击"斜率"，调节按键使 pH 示值和 pHs$_2$ 标准值相同，然后点击"确定"对酸度计完成第二次校准。如果仪器 pH 示值和 pHs$_2$ 标准值相差超过 ±0.02 pH 单位时，重复上述操作，直至仪器 pH 示值和 pHs$_2$ 标准值相差 ≤ ±0.02 pH 单位；否则，需检查仪器或更换电极。操作中每次更换溶液时，需要用去离子水冲洗干净，并用滤纸吸干电极表面黏附的水。

4. 供试液 pH 测定　将清洗干净、用滤纸吸干溶液后的玻璃电极和饱和甘汞电极插入试样溶液中，轻轻摇动溶液，酸度计直接显示试样溶液的 pH。

（二）注意事项

1. 玻璃电极在使用前需要放入水或稀酸溶液中充分浸泡，一般浸泡 24 小时左右，使玻璃球膜形成水化胶层，活化电极，并使不对称电位降低趋于稳定。

2. 玻璃电极的玻璃球膜脆弱，易损坏，使用过程中要防止碰击硬物。清洗电极后，不要用滤纸擦拭玻璃膜，而应用滤纸吸干，避免损坏玻璃薄膜、防止交叉污染，影响测量精度。

3. 饱和甘汞电极在使用时需要取下低端和侧部的电极帽，保持内外液压相同，离子通道畅通。饱和甘汞电极的内充溶液不能浸没 Hg－Hg$_2$Cl$_2$ 时需要及时补充饱和氯化钾溶液，饱和甘汞电极的内充溶液中不得有气泡。

4. 玻璃电极和饱和甘汞电极由一种溶液移入另一溶液前需要用去离子水冲洗干净，并用滤纸吸干电极表面黏附的水。

5. 待测液温度需在 5～60 ℃，测量过程中，标准缓冲溶液与试样溶液的温度应一致。

6. 电极插头始终保持清洁及干燥。

7. 仪器校正好后，测试供试液时，不可再调节"定位""斜率"调节器。否则仪器线性破坏，应重新校正。

四、仪器对实验室的要求及保养维护

（一）对实验室的要求

酸度计型号多样，根据需要可在实验室、野外或现场使用，因此酸度计对实验环境的要求并不苛刻。环境温度为 0 ~ 40 ℃。相对湿度不大于 85%。电源：电压（220 ± 22）V，频率（50 ± 1.0）Hz。周围无腐蚀性气体存在，无强烈的振动和电磁场。当要求实验数据相对较稳定、准确度较高时，根据仪器的级别对实验温度的要求可参考酸度计检定规程，见表 2 - 3。

表 2 - 3　酸度计仪器级别及实验温度对应简表

计量性能	仪器级别				
	0.2 级	0.1 级	0.02 级	0.01 级	0.001 级
分度值或最小显示值（pH）	0.2	0.1	0.02	0.01	0.001
室温（℃）	23 ± 15	23 ± 15	23 ± 10	23 ± 10	23 ± 3

（二）仪器的保养维护

1. 酸度计应置于清洁、干燥、阴凉处。在不使用时，短路插头应置于电极接头处，使电极接入端处在短路状态以保护仪器。测量时，电极的引入导线须保持静止。否则将会引起测量不稳定。

2. 调节"定位"键达不到标准缓冲液 pH 时，说明电极的不对称电位很大，或者被测缓冲溶液的 pH 不正确，应调换电极或被测缓冲溶液。

3. 玻璃电极或复合电极的引出端，必须保持清洁和干燥，绝对防止输出两端短路，否则将导致测量结果失准或失效。电极取下保护帽后，电极的玻璃球泡不能与硬物接触，任何破损和擦毛都会使电极失效；使用完毕，电极应插入有 3 mol/L 氯化钾溶液（电极填充液为其他电解质溶液时，应保存在相应的电解质溶液里）的保护帽内，保证电极的球泡湿润。

4. 电极应避免长期浸入蒸馏水中或蛋白质和酸性氟化物溶液中，避免与有机硅油脂接触。

5. 电极经长期使用后，如发现梯度略有降低，则可把电极下端浸泡在 4% 氢氟酸（HF）中 3 ~ 5 秒，用蒸馏水洗净，然后在氯化钾溶液中浸泡，使之复新。

6. 饱和甘汞电极使用和存放时应注意避光。

第三节　电位滴定法

一、电位滴定法的基本原理

电位滴定法是借助指示电极电位的变化以确定滴定终点的滴定分析法。测定时，滴定溶液中插入指示电极和参比电极组成工作电池，观察滴定过程中被测离子与滴定液发生化学反应，离子浓度改变引起电动势改变，根据滴定过程中电极电位的突跃（由化学计量点附近离子浓度的突变引起）指示滴定终点。采用电位滴定法判断滴定终点更客观和准确，电位滴定法与常规滴定法相比可分析浑浊、有色溶液及非水溶液等，并能实现连续滴定和自动滴定。

二、仪器装置

电位滴定的基本装置如图 2 - 9，由电位计、指示电极和参比电极、电磁搅拌器、滴定

扫码"学一学"

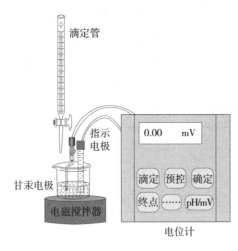

图 2-9　电位滴定装置示意图

管和反应容器等部件组成。电位滴定装置中，两个电极插入试样溶液中构成原电池，外部连接电位计检测滴定过程中电池电动势或 pH 的变化情况，电磁搅拌器起到持续、快速混匀反应溶液的作用，"预控"可以设置近终点电压或 pH，"终点"可设置滴定终点的电压或 pH。

随着电子科技的发展，电位滴定仪（电位计、酸度计）也有多种，如笔式、袖珍式和台式。电位滴定仪的精度有 0.1 mV 和 0.01 mV 两种。按自动化程度可分为手动和自动电位滴定仪。现代的自动电位滴定仪为微机控制滴定液滴加速度和量，其结构包括电位测量系统（电位计和电极）和滴定系统两大部分。自动电位滴定仪可以记录滴定曲线，当电压值或 pH 到达预控值时仪器可以自动减缓滴定速度，当电压值或 pH 到达终点设置值时，仪器停止滴定、显示滴定液的用量，给出结果等。

自动电位滴定仪使用注意事项如下：①测量时，电极导线保持静止，避免引起测量不稳定；②在计量点附近，工作电池的电动势变化大，应减小滴定液的滴加量（一般为 0.05 ~ 0.10 mL），每次滴加的体积最好一致，方便数据处理；③终点后，不再点击"滴定"；④测量完毕，用纯水或指定溶剂冲洗电极。电极不用时放在保护套里，套内应装有缓冲溶液浸泡电极，并且液层超过隔膜。

三、滴定终点的确定

电位滴定仪是应用电位法容量分析原理进行设计，进行电位滴定时，仪器一边滴定一边记录滴定液体积 V 和工作电池的电动势 E，利用 E 和 V 的关系，采用作图法或内插法确定滴定终点。

1. 作图法

（1）$E-V$ 曲线法　以滴定液加入的体积（V）为横坐标，对应电位读数（E）为纵坐标，绘制 $E-V$ 曲线，见图 2-10a，电位突跃中心即曲线的拐点为滴定终点，对应的体积为滴定终点时消耗滴定液的体积。此法适于滴定突跃明显的测定。

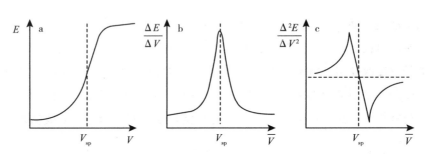

图 2-10　电位滴定终点的确定

（2）$\Delta E/\Delta V - \bar{V}$ 曲线法　又称一阶导数法或一级微商法。$\Delta E/\Delta V$ 表示滴定液单位体积变化引起电动势的变化值。以相邻两次电动势的差值与相应滴定液体积的差值之比（$\Delta E/\Delta V$）为纵坐标，相邻两次加入滴定液体积的算术平均值（$\bar{V}$）为横坐标，绘制 $\Delta E/\Delta V - \bar{V}$ 曲线，见图 2－10b，曲线的极大值对应的体积为滴定终点时所消耗的滴定液体积。

（3）$\Delta^2 E/\Delta V^2 - \bar{V}$ 曲线法　又称二阶导数法或二级微商法。$\Delta^2 E/\Delta V^2$ 为相邻两次 $\Delta E/\Delta V$ 值间的差与相应滴定液体积差之比。以 $\Delta^2 E/\Delta V^2$ 为纵坐标，以相应相邻两次加入滴定液体积的算术平均值（$\bar{V}$）为横坐标，绘制 $\Delta^2 E/\Delta V^2 - \bar{V}$ 曲线，见图 2－10c，曲线上 $\Delta^2 E/\Delta V^2$ 等于 0 时，对应的横坐标即滴定终点时消耗滴定液的体积。

2. 内插法　由图 2－10c 可知，$\Delta^2 E/\Delta V^2 = 0$ 所对应的体积为滴定终点时消耗滴定液的体积，计量点前后从 $\Delta^2 E/\Delta V^2$ 最大正值到最小负值之间的连线近似直线，因此实际分析工作中可以采用内插法计算滴定终点时消耗滴定液的体积。计算公式为：

$$V_{sp} = V_{上} + \frac{(\Delta^2 E/\Delta V^2)_{上}}{(\Delta^2 E/\Delta V^2)_{上} - (\Delta^2 E/\Delta V^2)_{下}} \times (V_{下} - V_{上}) \qquad (2-15)$$

式中，V_{sp} 为滴定终点体积；$V_{上}$ 为曲线过零点前某点的体积；$V_{下}$ 为曲线过零点后某点的体积；$(\Delta^2 E/\Delta V^2)_{上}$ 为曲线过零点前的二级微商值；$(\Delta^2 E/\Delta V^2)_{下}$ 为曲线过零点后的二级微商值。

常规电位滴定曲线图 2－10a 的终点判别困难，一级微商图 2－10b 和二级微商图 2－10c 终点判别简单、清楚。内插法准确测量和记录滴定终点前后 1~2 mL 内的测量数据，可以求得滴定终点消耗的滴定液体积，因此，内插法确定滴定终点相对作图法更简便。

> **课堂互动**
>
> 电位滴定法确定滴定终点的方法有几种？请分别画出电位滴定终点判断图？

四、电位滴定法的应用

随着商品化离子选择性电极的丰富，电位滴定法的应用也越来越广泛。电位滴定法可用于酸碱滴定、沉淀滴定、氧化还原滴定、配位滴定及非水滴定等。电位滴定法还可以用于指示剂终点颜色的选择和核对，在滴定前加入指示剂，滴定过程中观察终点前后溶液颜色的变化，确定滴定终点时指示剂的颜色。电位滴定法常用电极的选择见表 2－4。

表 2－4　电位滴定法常用电极参考表

滴定反应类型	指示电极	参比电极
酸碱滴定	玻璃电极、锑电极	饱和甘汞电极
沉淀滴定（如：银盐、卤素化合物）	银电极、硫化银电极等	饱和甘汞电极、玻璃电极
配位滴定	铂电极、汞电极、钙电极等	饱和甘汞电极
氧化还原滴定	铂电极	饱和甘汞电极、钨电极、玻璃电极

电位滴定法设备简单、操作方便、选择性好，共存离子干扰很小、灵敏度高、分析速度快，因此，电位滴定法被广泛应用于工业、农业、食品分析、环境保护、临床医学、生物化学等许多领域中，并成为重要的测定手段。

第四节　永停滴定法

永停滴定法又称双安培或双电流滴定法，属于电化学分析中的电流滴定法，测量时，将两支相同的铂电极插入试样溶液中，在两个电极间外加很小的电压（10～100 mV），然后进行滴定，观察滴定过程中电流的变化确定滴定终点。

一、永停滴定法的基本原理

（一）可逆电对与不可逆电对

1. 可逆电对　将两个相同的铂电极同时插入含有 I_2 和 I^- 的溶液中，因两个电极的电位相同，电极间没有电位差，不会产生电流。如果在两个电极间外加很小的电压时，连接正极的铂电极（阳极）将发生氧化反应，反应式如下：

$$阳极\quad 2I^- \rightleftharpoons I_2 + 2e$$

连接负极的铂电极（阴极）将发生还原反应，反应式如下：

$$阴极\quad I_2 + 2e \rightleftharpoons 2I^-$$

电极间将有电流通过，像电对 I_2/I^-，在溶液中与双铂电极组成工作电池，当外加很小的电压后，在阳极和阴极分别同时发生氧化还原反应，电路中有电流通过的电对称为可逆电对。电流的大小取决于浓度较低的氧化态或还原态的活度（或浓度）；氧化态与还原态的活度（或浓度）相等时电流最大。

2. 不可逆电对　电对 $S_4O_6^{2-}/S_2O_3^{2-}$ 的情况与电对 I_2/I^- 不同。在电对 $S_4O_6^{2-}/S_2O_3^{2-}$ 的溶液中插入两个铂电极，外加很小的电压时，在阳极 $S_2O_3^{2-}$ 能失去电子生成 $S_4O_6^{2-}$，但在阴极 $S_4O_6^{2-}$ 不能还原生成 $S_2O_3^{2-}$，不能产生电流，无电流通过。这样的电对称为不可逆电对。阳极的电极反应式如下：

$$2S_2O_3^{2-} \rightarrow S_4O_6^{2-} + 2e$$

（二）滴定曲线类型及终点判断

永停滴定法利用滴定液与被测物质所属可逆电对或不可逆电对，滴定过程中电流变化有三种情况，据此确定滴定终点。

1. 滴定液为可逆电对，待测物为不可逆电对　例如用碘滴定硫代硫酸钠，将硫代硫酸钠溶液置于烧杯中，插入两支铂电极，外加 10～15 mV 的电压，用灵敏电流计测量通过两极间的电流。在计量点前，溶液中只有不可逆电对 $S_4O_6^{2-}/S_2O_3^{2-}$ 和 I^-，无电流产生，电流计指针保持停止不动。计量点后，稍过量的 I_2 加入后，溶液中有可逆电对 I_2/I^-，电极间有

扫码"学一学"

电流通过，且随 I_2 浓度增加而增加，电流计指针突然偏转并不再返回，指示终点到达。滴定过程中的电流变化情况见图 2 - 11a。

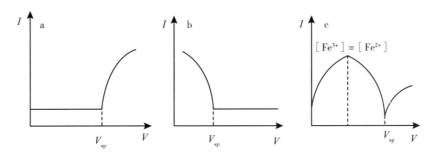

图 2 - 11　永停滴定电流变化曲线

2. 滴定液为不可逆电对，待测物为可逆电对　例如用硫代硫酸钠滴定碘。计量点前溶液中存在可逆电对 I_2/I^- 和 $S_4O_6^{2-}$，有电流通过，随着滴定的进行，溶液中 I_2 浓度逐渐减小，电流也逐渐减小。计量点后，溶液中只有不可逆电对 $S_4O_6^{2-}/S_2O_3^{2-}$ 和 I^-，电流降到最低点，电流计指针停留在零电流附近并保持不动，表示到达滴定终点。滴定过程中的电流变化情况见图 2 - 11b。

3. 滴定液与待测物均为可逆电对　例如用硫酸铈 $[Ce(SO_4)_2]$ 滴定硫酸亚铁。滴定前，溶液中只有 Fe^{2+}，没有 Fe^{3+}，无电流通过。滴定开始后随着 Ce^{4+} 不断滴入，Fe^{3+} 不断增多，溶液中有可逆电对 Fe^{3+}/Fe^{2+} 和 Ce^{3+}，电流随 Fe^{3+} 浓度的增大而增大。当 $[Fe^{3+}]=[Fe^{2+}]$ 时，电流达到最大值。之后，随着 Ce^{4+} 的加入 Fe^{2+} 浓度逐渐减小，电流也逐渐减小。计量点时，电流降至最低点。计量点后，有稍过量的 Ce^{4+}，溶液中存在可逆电对 Ce^{4+}/Ce^{3+}，电流随 Ce^{4+} 浓度增大而增大。滴定过程中的电流变化情况见图 2 - 11c。

> **课堂互动**
>
> 　　永停滴定法和电位滴定法都是指示滴定终点的方法，它们有什么区别？

二、仪器装置

目前，商品化的永停滴定仪型号有多种，但它们的测定原理基本相同，结构略有差别。永停滴定仪的一般装置，如图 2 - 12 所示。R_1 为绕线电位器，调节 R_1 的电阻值可在双铂电极间加载合适的"极化电压"，一般为数毫伏或数十毫伏。R 为电流计临界阻尼电阻，调节 R 的电阻值可得到电流计合适的灵敏度，电磁搅拌器搅动溶液使之快速混匀。观察滴定过程中电流计指针的变化情况即可找到滴定终点，也可以手动滴定并记录滴定液体积（V）及相应的电流值（I），绘制 $I-V$ 曲线，从中找出终点。自动永停滴定仪的滴定装置示意如图 2 - 13。点击自动永停滴定仪"预控""终点"，分别输入预控电流和终点电流，点击"自动"选择自动滴定工作模式，点击"开始"后仪器自动滴定，当电流到达预控电流值后仪器自动减缓滴定速度，当电流达到终点电流值时，仪器自动停止滴定，显示终点体积。

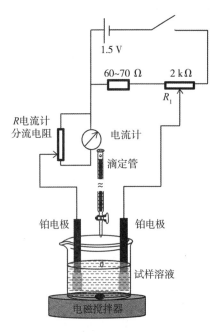

图 2-12 永停滴定仪结构示意简图

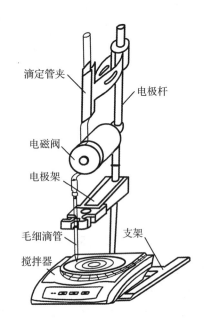

图 2-13 ZDY-500 型自动永停滴定仪的
滴定装置示意图

三、注意事项

1. 预控电流和终点电流为多次实验的经验值。

2. 使用过程中，搅拌子不要碰到电极。搅拌速度应适当，不得产生气泡。

3. 仪器保持清洁、干燥，切忌与酸、碱、盐等腐蚀性溶液接触，防止受潮，确保仪器的性能。

4. 双铂电极应干燥保存。长时间使用或已钝化的双铂电极，可在含少量 $FeCl_3$ 的 HNO_3 溶液中浸泡半小时进行活化，然后用蒸馏水冲洗干净。

5. 滴定前先用滴定液将电磁阀的硅胶管冲洗数次，滴定结束后最好将硅胶管取出，并冲洗干净，使用时再安装，防止硅胶管的粘连。

四、永停滴定法的应用

永停滴定法方法简便、快速、灵敏、客观，准确度较高，仪器装置简单，在食品、药品、环境等多个检测领域应用广泛。

(一) 亚硝酸钠滴定液的标定

1. 滴定原理 亚硝酸钠和对氨基苯磺酸在盐酸酸性介质中发生重氮化反应，因此可以用基准对氨基苯磺酸标定亚硝酸钠滴定液的浓度。指示亚硝酸钠滴定反应终点的方法有内、外指示剂法和永停滴定法。永停滴定法确定滴定终点比内、外指示剂更加方便、客观和准确。标定反应如下：

$$R-\underset{}{\bigcirc}-NH_2+NaNO_2+2HCl = [R-\underset{}{\bigcirc}-N_2^+]Cl^-+NaCl+2H_2O$$

电对 HNO_2/NO 是可逆电对，对氨基苯磺酸及其重氮盐为不可逆电对。计量点前，反应溶液中无可逆电对，电流计指针指在零位附近保持不动，计量点后，稍加过量的 $NaNO_2$ 滴定液，溶液中存在可逆电对 HNO_2/NO，两个电极发生电解反应，电路中有电流通过，电流计指针偏转并不再回到零点，指示滴定到达终点。电极上发生如下反应：

$$阳极 \quad NO + H_2O \Longleftrightarrow HNO_2 + H^+ + e$$

$$阴极 \quad HNO_2 + H^+ + e \Longleftrightarrow NO + H_2O$$

2. 测定方法　精密称取对氨基苯磺酸 0.3846 g，加水 30 mL 与氨试液 3 mL，溶解后加盐酸（1→2）20 mL，用待标定的亚硝酸钠滴定液滴定，采用永停滴定法指示滴定终点，终点时消耗亚硝酸钠滴定液体积为 22.12 mL。

3. 数据处理

解：

$$c_{NaNO_2} = \frac{m \times 1000}{MV} = \frac{0.3846 \times 1000}{173.20 \times 22.12} = 0.1004(mol/L)$$

（二）卡尔 - 费休法测定食用油中水分含量

1. 测定原理　卡尔 - 费休法是一种快速、准确的水分测定法。卡尔 - 费休试剂由碘、二氧化硫、吡啶和甲醇或乙二醇甲醚组成的溶液，能与试样中的水定量反应，总反应式如下：

$$C_5H_5N \cdot I_2 + C_5H_5N \cdot SO_2 + C_5H_5N + CH_3OH + H_2O \rightarrow 2C_5H_5N \cdot HI + C_5H_5NHSO_4CH_3$$

永停滴定法指示终点。原理为：在浸入溶液中的两铂电极间加一电压，若溶液中有水存在，I_2 按总反应式参加反应。化学计量点前，溶液中无可逆电对，两电极之间无电流通过。化学计量点后，溶液中有稍过量碘，存在可逆电对 I_2/I^-，两电极间有电流通过，电流计指针偏转并稳定 1 分钟以上，即为终点。

2. 测定方法　标定卡尔 - 费休氏试液，T 为 3.36 mg/mL。精密称取某食用花生油 7.2946 g 置于反应池中，搅拌 30 秒混匀，用标定的卡尔 - 费休氏试液滴定，永停滴定法指示终点，终点时消耗滴定液体积为 1.78 mL，空白实验消耗滴定液体积为 0.13 mL。

3. 数据处理

解：

$$水分含量 \% = \frac{(V_{滴定液} - V_{空白}) \times T}{m} \times 100\% = \frac{(1.78 - 0.13) \times 3.36}{7.2946 \times 1000} \times 100\% = 0.076\%$$

本章小结

1. **化学电池**　由电解质溶液、两个电极和外电路三部分组成。根据化学能与电能转换形式，化学电池分为原电池和电解池。能斯特（Nernst）方程表示电极电位与溶液中对应离子活度（浓度）之间存在的定量关系：$\varphi_{Ox/Red} = \varphi_{Ox/Red}^{\ominus} + \frac{RT}{nF} \ln \frac{a_{Ox}}{a_{Red}}$；指示电极是指电极电位随被测离子活度（浓度）改变而变化的电极。常用的指示电极有玻璃电极和金属电极。参比电极是指电极电位在一定条件下恒定，不随被测离子活度（浓度）的变化而改变的电极。

常用的参比电极有甘汞电极和银－氯化银电极。

2. 测定溶液 pH 采用酸度计，玻璃电极为指示电极，饱和甘汞电极为参比电极，两次测定法。

3. 电位滴定法 是将指示电极、参比电极与待测溶液组成工作电池，根据滴定过程中电极电位的突跃指示滴定终点的方法。确定滴定终点的方法有作图法和内插法。

4. 永停滴定法 又称双安培或双电流滴定法，是根据电池中双铂电极的电流变化确定滴定终点的方法。永停滴定仪由电流计、双铂电极系统、滴定装置和电磁搅拌装置等组成。

? 思考题

1. 电位分析法分为哪两种？依据的定量原理分别是什么？

2. 如何精确测定试样溶液的 pH？

3. 电位滴定法常用哪两种方法确定滴定终点？

4. 永停滴定法的三种反应类型是什么？画出相应的电流变化曲线图。

扫码"练一练"

扫码"学一学"

实训一 水果 pH 测定

一、实训目的

1. 掌握 直接电位法测定水果 pH 的方法原理。

2. 熟悉 酸度计的基本操作。

3. 了解 仪器的主要构造；仪器的保养与维护。

二、基本原理

用酸度计测定水果的 pH，是将玻璃电极和饱和甘汞电极插入果汁中组成测量电池，电池的电动势与果汁的 pH 有关。采用两次测定法测定溶液的 pH。

$$pH_x = pH_s + \frac{E_x - E_s}{0.0592}$$

三、仪器与试剂准备

1. 仪器 酸度计（pHS－3G），烧杯（100 mL），pH 复合玻璃电极，温度计，滤纸，捣碎机（或研钵）。

2. 试剂 邻苯二甲酸氢钾（标准物质），磷酸氢二钠与磷酸二氢钾混合磷酸盐（标准物质），硼砂（标准物质），新鲜去离子水，新鲜水果。

3. 试液制备 去离子水，应预先煮沸 15～30 分钟，以除去溶解的二氧化碳，在冷却过程中应避免与空气接触，防止二氧化碳的污染。

4. pHS－3G 型酸度计操作规程

（1）电极安装与仪器预热 将 pH 复合电极安装在电极支架上，取下仪器电极插口上的短路插头，将 pH 复合电极插头插入电极插口内，将电极浸于去离子水或蒸馏水中。接通酸度计电源，按下电源开关，预热 20 分钟。

（2）选择测量模式　在测量状态下，按"pH/mV"键可以切换显示电位及 pH。

（3）设置温度　用温度计测出标准缓冲溶液的温度，然后按"温度"键，再按"▲""▼"调节温度，按"确认"键，返回测量状态。

（4）仪器校正　一般情况下，仪器在连续使用时，每天标定一次。校正可以采用二点校正也可使用一点校正。

二点校正：使用两种标准缓冲溶液，先进行定位再进行斜率设置。

一点校正：使用一种标准缓冲溶液定位，斜率设为默认的 100.0%。这种方法比较简单，用于要求不太精确的情况下测量。因本仪器具有自动识别标准缓冲溶液的能力，按"定位"或者"斜率"键后不必再调节数据，直接按"确认"键即可完成校正。

（5）测定　用蒸馏水清洗电极并用滤纸吸干，将电极插入试样溶液中，根据试样溶液的状态可以选用搅拌器使溶液均匀，待显示稳定后读数即为该试样溶液的 pH。

（6）结束　测量完毕后，断开电源。将电极取出，用蒸馏水清洗并用滤纸吸干，套上电极套，供下次使用。将短路插头插入电极插孔，防止灰尘及水汽进入。

四、实训内容

1. 标准缓冲溶液制备

（1）pH 4.00 缓冲溶液（25 ℃）　0.05 mol/kg 邻苯二甲酸氢钾溶液：称取于 110 ~ 120 ℃烘 2 小时在干燥器内冷却至室温的邻苯二甲酸氢钾 10.12 g，用去离子水溶解后，转入 1000 mL 容量瓶中，稀释至刻度。

（2）pH 6.86 缓冲溶液（25 ℃）　0.025 mol/kg 磷酸氢二钠和 0.025 mol/kg 磷酸二氢钾混合溶液：于 110 ~ 120 ℃将无水磷酸二氢钾和无水磷酸氢二钠干燥至恒重，于干燥器内冷却至室温。称取上述磷酸二氢钾 3.387 g 和磷酸氢二钠 3.533 g，用去离子水溶解后转入 1000 mL 容量瓶中，用去离子水稀释定容。

（3）pH 9.18 缓冲溶液（25 ℃）　称取硼砂 3.80 g（注意：不能烘），加水使溶解并转入 1000 mL 容量瓶中，用去离子水稀释定容。

目前有市售袋装的邻苯二甲酸氢钾缓冲溶液体系（pH 4.00）、磷酸盐缓冲溶液体系（pH 6.86）、硼砂缓冲溶液体系（pH 9.18），剪开后用新沸放冷的蒸馏水溶解稀释定容到相应的体积即可。

2. 试样溶液制备　将水果用捣碎机（或研钵）捣碎后，取果汁直接进行 pH 测定。

3. 酸度计开机与校准

（1）开机预热　将玻璃电极和饱和甘汞电极连接至酸度计，接通酸度计电源，预热 20 分钟。

（2）工作模式选择　选择"pH"工作模式。

（3）温度补偿调节　测定果汁和标准缓冲溶液温度，通过"温度"补偿键将显示温度调节至测定溶液温度。

（4）定位调节　取下电极套，用蒸馏水清洗电极并用滤纸吸干。将电极插入 pH 6.86 标准缓冲溶液，按"定位"键调节仪器使显示值与标准缓冲溶液在该温度下的 pH 一致。

（5）斜率调节　用蒸馏水清洗电极并用滤纸吸干，将电极插入另一标准缓冲溶液 pH 4.00（或 pH 9.18，果汁 pH 尽可能在这两种标准缓冲溶液 pH 之间），按"斜率"键调节仪器使显示值与标准缓冲溶液在该温度下的 pH 一致（显示 pH 与标准值之差不应超过 ±0.02 pH，否则需要检查电极或酸度计）。

4. 测定　用蒸馏水清洗电极并用滤纸吸干，将电极插入新鲜制备的果汁中，轻微摇动溶液，待显示屏示值稳定后读数即为该溶液 pH。重复以上步骤，测定其余两份果汁的 pH。测量完毕后，关闭仪器，拔出电源插头。将电极取出，用蒸馏水清洗并用滤纸吸干，及时套上电极套（套内应有 3 mol/L 的 KCl 溶液）。

5. 数据处理方法　水果 pH 为三次平行测定值的平均值。

五、实训记录及数据处理

水果名称：_____。

平行测定次数	1	2	3
pH			
平均 pH			

六、注意事项

1. 玻璃电极球泡极薄，避免碰触硬物损坏电极。
2. 校准时，选用的标准缓冲溶液 pH 应与待测溶液 pH 接近。
3. 测定不同溶液时，均须用蒸馏水清洗电极并用滤纸吸干。
4. 实验完毕后及时将电极清洗干净并戴上电极套。

七、思考题

1. 为什么需要进行温度补偿调节？
2. 用酸度计测定 pH 时，定位调节的作用是什么？选择标准缓冲溶液的依据是什么？

实训二　饮用水中氟化物含量测定

一、实训目的

1. 掌握　直接电位法测定饮用水中氟含量的方法原理；标准曲线法定量的原理和标准曲线的绘制方法。

2. 熟悉　酸度计的基本操作。

3. 了解　仪器的主要构造；仪器的保养与维护。

二、基本原理

氟离子选择性电极是一种由 LaF_3 单晶制成的电化学传感器。氟电极与饱和甘汞电极组成一对原电池。当控制测定体系的离子强度为一定值时，电池的电动势与氟离子浓度的对

扫码"学一学"

数值呈线性关系，直接求出水样中氟离子浓度。

测定时试液中需要加入总离子强度调节缓冲溶液，控制试液 pH 5～6；总离子强度调节缓冲溶液中的柠檬酸钠还可以和 F⁻ 形成稳定络合物及掩蔽某些阳离子，如：Al^{3+}、Fe^{3+} 的干扰。

三、仪器与试剂准备

1. 仪器 酸度计，氟离子选择性电极，饱和甘汞电极，电磁搅拌器，半对数坐标纸，刻度吸管（5、10 mL），容量瓶（250、500 mL），烧杯（100、1000 mL），塑料杯，量筒（20 mL），玻璃棒，聚乙烯瓶，托盘天平，分析天平。

2. 试剂 氟化钠（NaF），氯化钠（NaCl），氢氧化钠（NaOH），柠檬酸三钠（$Na_3C_6H_5O_7 \cdot 5H_2O$），冰乙酸（1.06 g/mL），去离子水。

3. 试液制备

（1）氢氧化钠溶液（400 g/L） 称取 40 g 氢氧化钠，用去离子水溶解，并稀释至 100 mL。

（2）盐酸溶液（1∶1） 将盐酸（1.19 g/mL）与去离子水等体积混合。

（3）总离子强度调节缓冲溶液 I 称取 348.2 g 柠檬酸三钠溶于纯水中。用盐酸溶液（1∶1）调节 pH 至 6 后，用去离子水稀释至 1000 mL。

（4）总离子强度调节缓冲溶液 II 称取 59 g 氯化钠、3.48 g 柠檬酸三钠和 57 mL 冰乙酸（1.06 g/mL），用去离子水溶解，用氢氧化钠溶液（400 g/L）调节 pH 至 5.0～5.5 后，加去离子水稀释至 1000 mL。

（5）氟化物标准贮备溶液（1 mg/mL） 称取经 105 ℃ 干燥 2 小时的氟化钠 0.2210 g，用去离子水溶解，稀释定容至 100 mL 容量瓶中，贮存于聚乙烯瓶中。

（6）氟化物标准使用溶液（10 μg/mL） 吸取氟化物标准贮备液（1 mg/mL）5.00 mL 于 500 mL 容量瓶中，用去离子水稀释至刻度，摇匀。

四、实训内容

1. 氟化物标准工作溶液制备 分别用刻度吸管吸取氟化物标准使用溶液 0、0.20、0.40、0.60、1.00、2.00 mL 和 3.00 mL 于 50 mL 烧杯中，各加去离子水至 10 mL。

2. 水样溶液制备 吸取 10 mL 饮用水于 50 mL 烧杯中。若水样总离子强度过高，应取适量水样稀释到 10 mL。

3. 测定

（1）将水样置于电磁搅拌器上，放入搅拌子搅拌水样溶液，插入氟离子选择性电极和饱和甘汞电极，在搅拌下加入 10 mL 离子强度缓冲溶液（水样中干扰物质较多时用 I，较清洁水样用 II）。约 5～8 分钟后，读取平衡电位值（每分钟电位值改变小于 0.5 mV）。

（2）将氟化物标准工作溶液由低浓度到高浓度同上述水样相同的测定方法。读取平衡电位值。

4. 数据处理方法

（1）作图法 在半对数坐标纸上以电位值 E 对 c_{F^-} 作图，绘制标准曲线，根据所测水

样的 E_x 值从标准曲线上查出水样中的氟浓度 c_x；或以电位值 E 对 $\lg c_{F^-}$ 作图，绘制标准曲线，并从标准曲线上找出 E_x 值对应氟离子浓度 c_x。

（2）回归方程法　用最小二乘法求出标准溶液的回归方程式。

$$y = ax + b$$

测得水样溶液的电位值代入公式，计算出水样溶液的含氟量 c_x。

（3）饮用水中含氟量计算。

$$c_0 = c_x \times D$$

式中，D 为稀释倍数。

五、实训记录及数据处理

1. 标准曲线的绘制：氟化物标准使用溶液浓度为 10 μg/mL。

V_{F^-}（mL）	0	0.20	0.40	0.60	1.00	2.00	3.00
浓度（mg/L）	0.00	0.20	0.40	0.60	1.00	2.00	3.00
$-\lg c_{F^-}$							
E（mV）							

以浓度负对数 $\lg c_{F^-}$〔半对数坐标纸上以浓度（mg/L）〕为横坐标，电位值（mV）为纵坐标绘制标准曲线。可采用 EXCEL 处理。

2. 水样的配制。

稀释次数	吸取体积（mL）	稀释后体积（mL）	稀释倍数

3. 水样的测定。

平行测定次数	1	2	3
水样溶液 E_x（mV）			
水样中 F^- 浓度 c_x（mg/L）			
饮用水中 F^- 浓度 c_0（mg/L）			
饮用水中 F^- 平均浓度 $\bar{c}_0$（mg/L）			

六、注意事项

1. 将氟离子选择性电极用含有氟离子的溶液（约 1×10^{-4} mol/L）浸泡约 30 分钟，备用。

2. 测量时浓度要由低到高，每次测定后用被测试液清洗电极、烧杯及转子。

3. 测定标准系列溶液后，应将电极清洗至原空白电位值，然后再测饮用水样的电位值。

七、思考题

本实验中加入总离子强度调节缓冲溶液的作用是什么？

实训三 食醋中总酸含量测定

一、实训目的

1. 掌握 电位滴定法的基本操作。

2. 熟悉 电位滴定法确定滴定终点的基本原理；能运用电位滴定法测定食醋中总酸含量。

3. 了解 电位滴定装置组成部件。

二、基本原理

食醋中的酸性物质主要是醋酸，此外还含有少量其他弱酸如乳酸等有机酸。食醋中总酸量以醋酸表示。醋酸是弱酸，其解离常数 $K_a = 1.8 \times 10^{-5}$，可以用 NaOH 标准溶液直接滴定。其反应式为：

$$NaOH + HAc = NaAc + H_2O$$

食醋多为棕色，采用指示剂法判断滴定终点误差较大。本实验采用电位法指示终点。NaOH 标准溶液滴定食醋过程中，在化学计量点附近产生 pH（或 mV）数值的突跃，因此根据滴定过程中 pH（或 mV）数值的变化情况来确定滴定终点，更客观准确。0.1 mol/L NaOH 滴定同浓度 HAc 化学计量点的 pH 为 8.73，本实验预设终点 pH 为 8.73，终点时根据消耗 NaOH 滴定液的体积计算以醋酸表示的总酸含量。

三、仪器与试剂准备

1. 仪器 自动电位滴定仪（酸度计），玻璃电极，饱和甘汞电极，天平，分析天平，电磁搅拌器，滴定管，容量瓶，锥形瓶（250 mL），刻度吸管（5、25 mL），量筒（50 mL），烧杯（200 mL），试剂瓶（500 mL），洗耳球，铁架台（含滴定管夹）。

2. 试剂 邻苯二甲酸氢钾（基准物），NaOH（分析纯），食醋，酚酞指示剂，pH 6.86 和 pH 9.18 标准缓冲溶液，去离子水。

3. 试液制备

（1）氢氧化钠饱和水溶液 称取氢氧化钠约 120 g，倒入装有 100 mL 蒸馏水的烧杯中，搅拌使之溶解成饱和溶液。冷却后，置于塑料瓶中，静置，澄清后备用。

（2）氢氧化钠溶液（0.1 mol/L） 取澄清的饱和氢氧化钠上清液 2.5 mL，加新煮沸的冷蒸馏水至 500 mL，于试剂瓶中，摇匀。

四、实训内容

1. 氢氧化钠标准溶液（0.1 mol/L）的标定 采用容量法进行标定。方法：先用减量法精密称取 3 份于 105～110 ℃ 干燥至恒重的基准物邻苯二甲酸氢钾，每份约 0.5 g，分别置于 250 mL 锥形瓶中，各加新煮沸放冷的蒸馏水 50 mL，小心振摇使之完全溶解。加酚酞指示剂 2 滴，用待标定的氢氧化钠滴定液滴定至溶液呈浅红色，记录所消耗氢氧化钠滴定液的体积。根据所消耗的氢氧化钠体积及邻苯二甲酸氢钾的质量计算氢氧化钠标准溶液的浓度。

氢氧化钠标准溶液浓度的计算公式为：

$$c_{NaOH} = \frac{m_{KHC_8H_4O_4}}{V_{NaOH} \times \dfrac{M_{KHC_8H_4O_4}}{1000}} \quad (mol/L)$$

2. 电位滴定装置组装与准备

（1）组装　将玻璃电极、饱和甘汞电极和自动滴定电磁阀导线连接于酸度计，预热 20 分钟，将滴定管连接至电磁阀的胶管端。

（2）校正　按酸度计操作规程，用 pH 6.86 和 pH 9.18 标准缓冲溶液校正仪器（校正方法参考"实训一"）。校正完成后，定位和斜率按键（旋钮）位置不能变动。

（3）设置参数　设置滴定终点 pH 为 8.73。

（4）温度调整　将稀释后食醋和标准缓冲溶液调至同一温度。

3. 食醋试样溶液的制备　准确移取食醋 5.00 mL，置于 100 mL 容量瓶中，用新煮沸的冷蒸馏水稀释至刻度，摇匀，备用。

4. 食醋试样溶液的测定　准确移取 10.00 mL（$V_{食醋}$）稀释后的食醋溶液，于 100 mL 的烧杯中，再加入约 30 mL 去离子水，将此烧杯置于磁力搅拌器上，放入干净的搅拌子。最后把已清洗过并用滤纸吸干的玻璃电极和饱和甘汞电极插入溶液（注意：电极不能被搅拌子碰到）。调节至适当的搅拌速度。开始滴定，滴定至 pH 8.73 时停止滴定，记录消耗的氢氧化钠滴定液体积 V_{NaOH}，平行测定三次，记录实验数据。

5. 空白实验　取 40～50 mL 去离子水，按上述步骤相同的实验方法测定，记录空白实验消耗的氢氧化钠滴定液体积 $V_{空白}$。

6. 数据处理　食醋中总酸含量计算。

$$c_{HAc} = \frac{0.060 \times \bar{c}_{NaOH} \times (V_{NaOH} - V_{空白})}{V_{食醋}} \times \frac{100}{5} \times 100 \quad (g/100\ mL)$$

式中，0.060 为以醋酸表示的酸的换算系数。

五、实训记录及数据处理

1. 氢氧化钠标准溶液标定数据记录与处理。

平行测定次数	1	2	3
$m_{KHC_8H_4O_4}$（g）			
V_{NaOH}（mL）			
c_{NaOH}（mol/L）			
$\bar{c}_{NaOH}$（mol/L）			
相对平均偏差 $R\bar{d}$（%）			
相对标准偏差 RSD（%）			

2. 醋酸含量测定数据记录与处理。

平行测定次数	1	2	3
$V_{食醋}$（mL）			
V_{NaOH}（mL）			
$V_{空白}$（mL）			
c_{HAc}（g/100 mL）			
$\bar{c}_{HAc}$（g/100 mL）			
相对平均偏差 $R\bar{d}$（%）			
相对标准偏差 RSD（%）			

六、注意事项

重复测定，每次滴定结束后的电极、烧杯和搅拌子都要清洗干净。

七、思考题

本实验采用电位滴定法确定终点与采用酚酞指示剂确定终点的方法有什么区别？特点是什么？

（梁芳慧）

第三章　紫外-可见分光光度法

　　紫外-可见分光光度法（UV-Vis），也称为紫外-可见吸收光谱法，是利用被测物质分子对紫外-可见光选择性吸收的特征，对物质进行定性或定量分析的一种分析方法。按所吸收光的波长区域不同，分为紫外分光光度法和可见分光光度法，合起来称为紫外-可见分光光度法。在仪器分析中，紫外-可见分光光度法是历史悠久、应用最为广泛的一种光学分析方法。紫外-可见分光光度法具有如下优点。

　　（1）灵敏度较高，一般可达到 $10^{-6} \sim 10^{-4}$ g/mL，部分可达 10^{-7} g/mL。

　　（2）精密度和准确度较高，相对误差一般为 0.5% ~ 2.0%。

　　（3）选择性较好，一般可在多种组分共存的溶液中，对某一组分进行测定。

　　（4）仪器设备简单，操作简便快速，费用少，易于掌握和推广。

　　（5）应用范围广，广泛用于医药、食品、化工、环境监测、冶金、地质、农林等各个领域。

第一节　紫外-可见分光光度法的基本原理

一、光的基本性质

　　1. 光的波粒二象性　光是一种电磁波，即电磁辐射。光是以巨大速度通过空间、不需要任何物质作为传播媒介的一种能量。电磁辐射的性质是具有波动性和微粒性。光的波动性可以解释光的传播，光的微粒性可以解释光与物质分子和原子的相互作用。

扫码"学一学"

描述波动性的参数有波长（λ）、频率（ν）、光速（c）、波数（σ）。波长（λ）：表示相邻两个光波各相应点间的直线距离（或相应两个波峰或波谷间的直线距离）。波数（σ）：指在 1 cm 中波的数目。频率（ν）：每秒振动的次数。能量（E）：描述微粒性的参数，表示光子所具有的能量。光的能量与光的波长及频率之间的关系见式 3－1。

$$E = h\nu = h\frac{c}{\lambda} \qquad\qquad (3-1)$$

式中，E 为光子的能量，J 或 eV；h 为普朗克常数，6.626×10^{-34} J·s；ν 为频率，Hz；c 为光速，2.998×10^8 m/s；λ 为波长，可以根据电磁波的不同区域，分别用纳米（nm）、微米（μm）、厘米（cm）、米（m）表示。

式中 h 和 c 均为常数，光子的能量随其波长（或频率）不同而不同，波长越短即频率越高的光子，能量越大。即光的能量与相应光的波长成反比，与其频率成正比。

2. 电磁波谱　电磁辐射按波长顺序排列，称电磁波谱。波长由小至大依次为：γ 射线、X 射线、紫外光、可见光、红外光、微波和无线电波。也可以根据其能量范围划分为若干区域，各区域波长的光作用于被研究物质的分子，引起分子内不同能级的改变，即引起不同类型能级跃迁，由此采用不同的分析方法，具体参见表 3－1。

表 3－1　电磁波谱及对应能级跃迁与分析方法

能量高低	波谱名称	波长范围	能级跃迁类型	分析方法
高能辐射区	γ 射线	$10^{-4} \sim 10^{-2}$ nm	核内部能级跃迁	
	X 射线	$10^{-2} \sim 10$ nm	核内层电子能级跃迁	X 射线衍射法
中能辐射区	远紫外光	$10 \sim 200$ nm	核外层电子能级跃迁	真空紫外光谱法
	近紫外光	$200 \sim 400$ nm	价电子能级跃迁	紫外光谱法
	可见光	$400 \sim 760$ nm	价电子能级跃迁	可见光谱法
	近红外光	$0.76 \sim 2.5$ μm	分子振动能级跃迁	红外光谱法
	中红外光	$2.5 \sim 50$ μm	分子振动－转动能级跃迁	红外光谱法
	远红外光	$50 \sim 1000$ μm	分子转动能级跃迁	红外光谱法
低能辐射区	微波	$0.1 \sim 100$ cm	分子转动能级跃迁	微波光谱法
	无线电波	$1 \sim 1000$ m	电子自旋及核自旋	核磁共振波谱法

3. 光的分类　按组成光束的光波长或频率是否单一可分为单色光和复色光。单色光是指单一波长的光束，如 246、254 nm 等。复色光是指含有多种波长的光束，如红色光、蓝色光、白色光等。

4. 物质对光的选择性吸收　光与物质相互作用是复杂的，有涉及物质内部能量变化的吸收、发射等，也有不涉及物质内部能量变化，仅是发生传播方向的改变，如折射、衍射、旋光等。根据量子理论，物质粒子总是处于特定的不连续的能态（能级），各能态具有特定的能量，即能量的量子化。通常情况下，物质处于能量最低的稳定状态，称为基态，用 E_0 表示。当物质受光照射吸收能量时，其外层电子从基态跃迁到更高能级上，这种状态称为激发态，用 E_1 表示。只有光子的能量刚好等于吸收物质的基态与激发态能量之差时，才被吸收，否则，不能吸收。这种吸收与物质的结构有关，所以叫物质对光的选择性吸收。吸收光的频率或波长与跃迁前后两个能级差服从普朗克条件，如式 3－2。

$$\Delta E = E_1 - E_0 = h\nu = h\frac{c}{\lambda} \tag{3-2}$$

电子能级跃迁吸收光的波长主要在真空紫外到可见光区，对应形成的光谱，称为电子光谱或紫外 – 可见吸收光谱。

5. 溶液颜色　日常所见的白光（如日光）是波长在 400 ~ 760 nm 的电磁波。它是红、橙、黄、绿、青、蓝、紫七色按一定比例混合而成，每一种颜色的光具有一定的波长范围。如果把两种适当颜色的光按一定的强度比例混合得到白光，那么这两种颜色的光为互补色光，这种现象称为光的互补，见表 3 – 2。溶液呈现的颜色取决于溶液中的粒子对白光的选择性吸收，呈现的是被物质吸收色光的互补色。如硫酸铜水溶液吸收白光中的黄色光，而呈现出互补色蓝色。

> **课堂互动**
>
> 高锰酸钾溶液为什么呈现紫红色？重铬酸钾溶液为什么呈现黄色？

表 3 – 2　不同颜色可见光的波长及其互补色

波长(nm)	400 ~ 450	450 ~ 480	480 ~ 490	490 ~ 500	500 ~ 560	560 ~ 580	580 ~ 610	610 ~ 650	650 ~ 760
颜色	紫	蓝	绿蓝	蓝绿	绿	黄绿	黄	橙	红
互补色	黄绿	黄	橙	红	红紫	紫	蓝	绿蓝	蓝绿

> **拓展阅读**
>
> **食品颜色测定方法简介**
>
> 　　色、香、味、形是美食的四大要素。其中，色是非常重要的品质特性。色是食品品质评价的第一印象，直接影响人们对食品品质优劣、新鲜与否的判断，是增加食欲满足人们美食心理的重要条件。因此，在食品品质控制中常用到食品测色技术。常用的测色方法主要有两类：①颜色的目测方法，主要包括标准色卡对照法和标准液测定法；②颜色的仪器测定法，主要有光电比色法、分光光度法和光电反射光度法（又称色彩色差计法）。

二、光的吸收定律

光的吸收定律即朗伯 – 比尔定律，是分光光度法中定量的依据。

（一）透光率与吸光度

当一束平行的单色光垂直通过某一均匀非散射的溶液（设溶液厚度为 L）时，一部分光被吸收，一部分光通过溶液，一部分光被器皿表面反射。如图 3 – 1 所示。

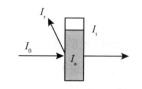

图 3 – 1　物质吸收光示意图

$$I_0 = I_a + I_t + I_r \tag{3-3}$$

式中，I_0 为入射光的强度；I_a 为溶液吸收光的强度；I_t 为透射光的强度；I_r 为反射光的强度。

在比色法和分光光度法中，盛溶液的吸收池（比色皿）均采用相同材质，各吸收池的反射光强度较弱且基本相同，其影响可相互抵消。因此，式3－3可简化为：

$$I_0 = I_a + I_t \tag{3－4}$$

当入射光一定时，溶液吸收光的强度越大，则溶液透射光的强度越小，反之亦然。透射光强度 I_t 与入射光强度 I_0 的比值称为透光率（也叫透射比），用符号 T 表示，透光率常用百分数表示，叫百分透光率，如式3－5。

$$T = \frac{I_t}{I_0} \times 100\% \tag{3－5}$$

透光率的倒数反映了物质对光的吸收程度，即吸光度，常用符号 A 表示。为了方便，常常对透光率的倒数取常用对数作为吸光度，如式3－6。

$$A = -\lg T = \lg \frac{1}{T} = \lg \frac{I_0}{I_t} \tag{3－6}$$

> **课堂互动**
>
> 已知测得某溶液的透光率为60%，则对应的吸光度是多少？

（二）朗伯－比尔定律

朗伯于1760年研究了有色溶液的液层厚度与吸光度的关系，得出结论是：当一束平行的单色光通过一定浓度的稀溶液时，假设入射光的波长、强度及溶液的温度等条件不变，溶液对光的吸光度与溶液的液层厚度成正比。

比尔在此基础上研究了有色溶液的浓度与吸光度的关系，结论是：当一束平行的单色光通过液层厚度一定的溶液时，假设入射光的波长、强度及溶液的温度等条件不变，溶液对光的吸光度与溶液的浓度成正比。

综合考虑溶液浓度和液层厚度对光的吸收的影响，得出朗伯－比尔定律，即当一束平行的单色光通过均匀无散射现象的稀溶液时，假设单色光波长、强度、溶液温度等不变时，溶液对光的吸光度与溶液的浓度和液层厚度的乘积成正比。用数学表达式为：

$$A = KcL \tag{3－7}$$

式中，A 为吸光度；K 为比例常数，叫吸光系数；c 为溶液浓度；L 为液层厚度。

实验表明如下几点。

（1）朗伯－比尔定律适用范围　不但适用于有色溶液，而且也适用于无色溶液以及固体和气体的非散射均匀体系；不仅适用于紫外光、可见光，也适用于红外光。

（2）朗伯－比尔定律适用的前提条件　①入射光为单色光；②溶液是稀溶液（浓度 < 0.01 mol/L）；③在吸收过程中，吸收物质之间不能发生相互作用。

（3）吸光度具有加和性　当溶液中有多种吸光物质，且这些物质之间没有相互作用，则溶液对某波长光的总吸光度等于溶液中各吸光物质吸光度之和，即吸光度具有加和性。

$$A_{总} = A_1 + A_2 + A_3 + \cdots + A_n = k_1 c_1 L + k_2 c_2 L + k_3 c_3 L + \cdots + k_n c_n L = \sum_{i=1}^{n} A_i \tag{3－8}$$

这是进行多组分测定的理论基础。

（三）吸光系数

吸光系数的物理意义是吸光物质在单位浓度及单位厚度时的吸光度。吸光系数与吸光物质性质、入射光波长、溶剂和温度等因素有关。在单色光波长、溶剂和温度一定的条件下，吸光系数是物质的物理常数，表明物质对某一特定波长光的吸收能力。不同的物质对同一波长的单色光，可有不同的吸光系数，吸光系数越大，物质对光的吸收能力越强，测定的灵敏度越高，所以，吸光系数是物质定性和定量的依据。吸光系数有两种表示方式：摩尔吸光系数和百分吸光系数。

1. 摩尔吸光系数 一定波长时，物质浓度为 1 mol/L、液层厚度为 1 cm 时溶液的吸光度，用 ε 表示，单位为 L/(mol·cm)。此时式 3-7 变为：

$$A = \varepsilon cL \tag{3-9}$$

一般来说，摩尔吸光系数大于 10^4 为强吸收，小于 10^2 为弱吸收。介于两者之间为中强吸收。

2. 百分吸光系数 一定波长时，物质浓度为 1%（1 g/100 mL），液层厚度为 1 cm 时溶液的吸光度，用 $E_{1\,cm}^{1\%}$ 表示，单位为 100 mL/(g·cm)。此时式 3-7 变为式 3-10。实际应用中，ε 和 $E_{1\,cm}^{1\%}$ 单位都省略不写。

$$A = E_{1\,cm}^{1\%} cL \tag{3-10}$$

$E_{1\,cm}^{1\%}$ 与 ε 可以换算，关系式为：

$$\varepsilon = E_{1\,cm}^{1\%} \times \frac{M}{10} \tag{3-11}$$

式中，M 为吸光物质的摩尔质量，g/mol。

两种吸光系数都不能直接测得，而是通过配制准确浓度的稀溶液，在经校正好的分光光度计上测得吸光度，依据朗伯-比尔定律计算得到。

【示例 3-1】 用某化合物纯品（M 为 323.15 g/mol）配制 100 mL 含有 2.00 mg 的溶液，以 1 cm 厚的吸收池在 278 nm 处测得透光率为 24.3%，求 ε 和 $E_{1\,cm}^{1\%}$。

解： $A = -\lg T = \lg \dfrac{1}{T} = \lg \dfrac{1}{24.3\%} = 0.614$

$$E_{1\,cm}^{1\%} = \frac{A}{cL} = \frac{0.614}{0.002 \times 1} = 307$$

$$\varepsilon = E_{1\,cm}^{1\%} \times \frac{M}{10} = 307 \times \frac{323.15}{10} = 9920$$

（四）朗伯-比尔定律的偏离现象及原因

依据朗伯-比尔定律，吸收池厚度不变时，以吸光度对浓度作图，应得到一条通过原点的直线。但在实际工作中两者之间的线性关系常常发生偏离，见图 3-2。

引起偏离的因素主要有吸光物质的浓度、化学因素和光学因素。朗伯-比尔定律是建立在吸光物质之间没有相互作用的前提下，且仅适用于稀溶液（浓度 <0.01 mol/L）。当溶液浓度增大时，吸光粒子彼此靠近，影响每个粒子独立吸收光的能力，粒子的电荷分布也可能发生改变，导致对朗伯-比尔定律的偏离。化学因素主要是指溶液中溶质因条件变化，发

生解离、缔合或与溶剂作用，影响被测组分浓度改变导致对朗伯－比尔定律的偏离。光学因素主要指非单色光、杂散光（单色器中得到的单色光中与所需波长相隔较远的光）、光的散射、反射、折射、非平行光等。此外，仪器光源不稳定、吸收池不配对，实验条件偶然变动、溶液中物质产生荧光等都可以引起偏离朗伯－比尔定律的现象。

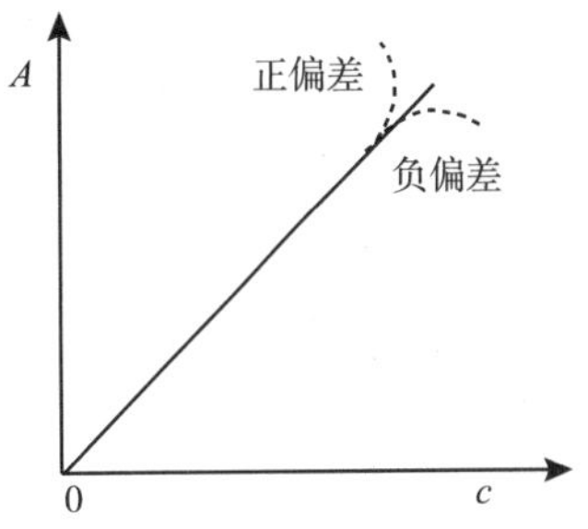

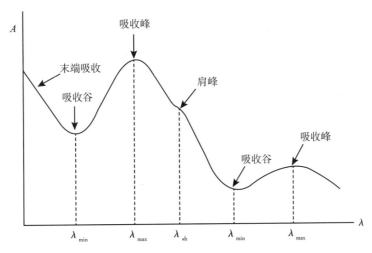

图 3-2　朗伯－比尔定律的偏离

三、紫外－可见吸收光谱

1. 吸收曲线　在紫外－可见光区，使不同波长的单色光依次通过被测物质溶液，分别测定吸光度，以波长（λ）为横坐标、吸光度（A）为纵坐标，绘制吸光度－波长曲线，称为吸收曲线，又称紫外－可见吸收光谱，如图 3-3 所示。

图 3-3　吸收曲线示意图

图 3-3 中，吸收曲线上有极大值的部分称为吸收峰，所对应光的波长称为最大吸收波长，以 λ_{max} 表示。吸收曲线上有极小值的部分称为吸收谷，也叫最小吸收，对应的波长叫最小吸收波长，以符号 λ_{min} 表示。有时在最大吸收峰旁有一个小的曲折称为肩峰，以 λ_{sh} 表示；在吸收光谱短波长端所呈现的强吸收而不呈峰形的部分，称为末端吸收。一些含有杂原子的溶剂通常具有显著的末端吸收。吸收曲线反映了物质对不同波长光的吸收情况，最大吸收波长及其吸光系数、最小吸收波长、肩峰等是物质的特征参数。不同物质的吸收曲线，其形状、最大吸收波长各不相同，因此吸收曲线及特征参数是物质定性的依据。在最大吸收波长处，物质吸光度较大，测定的灵敏度较高，一般定量分析中选择最大吸收波长作为测量波长。

2. 影响紫外－可见吸收光谱的因素　物质的紫外－可见吸收光谱与测定条件关系密切。温度、溶剂、溶液 pH 等测定条件不同，吸收光谱的形状、λ_{max}、ε_{max}、λ_{min} 等都可能发生变化。

（1）温度　室温时，温度对吸收光谱影响不大。低温时，分子的热运动降低，邻近分子碰撞引起的能量交换减少，吸收峰变得比较尖锐；温度较高时，分子碰撞频率增加，谱带变宽，谱带精细结构消失。

（2）**溶剂** 溶剂对溶液紫外 - 可见吸收光谱有较大影响，有些溶剂本身在紫外光区有强吸收，严重影响被测物质的紫外吸收光谱。因此，选用溶剂应在被测物质吸收光谱区间无明显吸收。当光的波长减小到一定数值时，溶剂对它产生强烈的吸收，即"末端吸收"。溶剂的波长极限即截止波长，测量波长低于截止波长时，相应溶剂不能选用。常见溶剂截止波长如表3 - 3。

表3 - 3 常见溶剂的紫外截止波长

溶剂名称	水	甲醇	乙醇	丙酮	异丙醇	乙酸乙酯	三氯甲烷	乙醚	苯	四氢呋喃
截止波长（nm）	210	210	210	330	210	260	245	210	280	212

选择溶剂时除了考虑截止波长，还要考虑溶剂的极性，甚至是同一种溶剂不同厂家，不同批号，也会有显著差异，在与标准品的吸收光谱比较时，最好采用同一瓶溶剂配制。

（3）**溶液pH** 很多化合物具有酸性或碱性官能团，在不同的pH溶液中，分子因解离而发生结构改变，因而其吸收光谱形状、最大吸收波长和吸收强度也随之改变。

> **课堂互动**
>
> 正常情况下，几种不同浓度的同一溶液的吸收光谱曲线有何特点？物质的吸收光谱曲线在食品检验中有何应用？

（4）**溶液浓度** 溶液浓度过高或过低，可能引起分子的解离、缔合等变化，影响物质存在形式，影响吸收光谱。此外，仪器的性能也影响吸收光谱的形状。

四、常用术语

1. 生色团 含有不饱和键的基团称为生色团。如乙烯基 C = C、羰基 C = O、硝基—NO_2、偶氮基—N = N、乙炔基—C ≡ CH、腈基—C ≡ N 等。

2. 助色团 是指含有非键电子对的杂原子饱和基团，如—OH、—NH_2、—SH、—OR、—NHR、—X（Cl、Br、I）等，它们本身没有生色功能（不能吸收 $\lambda > 200$ nm 的光），但当它们与生色团相连时，能使 λ_{max} 向长波方向移动，且吸收强度增加。

3. 红移 也叫长移，由于取代基或溶剂的影响，引起有机化合物结构变化，使吸收峰向长波方向移动的现象。共轭作用、引入助色团、改变溶剂极性均可以发生红移。如苯环上引入羟基，λ_{max} 由 254 nm 红移至 261 nm；苯环上引入羧基，λ_{max} 由 254 nm 红移至 273 nm。

λ_{max}	254 nm	261 nm	273 nm
ε	200	1450	

4. 蓝移 也叫紫移，短移。由于取代基或溶剂的影响引起有机化合物结构的变化，使吸收峰向短波方向移动的现象。失去助色团或共轭作用减弱，溶剂极性改变也可引起蓝移。

5. 增色效应 由于有机化合物的结构变化，使吸收峰摩尔吸光系数增加的现象。

6. 减色效应 由于有机化合物的结构变化，使吸收峰摩尔吸光系数减小的现象。

第二节　紫外－可见分光光度计

扫码"学一学"

案例讨论

火龙果皮红色素稳定性研究

案例：火龙果是仙人掌科植物，是常见的水果，常用于鲜食，或加工成果汁、果酒等产品，而火龙果皮则基本是废弃物，既增加了企业的处理负担，又浪费资源，还会造成一定的环境污染。其实火龙果皮中富含水溶性的天然红色素，有研究显示该色素具有抗氧化、清除自由基、抑制癌细胞生成、降血脂等生物活性，可以应用于食品、医药、保健食品等行业。但火龙果皮红色素稳定性差，使其实际应用受到限制。有学者采用紫外－可见分光光度法对火龙果皮红色素进行了稳定性研究，为其开发利用提供理论依据和方法学参考。

问题：1. 紫外－可见分光光度法中用到的主要仪器是什么？由哪些部分组成？
　　　　2. 仪器使用中应注意哪些事项？

一、紫外－可见分光光度计的基本结构

紫外－可见分光光度计是测定物质吸光度的仪器，仪器类型很多，性能差别悬殊，但其工作原理和基本结构均相似，一般由光源、单色器、吸收池、检测器和信号处理显示系统等五部分组成，如图 3-4 所示。

图 3-4　紫外－可见分光光度计光路结构示意图

（一）光源

要求提供足够强度和稳定的连续光谱，辐射能量随波长的变化应尽可能小。分光光度计中常用的光源有热辐射光源和气体放电光源两类。热辐射光源用于可见光区，如钨灯和卤钨灯；气体放电光源用于紫外光区，如氢灯和氘灯。

1. 钨灯和碘钨灯　钨灯又叫白炽灯，能发射波长在 320～2500 nm 的连续光谱，适用于可见光区和近红外光区的测量。在可见光区内，光源的发光强度随其工作电压的 3～4 次方而变化，电压影响较大。为了使光源发出的光在测量时稳定，光源的供电一般都要用稳压电源，即加有一个稳压器（现仪器多内置稳压器）。碘钨灯是在钨灯中加入了少量碘蒸气，防止在高温下钨蒸气在灯内壁沉积，从而延长了使用寿命，发光效率更高。目前，分光光度计多用碘钨灯作为可见光光源。

2. 氢灯和氘灯　该光源能发射波长在 150～400 nm 的连续光谱，适用于 200～375 nm 紫外光区的测量。氘灯的灯管内充有氢的同位素氘，比同功率氢灯发光强 3～5 倍，寿命也更长，现在紫外分光光度计多用氘灯作为紫外光区的光源。

（二）单色器

单色器是能从光源辐射的复合光中分出单色光的光学装置，其主要功能是产生光谱纯度高的光波且波长在紫外－可见光区域内任意可调。单色器是分光光度计的关键部件，一般由入射狭缝、准直镜（透镜或凹面反射镜使入射光成平行光）、色散元件、出射狭缝等几部分组成。其核心部分是色散元件，起分光的作用。常用的色散元件是棱镜和光栅，其光路及工作原理示意图见图 3 - 5。单色器的性能主要取决于色散元件，直接影响入射光的单色性，进而影响测定灵敏度、选择性及校准曲线的线性关系。

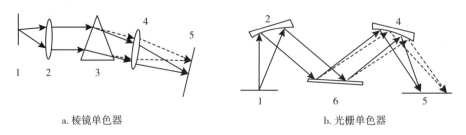

a. 棱镜单色器　　　　　　　　　　　　b. 光栅单色器

1. 入射狭缝；2. 准直镜；3. 棱镜；4. 聚焦镜；5. 出射狭缝；6. 光栅

图 3 - 5　单色器光路及工作原理示意图

棱镜按材质分为玻璃和石英两种。其色散原理是依据不同波长光通过棱镜时因折光率不同而将不同波长光按波长由大至小的顺序分开。由于玻璃可吸收紫外光，所以玻璃棱镜只能用于 350 ~ 3200 nm 的波长范围，即只能用于可见光区内和近红外光区。石英棱镜可使用的波长范围较宽，可在 185 ~ 4000 nm，即可用于紫外、可见和近红外三个光区。棱镜单色器的缺点是色散率随波长变化且传递光的效率低，得到的是非均匀排列的光谱。

光栅是利用光的衍射与干涉作用制成的色散元件，可用于紫外、可见及红外光区，而且在整个波长区具有良好的、几乎均匀一致的分辨能力。现在分光光度计多用光栅单色器。

（三）吸收池

吸收池又叫比色皿或比色杯，在紫外－可见分光光度法分析中，盛放试样溶液的器皿。按其材料分为玻璃和石英两种。玻璃吸收池仅用于可见光区，石英吸收池在紫外和可见光区均可使用。吸收池的两个透光面相互平行，两个透光面内侧的间距为光程，按照光程，吸收池的规格有 0.5、1.0、2.0、3.0、5.0 cm 等，其中以 1 cm 光程吸收池最为常用。使用时要求：盛放空白溶液和试样溶液的吸收池应匹配，即具有相同的厚度和透光性。可用一套吸收池盛放同一种溶液，于所选波长处测定透光率，彼此相差应在 0.5% 以内，即为吸收池配对。吸收池的透光面易磨损，应注意保护。

（四）检测器

检测器又称探测器，用于检测光信号，将光信号转变成电信号的装置。常用的检测器有光电池、光电管和光电倍增管。

1. 光电管　它是在抽成真空或充有惰性气体的玻璃或石英泡内装上 2 个电极构成，其结构如图 3 - 6。阳极是一根金属丝；阴极是一个半圆柱形的金属片，金属片的内表面涂有光敏材料。当一定强度的光照射到阴极时，光敏物质放出电子，放

图 3 - 6　光电管结构示意图

出电子的多少与照射到它上面的光强度成正比，电子流向阳极，回路中有电流通过。但光电流很小，需放大器放大才能检测。常用的光电管有蓝敏（紫敏）管和红敏管。前者的阴极表面是锑和铯，适用的波长范围是 200 ~ 625 nm，后者的阴极表面是银和氧化铯，适用的波长范围是 625 ~ 1000 nm。

2. 光电倍增管　它是非常灵敏的光电器件。其工作原理与光电管相似，结构上的差别是在阴极和阳极之间还有多个倍增电极（阴极）实现二次电子发射以放大光电流，放大倍数可达 10^5 ~ 10^8 倍，其灵敏度比前 2 种都要高很多，是紫外　可见分光光度计上广泛使用的检测器。光电倍增管不能用来测定强光，否则极易疲劳，发生信号漂移、灵敏度下降，并且光电倍增管可因阳极电流过大易损坏。

（五）信号处理显示系统

它的作用是放大信号并以适当方式指示或记录下来。常用的信号指示装置有直读检流计、电位计以及数字显示或自动记录装置等。很多型号的分光光度计配有微处理机，一方面可对分光光度计进行操作控制，另一方面可进行数据处理、结果打印等。

二、紫外－可见分光光度计的类型

紫外－可见分光光度计按波长使用范围分类，分为可见分光光度计和紫外－可见分光光度计。前者的使用波长范围为 400 ~ 780 nm，后者的使用波长范围为 200 ~ 1000 nm。按仪器光路系统分类，分为单光束分光光度计、双光束分光光度计、双波长分光光度计等三类。

（一）单光束分光光度计

单光束分光光度计是最简单的分光光度计，其基本结构如图 3 - 7 所示。由光源发出的复合光经单色器分光，得到所需的单色光照射到参比溶液或试样溶液后，经检测器检测后显示为吸光度或透光率。

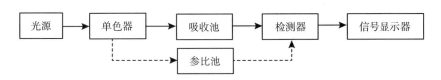

图 3 - 7　单光束分光光度计的结构示意图

单光束分光光度计结构简单，价格便宜，操作简便，适用于常规分析。其缺点是，测定结果受光源强度波动的影响较大，因而给定量分析结果带来较大的误差。使用时来回拉动吸收池产生移动误差，装参比溶液和试样溶液的吸收池应配对。常用的单光束可见分光光度计有 721 型、722 型、723 型、724 型、727 型等。常用的紫外－可见分光光度计有 751G 型、752 型、753 型、754 型、756MC 型等。

（二）双光束分光光度计

双光束分光光度计的结构如图 3 - 8 所示。其工作原理是从单色器出来的单色光经同步旋转镜（M_1）分为强度相等的两束光，在很短的时间内交替通过空白溶液和试样溶液，再经同步旋转镜（M_4）交替照射同一检测器，仪器自动比较透过空白溶液和试样溶液的光强度，此比值即为试样溶液的透光率，经对数转换为吸光度。

双光束分光光度计的优点是可以减小因光源（电源）不稳定的影响；测量时不用拉动吸收池，可以减小移动误差；能进行波长扫描，并自动记录吸收光谱曲线，适合于定性分析。常见的双光束紫外－可见分光光度计有国产 710 型、730 型、740 型、760MC 型、760CRT 型、岛津 UV－1800 型和日立 UV－340 型。

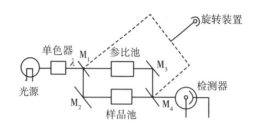

M_1、M_4. 同步旋转镜；M_2、M_3. 反射镜

图 3－8　双光束分光光度计机构示意图

（三）双波长分光光度计

双波长分光光度计的光路较复杂，结构示意图见图 3－9。其工作原理是将光源发出的光分成两束，分别进入各自的单色器，可以获得两束不同波长（λ_1、λ_2）的单色光，利用切光器使两束单色光交替照射到同一吸收池，经检测器检测最后由显示器显示出两个波长处的吸光度差值 ΔA（$\Delta A = A_{\lambda_1} - A_{\lambda_2}$），可利用 ΔA 定量。

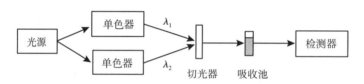

图 3－9　双波长分光光度计结构示意图

双波长分光光度计的主要优点是可以降低杂散光，消除光源不稳定造成的影响，光谱精度高，测定过程中不需要空白对照，消除了参比溶液与试样溶液组成不一致和吸收池不匹配引起的误差。主要用于存在干扰组分的样品、浑浊样品和多组分混合样品的测定。还可以利用双波长分光光度计获得导数光谱。缺点是仪器价格昂贵，体积较大。常见的双波长分光光度计有 WFZ800S、岛津 UV－260 型、岛津 UV－365 型。

三、紫外－可见分光光度计的使用及注意事项

紫外－可见分光光度计的性能好坏直接影响测定结果的准确度，因此，仪器必须校正，以保证结果的准确性。新购置的仪器需对其主要性能指标进行全面测试；使用中的仪器也应该定期校正。仪器校正的主要内容有仪器外观检查、波长的准确度、吸光度的准确度、杂散光、吸收池的配对性、稳定性和灵敏度等六方面。

（一）紫外－可见分光光度计的性能检定

1. 仪器外观检查

（1）标志检查　检查仪器应有下列标志：名称、型号、编号、制造厂名、出厂日期，工作电源电压、频率。国产仪器应有制造生产许可标志及编号。

（2）外观检查　检查仪器各紧固件均应紧固良好，各调节旋钮、接键和开关均能正常

扫码"看一看"

工作，电缆线的接插件均能紧密配合且接地良好。仪器能平稳地置于工作台上，样品架定位正确。指示器刻线粗细均匀、清晰，数字显示清晰完整，可调节部件不应有卡滞、突跳及显著的空回。

（3）吸收池检查　吸收池不得有裂纹，透光面应清洁，无划痕和斑点。

2. 波长的准确度　影响波长准确度的因素：温度变化对机械部分的影响，使用中机件的损坏，新购买的仪器在运输中的振动等。波长准确度以仪器显示的波长数值与单色光的实际波长值之差表示，双光束光栅型的紫外－可见分光光度计波长准确度允许误差范围为±0.5 nm。751G 紫外－可见分光光度计应在±1.0 nm 以内。仪器波长的允许误差为：紫外光区在±1 nm，500 nm 附近在±2 nm。可用低压石英汞灯、仪器固有的氘灯、氧化钬玻璃、高氯酸钬溶液等校正波长准确度。

（1）用低压石英汞灯检定　常用汞灯的较强谱线 237.83、253.65、275.28、296.73、313.16、334.15、365.02、404.66、435.83、546.07、576.96 nm。缝宽为 0.02 mm（751型），先以 546.07 nm 谱线为基准，然后再从短波长向长波长对汞谱线进行核对。

关闭仪器光源，汞灯直接对准进光狭缝，如为双光束分光光度计，用单光束能量测定方式，采用波长扫描，扫描速度慢、响应快、最小狭缝宽度（如 0.1 nm）量程 0~100%，在 200~800 nm 范围内单方向重复扫描三次，记录各峰值。取三次测定平均值与对应参考波长值之差作为波长准确度。三次测定值中最大值与最小值之差即为单波长重复性，单波长重复性中的最大值为波长重复性。

（2）用仪器固有的氘灯校正　是以氘灯 486.02 nm 与 656.10 nm 谱线作参考波长进行测量。取单光束能量测定方式，测定条件同低压石英汞灯检定的方法，对 486.02 nm 与656.10 nm 两单峰单方向重复扫描 3 次，记录各峰值。

（3）用氧化钬玻璃校正　氧化钬玻璃在 279.4、287.5、333.7、360.9、418.7、460.0、484.5、536.2 nm 与 637.5 nm 波长处有尖锐吸收峰，也可用于波长校正。使用时应注意不同来源氧化钬玻璃的微小差别。检定时，将氧化钬玻璃放入样品光路，参比光路为空气，按测定吸收光谱的方法测定。校正自动记录仪器时，测定样品和校正时取同一扫描速度。

（4）用高氯酸钬溶液检定　可供没有单光束测定功能的双光束紫外－可见分光光度计的波长校正使用。以 10% 高氯酸溶液为溶剂，配制 4% 氧化钬溶液进行检定。

3. 吸光度的准确度　取在 120 ℃干燥至恒重的基准重铬酸钾约 60 mg，精密称定，加0.005 mol/L 硫酸溶液溶解并稀释至 1000 mL，摇匀，即得。以 0.005 mol/L 硫酸溶液为空白，用配对的 1 cm 石英吸收池，在表 3－4 规定的波长处测定，计算其吸光系数，应在许可范围内。

表 3－4　重铬酸钾溶液检查吸光度准确度的要求

波长（nm）	235（最小）	257（最大）	313（最小）	350（最大）
吸光系数 $E_{1\,cm}^{1\%}$	124.5	144.0	48.6	106.6
许可范围	123.0~126.0	142.8~146.2	47.0~50.3	105.5~108.5

4. 杂散光　杂散光是指一些不在谱带范围与所需波长相隔较远的光。杂散光影响吸光度，也是引起偏离朗伯－比尔定律的因素之一。仪器光学系统随使用日期增加及光学表面污染，杂散光将增加。可按下面的方法检查仪器杂散光：配制 1.00% 碘化钠水溶液、

5.00%亚硝酸钠水溶液，分别置1 cm石英吸收池中，以纯化水作参比，在表3-5规定的波长处测定透光率，其透光率应符合表3-5中要求。

表3-5　杂散光检查要求

试剂名称	浓度（%或g/100 mL）	测定用波长（nm）	透光率（%）
碘化钠	1.00	220	<0.8
亚硝酸钠	5.00	340	<0.8

5. 吸收池的配对性　使用的吸收池必须洁净，同一光径的吸收池装纯化水于220 nm（石英吸收池）、440 nm（玻璃吸收池）处，将一个吸收池的透射比调到100%，测量其他吸收池的透射比，两者相差在0.5%以下者可配对使用。

6. 稳定性和灵敏度　稳定性检查：仪器预热后分别精确调节透光率为0%和100%，在规定时间内分别观察变化量是否符合要求。灵敏度是吸光度变化值与相应溶液浓度变化值的比值，具体可参照仪器说明书检查。

（二）仪器操作方法

紫外-可见分光光度计规格很多，不同厂家、不同型号的紫外-可见分光光度计操作方法虽有不同，但差异不大。

1. 开机　开机前确认样品室内无挡光物。接通电源，仪器自动进行初始化，开始自检和自动校正基线。约数分钟初始化完成，进入主界面，显示菜单栏。通常情况下经过30分钟预热时间使光源达到稳定后开始测量。注意：初始化时不得打开样品室盖。

2. 单波长数据测定　按照菜单提示选择测定吸光度，设置波长参数，分别将参比溶液置于光路调零，样品溶液置于光路读出相应波长处的吸光度 A。

3. 测定吸收光谱　按照菜单提示选择测定光谱，按照仪器说明书设置好波长范围、扫描速度等参数，扫描吸收曲线。

（三）注意事项

1. 天平和玻璃仪器的检定　所用的容量瓶、移液管等玻璃仪器及分析天平均应经过检定校正，如有偏差应加上校正值。

2. 对溶剂的要求　测定供试品前，应先检查所用溶剂在供试品测定波长附近是否有吸收峰，是否影响供试品测定，可用1 cm石英吸收池盛装溶剂以空气为空白测定吸光度，应符合表3-6规定。

表3-6　紫外分光光度法对溶剂的要求

波长范围（nm）	220~240	241~250	251~300	300以上
吸光度	≤0.40	≤0.20	≤0.10	≤0.05

3. 溶液配制　配制测定溶液时稀释转移次数应尽可能少，转移稀释时所取容积不能太小，以减小误差。

4. 测定　取吸收池时，手指拿毛玻璃的两侧。装盛液体以池体积的2/3~4/5为宜，并注意内壁不能有气泡；使用挥发性溶剂应加盖；比色皿中的液体，应沿毛面倾斜（或吸收池的一个角）慢慢倒掉，透光面用擦镜纸自上而下擦拭干净。吸收池放入样品室每次方向均一致。使用后用溶剂及水冲洗干净，晾干防尘保存。

5. 测定波长的选择　采用吸收最大、干扰最小的原则。通常根据被测组分的吸收光谱，选择最强吸收带的最大吸收波长作为测量波长，以得到最大的测定灵敏度。当待测组分的 λ_{max} 受到共存杂质干扰时，或者最强吸收峰的峰形比较尖锐，往往选用吸收稍低，峰形比较平坦的次强吸收峰或肩峰进行测定。

6. 狭缝宽度　选择仪器的狭缝宽度，应以减小狭缝宽度时供试品的吸光度不再增加为准。一般狭缝宽度大约为试样吸收峰半宽度的 1/10。大部分品种，可以使用 2 nm 缝宽，但对某些品种则需要 1 nm 缝宽或更窄，否则吸光度会偏低。

7. 吸光度范围　选择适宜的吸光度范围以减小测量误差，一般试样溶液的吸光度以在 0.200～0.800 之间为宜。当吸光度为 0.434 时，吸光度测量误差最小。可根据吸光度要求调整控制试样溶液的浓度或选择不同光径的吸收池。

四、仪器的安装要求和保养维护

分光光度计属于精密光学仪器，正确安装、使用和维护对保持仪器良好性能、保证仪器处于最佳工作状态和保证测试结果准确可靠有重要作用。

（一）仪器的安装要求

分光光度计应安装在稳固的工作台上（周围不应有强磁场），且具防振、防电磁干扰功能。仪器背部距墙壁至少 15 cm 以上，以保持有效的通风散热。电源最好采用专用线。室内温度宜保持在 15～28 ℃，最好安装空调，以保持在（20±2）℃。室内应干燥，相对湿度应控制在 45%～65%，不应超过 70%。室内应无腐蚀性气体（如 SO_2、NO_2 及酸雾等），应与化学分析室隔开，当测定样品有挥发性或腐蚀性时，应加吸收池盖。室内光线不宜过强。

（二）仪器的保养维护

仪器的日常保养维护中要注意防潮、防尘、防振、防腐蚀、防电磁干扰。实验室要保持干燥清洁的环境。分光光度计的日常保养主要是保持单色光纯度和准确度，仪器的灵敏度和稳定性。具体方法如下。

（1）电源电压　仪器的工作电源一般为 220 V，允许有 ±10% 电压波动。在电压波动较大的实验室，为保持仪器的稳定性，最好配备有过电压保护的稳压器。

（2）光源　光源的寿命有限，为延长光源的使用寿命，在不使用时不要开光源灯。如果工作间歇时间短可以不关灯或停机。刚关闭的光源灯不能立即重新开启，必须待灯冷却后再重新启动，并预热 15 分钟。仪器连续使用时间不应超过 3 小时。如果需要长时间使用，最好间歇 30 分钟。灯泡发黑或光源亮度不够或不稳定时应及时更换新灯。更换后要调节好灯丝的位置，使尽可能多的光进入光路。更换灯不要用手直接接触窗口或灯泡，避免沾染油污，若不小心接触到要用无水乙醇擦拭。

（3）单色器　是仪器的核心部件，装在密封盒内，不能拆开。为了防止色散元件受潮发霉，要经常更换单色器盒内的干燥剂。

（4）检测器　光电器件不能长时间曝光，且应避免强光照射或受潮积尘。

（5）吸收池　在使用后应立即冲洗干净，光学面必须用擦镜纸或柔软的棉织物擦去水分。如果吸收池被有机物污染，宜用盐酸－乙醇混合液（1∶2，V/V）浸洗，也可用相应的有机溶剂浸泡洗涤。如：油脂污染可用石油醚浸洗，铬天青显色剂污染可用硝酸溶液（1∶2）浸洗等。吸收池不可用碱液洗涤，也不能用硬布、毛刷刷洗。

扫码"学一学"

（6）不允许用乙醇、汽油、乙醚等有机溶液擦洗仪器。

第三节　定性定量方法及其应用

目前紫外－可见分光光度计价廉，操作简单，普及性高，广泛用于食品、医药、石油化工、环境监测等领域。利用物质的紫外－可见光谱特征及其吸光度可以进行定性鉴别，纯度检查和含量测定。

一、定性鉴别

定性鉴别的依据是物质吸收光谱的特征。一般采用对比法，通过对比供试品与对照品吸收光谱的形状、吸收峰的数目、吸收峰的位置（波长）、吸收峰的强度及相应的吸光系数等特征进行鉴别。同一物质在相同的条件下具有相同的图谱，但是图谱相同却不一定是同一物质。因为紫外－可见吸收光谱是电子光谱，光谱简单，一般只有几个吸收峰，特征性不强。紫外－可见吸收光谱仅反映分子中生色团和助色团，即共轭体系的结构信息，主要适用于不饱和有机化合物，尤其是共轭体系的鉴定，以此推断未知物的骨架结构，常作为一种辅助方法配合红外光谱、核磁共振波谱、质谱等进行结构分析和定性鉴别。采用紫外－可见分光光度法对物质进行定性分析，具体方法如下。

1. 对比吸收光谱曲线的一致性

（1）标准品比较法　将供试品与标准品用相同的溶剂配制相同浓度的溶液，在同一条件下分别绘制吸收光谱，比较光谱是否一致。若两者为同一物质，则两者的光谱图应完全一致。为了进一步确证，可以变换一种溶剂或采用不同酸碱性溶剂，分别将供试品与标准品配制成相同浓度的溶液，绘制紫外－可见吸收光谱图后再进行比较。如果两者光谱图仍然一致，则可以认为它们为同一物质。

（2）标准图谱比较法　也可以利用文献收载的标准图谱进行核对。按照标准图谱制备的条件，制备试样溶液绘制吸收光谱，再与标准图谱比较进行鉴别。常用的标准谱图库有萨特勒光谱集《The Sadtler standard spectra，Ultraviolet》，收载有 46 000 种化合物紫外光谱的标准谱图。

2. 对比吸收光谱特征数据　最常用于鉴别的光谱特征数据是吸收峰波长，若一个化合物有几个吸收峰，并且存在谷、肩峰，可以同时作为鉴别的依据。例如醋酸视黄酯（醋酸维生素 A）的鉴别：称取适量试样，精确至 0.1%，加入异丙醇溶解并定量稀释至浓度为 10~15 IU/mL 的溶液，照分光光度法测定，试样溶液在波长 324~328 nm 范围内有最大的吸收峰。又如布洛芬的鉴别：取本品适量，用 0.4% 氢氧化钠溶液制成每 1 mL 约含布洛芬 0.25 mg 的溶液，照分光光度法测定，在 265 nm 与 273 nm 的波长处有最大吸收，在 245 nm 与 271 nm 的波长处有最小吸收，在 259 nm 处有一肩峰。

3. 对比吸光度比值　不止一个吸收峰的化合物，可采用在不同吸收峰（或峰与谷）处测得吸光度的比值进行鉴别，对于同一溶液吸光度之比值即为其吸光系数之比值。例如维生素 B_2 的鉴别：避光操作。取约 0.075 g 样品，精确至 0.001 g，置烧杯中，加 1 mL 冰乙酸与 75 mL 水，加热溶解后，加水稀释，冷却至室温，移置 500 mL 棕色容量瓶中，再加水稀释至刻度，摇匀；精密量取 10 mL 置 100 mL 棕色容量瓶中，加 7 mL 乙酸钠溶液，并加水稀释至刻度，摇匀，照分光光度法扫描测定，在波长（444 ± 1）、（375 ± 1）nm 与（267 ± 1）nm 处有最大吸收，并测定吸光度（A），计算 $A_{375\,nm}/A_{267\,nm}$ 的比值为 $0.31 \sim 0.33$ 和 $A_{444\,nm}/A_{267\,nm}$ 的比值为 $0.36 \sim 0.39$。

4. 根据光谱推测未知物的骨架结构　紫外－可见分光光度法可以用于某些化合物特征基团或部分骨架的推断。

（1）若在 200～800 nm 区间无吸收峰，该化合物不存在共轭双键或为饱和有机化合物。

（2）在 200 nm 以上有 2 个中等强度吸收峰（$\varepsilon = 1000 \sim 10\,000$），则化合物含有芳环结构。

（3）若吸收光谱中出现多个吸收峰，甚至出现在可见光区，则该化合物结构中可能含有长链共轭体系或稠环芳香发色团。

（4）未知化合物与已知化合物的紫外吸收光谱一致时，可以认为两者有相同的发色团，据此推断未知化合物的骨架。

> **拓展阅读**
>
> ### 紫外光谱与有机分子结构的关系
>
> 紫外－可见吸收光谱是分子外层电子或价电子（成键电子、未成键电子、反键电子）发生能级跃迁产生的电子光谱。分子中的价电子有成键的 σ 键电子、π 键电子、未成键 P 电子（也称为 n 电子）、π^* 反键电子、σ^* 反键电子，它们的能量由低到高依次增大。在紫外－可见光谱区域内，有机物易发生的跃迁有 $\sigma \to \sigma^*$、$n \to \sigma^*$、$n \to \pi^*$ 和 $\pi \to \pi^*$ 等四种类型。
>
> （1）$\sigma \to \sigma^*$ 跃迁　是几种跃迁类型中所需能量最大的，吸收光谱一般处于小于 200 nm 的区域，由于空气强烈吸收 200 nm 以下的紫外光，只有在真空条件才能观测，故称为真空紫外区。一般 $\sigma \to \sigma^*$ 跃迁发生在饱和烃中，如甲烷的最大吸收峰在 125 nm，乙烷在 135 nm。
>
> （2）$n \to \sigma^*$ 跃迁　一般含有非键电子（n 电子，又称为孤对电子）的杂原子的饱和烃衍生物都可以发生 $n \to \sigma^*$ 跃迁。这类跃迁所需能量通常比 $\sigma \to \sigma^*$ 跃迁小，可以由 150～250 nm 区域的辐射引起，多数吸收峰出现在低于 200 nm 区域，因此，紫外区仍然不易观测到这类跃迁。
>
> （3）$n \to \pi^*$ 跃迁和 $\pi \to \pi^*$ 跃迁　有机物最有用的吸收光谱是基于 $n \to \pi^*$ 和 $\pi \to \pi^*$ 跃迁所产生的。n 电子和 π 电子都比较容易激发，产生的吸收峰都出现在波长大于 200 nm 的区域。这两类跃迁都要求有机分子中含有不饱和官能团即生色团。不同的是，$n \to \pi^*$ 跃迁产生的吸收峰，其 ε 很小，仅为 10～100，而 $\pi \to \pi^*$ 跃迁产生的吸收峰 ε 很大，一般比 $n \to \pi^*$ 跃迁大 100～1000 倍。另外溶剂极性增加时，$n \to \pi^*$ 跃迁产生的吸收峰波长紫移，而 $\pi \to \pi^*$ 跃迁产生的吸收峰波长红移。

二、纯度检查

利用紫外－可见分光光度法检测化合物的纯度，也是一种简便有效的方法。如果某一化合物在紫外－可见光区没有紫外吸收，而其杂质有较强的吸收，则可以根据试样的紫外吸收光谱简便地检测出该化合物是否含有杂质。例如，检查甲醇或乙醇中的苯，苯在254 nm波长处有吸收，而甲醇或乙醇在此波长处几乎没有吸收。被苯污染的甲醇或乙醇的紫外吸收光谱在254 nm会出现苯的特征峰。如果被测化合物与杂质在同一光谱区域内有吸收，只要它们的最大吸收波长不同，也可以根据吸收光谱进行纯度鉴定。例如，核酸（$\lambda_{max} = 260$ nm）和蛋白质（$\lambda_{max} = 280$ nm），可以利用其纯物质的吸光度比值进行纯度检查。纯核酸的吸光度比值为$A_{280\,nm}/A_{260\,nm} = 0.5$，纯蛋白质的吸光度比值为$A_{280\,nm}/A_{260\,nm} = 1.8$。如果被测化合物有强吸收，杂质无吸收或弱吸收，则杂质使被测化合物的吸光系数下降；如果杂质有比被测化合物更强的吸收，则杂质使被测化合物的吸光系数上升；有吸收的杂质也可使被测化合物光谱变形。

三、含量测定

在紫外－可见光区有较强吸收的物质，或者虽然本身没有紫外吸收，但是能与某些试剂反应后转变成具有较强紫外－可见光区吸收的物质，在一定条件下测定其溶液吸光度，通过朗伯－比尔定律求出其溶液浓度。当试样中仅有单一组分或者其共存组分没有干扰或干扰很小可以忽略不计时，常采用以下三种定量方法：标准曲线法、对照品比较法和吸光系数法。其中标准曲线法是实际工作中应用最多的方法。

1. 标准曲线法　又称校正曲线法。配制一系列不同浓度的标准溶液，以不含被测组分的空白溶液作参比，在相同条件下测定标准溶液的吸光度，绘制吸光度－浓度曲线，如图3－10所示。然后在相同条件下测定试样溶液的吸光度，从标准曲线上查到与之对应的浓度，即为试样溶液的浓度。

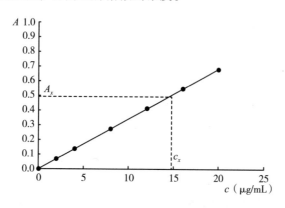

图3－10　标准曲线法确定未知样品溶液的浓度

绘制标准曲线时应注意以下几点。

（1）建立标准曲线时，应确定符合朗伯－比尔定律的浓度线性范围，只有在线性范围内的定量测量才是准确可靠的。

（2）按选定的浓度，配制一系列不同浓度的标准溶液，其浓度范围应包括试样浓度的可能变化范围。一般要求至少作6个点。

（3）测定时每一浓度至少应同时作2管（平行管），同一浓度平行管测定得到的吸光度值相差不大时，取其平均值。

（4）用坐标纸绘制标准曲线。也可以最小二乘法处理，由一系列的吸光度－浓度数据求出直线回归方程。

（5）绘制完的标准曲线应注明测试内容和条件，如波长、操作时间等。标准曲线应经常重复检查，在工作条件有变动时，如更换标准溶液、仪器修理、更换光源时，均应重新制作标准曲线。

此法不需要知道E值，对仪器要求不高，适合于大批量样品测定，但操作繁琐费时。

【示例3－2】 出口调味料中脱氢乙酸的测定

SN/T 0859—2016《出口调味料中脱氢乙酸的测定 紫外分光光度法》标准规定了用紫

外分光光度法测定出口调味料（出口生抽酱油、老抽酱油、醋、蚝油、烧烤汁、调味酱）中脱氢乙酸含量的方法。采用的是标准曲线法。

（1）方法原理　样品中脱氢乙酸在酸性条件下经水蒸气蒸馏和有机溶剂萃取后，用紫外分光光度计在308 nm波长处测定吸光度，与标准比较定量。

（2）测定方法

①试样的蒸馏。称取10 g样品（精确至0.01 g）于100 mL烧杯中，用100 mL水分数次将样品全部转入500 mL圆底烧瓶中，并用15%酒石酸溶液调节pH 2～3，加入50 g NaCl、2滴硅氧树脂（样品蒸馏时若泡沫不多可不加）、数粒玻璃珠，加水至总体积250～300 mL，连接水蒸气蒸馏装置进行蒸馏。以每分钟收集10 mL馏出液的速度收集蒸馏液近200 mL，转移至200 mL容量瓶中，用水定容，即为蒸馏液的总体积（V_1）。

②标准曲线制作。吸取20 μg/mL脱氢乙酸标准溶液0、1.00、2.00、3.00、4.00、5.00 mL（相当于0、20.0、40.0、60.0、80.0、100.0 μg脱氢乙酸），分别置于50 mL带塞刻度玻璃试管中，再分别加水至总体积10 mL，然后分别加入0.8 mL盐酸溶液（1:9），2 g NaCl，用乙醚分三次（10、5、5 mL）涡旋振摇提取，合并上层乙醚提取液于另一50 mL带塞刻度玻璃试管中，将1%碳酸氢钠溶液分三次（10、5、5 mL）加入已合并的乙醚提取液刻度玻璃试管中再次提取，合并下层碳酸氢钠提取液于烧杯中，置水浴上小心加温，待乙醚挥发后，继续在水浴上滴加盐酸溶液至pH 3～5，分别移入25 mL容量瓶中，加入2 mL盐酸－氯化钠溶液（吸取2 mol/L氯化钠溶液50 mL和2 mol/L盐酸溶液1 mL，混合后用水稀释至200 mL），加水稀释至刻度，摇匀。以1 cm石英吸收池，以零管调节零点，于波长308 nm处测定吸光度，以脱氢乙酸的质量为横坐标，吸光度为纵坐标，绘制标准曲线。

③试样测定。准确吸取试样蒸馏液10 mL（V_2）于50 mL带塞刻度玻璃试管中，按标准曲线的操作步骤，测定其吸光度。同时做试剂空白。根据样品溶液的吸光度，由标准曲线计算得到样液中脱氢乙酸的质量m_A，单位为μg。

（3）脱氢乙酸含量的计算　按式3-12计算试样中脱氢乙酸的含量：

$$X = \frac{m_A \times 1000}{m \times (V_2/V_1) \times 1000} \qquad (3-12)$$

式中，X为试样中脱氢乙酸的含量，mg/kg；m_A为测定用样液中脱氢乙酸质量，μg；m为试样质量，g；V_1为试样蒸馏液总体积，mL；V_2为测定用蒸馏液体积，mL。

2. 对照品比较法　又称对照法或外标一点法，在同一条件下，分别配制试样溶液和对照品溶液，在所选波长处分别测定试样溶液和对照品溶液吸光度。因为同种物质、同台仪器、同一波长处测定，故ε或$E_{1\,cm}^{1\%}$、L相同，则有

$$\frac{A_x}{A_r} = \frac{c_x}{c_r} \qquad (3-13)$$

式中，A_x为试样溶液吸光度；A_r为对照品溶液吸光度；c_x为试样溶液浓度；c_r为对照品溶液浓度。A_x、A_r由仪器测定可知，c_r由准确配制已知。依据式3-13可以计算出试样溶液的浓度。此法只有在测定浓度处于线性范围且c_x与c_r大致相当时，才可得到准确结果。

3. 吸光系数法　依据朗伯－比尔定律$A = E_{1\,cm}^{1\%} cL$，若L和$E_{1\,cm}^{1\%}$已知，即可根据测得的吸光度A，计算出被测物质的浓度。$E_{1\,cm}^{1\%}$可以从手册或文献中查到，这种方法也叫绝对法。

采用吸光系数法定量应对仪器波长进行校正后再测定。

【示例 3-3】 维生素 B_{12} 水溶液浓度的计算

维生素 B_{12} 水溶液在 361 nm 处的 $E_{1\,cm}^{1\%}$ 为 207，盛于 1 cm 吸收池中，测得溶液的吸光度为 0.414，求溶液的浓度。

解：

$$c = \frac{A}{E_{1\,cm}^{1\%} L} = \frac{0.414}{207 \times 1} = 0.002 \text{ g/100 mL} = 20.0 \text{ μg/mL}$$

【示例 3-4】 维生素 C 磷酸酯镁的含量测定

精密称取维生素 C 磷酸酯镁 0.1012 g，加入 0.1 mol/L 盐酸溶液溶解，置于 100 mL 容量瓶中，定容至刻度，摇匀。从上述溶液中量取 1.0 mL 置于 50 mL 容量瓶中，再加入 0.1 mol/L 盐酸溶液稀释定容，摇匀。用紫外分光光度计在 237 nm 波长处测定吸光度为 0.498。已知 $E_{1\,cm}^{1\%}$ 为 324，维生素 C 磷酸酯镁分子式为 $C_{12}H_{12}O_{18}P_2Mg_3 \cdot 10H_2O$，相对分子质量为 759.22，摩尔质量换算系数为 0.7627。计算维生素 C 磷酸酯镁（无水物）的百分含量。

解：已知 $m = 0.1012$ g，$D = 50$，$V = 100$，$A = 0.498$，$E_{1\,cm}^{1\%} = 324$，摩尔质量换算系数 = 0.7627

$$\text{含量} \% = \frac{A \times 1\% \times D \times V}{E_{1\,cm}^{1\%} \times m \times 0.7627} \times 100\%$$

$$= \frac{0.498 \times 1\% \times 50 \times 100}{324 \times 0.1012 \times 0.7627} \times 100\% = 99.6\%$$

对于含有两个或两个以上吸光组分的混合样品，若各组分的吸收光谱相互重叠或部分重叠，单组分测量时相互干扰，可以采用计算光谱法，设法将混合样品中的多组分测定变为单组分的测定。

> **课堂互动**
>
> 摩尔质量换算系数 0.7627 是怎么来的？为什么取样量要乘以摩尔质量换算系数进行折算？

四、比色法

待测组分本身在紫外-可见光区没有吸收或虽有吸收但摩尔吸光系数很小，因此不能直接用分光光度法测定。但是如果加入某种适当的试剂，使之与待测组分发生反应，生成摩尔吸光系数较大的有色物质，在选定的波长处（通常是 λ_{max}）测定有色物质的吸光度，间接求出待测组分含量的方法称为比色法，也称显色法。加入某种试剂使待测组分变成有较大摩尔吸光系数物质的反应称为显色反应，所用试剂称为显色剂。显色反应一般应满足下列条件：①反应的生成物必须在紫外-可见光区有较强的吸光能力，即摩尔吸光系数较大；②反应有较高的选择性，反应生成物的吸收曲线与其他共存组分的吸收光谱有明显的差别；③反应生成物的组成恒定、稳定性好。要使显色反应达到上述要求，必须控制显色反应的条件。影响显色反应的因素有很多，如显色剂种类、用量、溶液 pH、显色温度、显色时间等。最佳的显色反应条件一般是通过实验来确定。

比色法中还需特别注意参比溶液的选择：测定试样溶液的吸光度时，先要用参比溶液（又称空白溶液）调节透光率为 100%，以消除溶液中其他组分以及吸收池和溶剂对光的反射和吸收所带来的误差。参比溶液的选择应根据待测组分溶液的性质而定，可以选择溶剂参比、试样参比、试剂（显色剂等）参比、褪色参比、平行操作参比等作为参比溶液。溶剂参比适于试样组成简单，可以消除溶剂、吸收池等因素的影响；试样参比是指按与显色反应相同的条件处理试样，只是不加显色剂，这种参比溶液适于试样中共存成分较多，加入显色剂的量不大且显色剂在测定波长无吸收的情况；试剂参比是指只是不加试样，同样加入试剂和溶剂作为参比溶液，可消除试剂中的组分吸收产生的影响；褪色参比是指显色剂和试样在测定波长处均有吸收，可将一份试样加入适当掩蔽剂将被测组分掩蔽起来，使之不再与显色剂作用，而显色剂及其他试剂均按试液测定方法加入制成的参比溶液，可以消除显色剂及一些共存组分的干扰；或改变加入试剂的顺序，使被测组分不发生显色反应，以此溶液作为参比溶液消除干扰。平行操作参比溶液是指用不含被测组分的试样，在相同条件下与被测试样同时进行处理，由此得到平行操作参比溶液。

【示例 3 - 5】 氟试剂分光光度法测定生活饮用水及其水源水中的氟化物含量

1. 测定原理 氟化物与氟试剂（$C_{19}H_{15}NO_8$，又名茜素络合酮或 1，2 - 羟基蒽醌 - 3 - 甲胺 - N，N - 二乙酸）和硝酸镧反应，生成蓝色络合物，颜色深度与氟离子浓度在一定范围内成线性关系。当 pH 为 4.5 时，生成的颜色可稳定 24 小时。

2. 测定方法

（1）吸取 10 μg/mL 氟化物标准使用溶液 0、0.25、0.50、1.00、2.00、3.00、4.00、5.00 mL，分别置于 50 mL 具塞比色管中，各加纯水至 25 mL。

（2）吸取 25.0 mL 澄清水样（如果水样中有干扰物质时，需将水样在全玻璃蒸馏器中蒸馏处理），置于 50 mL 比色管中。如氟化物大于 50 μg，可取适量水样，用纯水稀释至 25.0 mL。分别向标准管和供试管中各加入 5 mL 氟试剂溶液［称取 0.385 g 氟试剂，于少量纯水中，滴加 1 mol/L 氢氧化钠溶液使之溶解。然后加入 0.125 g 乙酸钠（$NaC_2H_3O_2 \cdot 3H_2O$），加纯水至 500 mL。贮存于棕色瓶内，保存在冷暗处］及 2 mL 乙酸 - 乙酸钠缓冲溶液［pH 4.5，称取 85 g 乙酸钠（$NaC_2H_3O_2 \cdot 3H_2O$），溶于 800 mL 纯水中，加入 60 mL 冰乙酸（$\rho_{20} = 1.06$ g/mL），用纯水稀释至 1000 mL］，混匀。分别缓缓加入硝酸镧溶液［称取 0.433 g 硝酸镧［$La(NO_3)_3 \cdot 6H_2O$］，滴加盐酸溶液（1 : 11）溶解，加纯水至 500 mL］5 mL，摇匀，再加入 10 mL 丙酮，加纯水至 50 mL 刻度，摇匀。在室温放置 60 分钟。于 620 nm 波长处，1 cm 吸收池，以纯水为参比，测量吸光度。

3. 数据处理 由测得的标准管的数据绘制标准曲线，再根据样品管的吸光度从曲线上查出氟化物质量。按式 3 - 14 计算水样中氟化物的质量浓度。

$$\rho_{F^-} = \frac{m}{V} \qquad (3 - 14)$$

式中，ρ_{F^-} 为水样中氟化物（以 F^- 计）的质量浓度，mg/L；m 为在标准曲线上查得氟化物的质量，μg；V 为水样体积，mL。

本章小结

1. **主要名词和术语** 电磁波谱，紫外光，可见光，复色光（复合光），单色光，互补色光，透光率，吸光度，吸光系数，摩尔吸光系数，百分吸光系数，吸收曲线，最大吸收波长，最小吸收波长，生色团，助色团，红移，蓝移，增色效应，减色效应，比色法，试剂参比，试样参比，溶剂参比，标准曲线。

2. **基本原理** 光具有波粒二象性，物质对光的选择性吸收，光的吸收定律 $A = KcL$，仅适于单色光和稀溶液，且吸光物质间不发生相互作用。光吸收具有加和性，偏离光吸收定律的原因主要有吸光物质的浓度、化学因素、光学因素等。

3. 仪器结构与使用　紫外－可见分光光度计一般由光源、单色器、吸收池、检测器和信号处理显示系统等五部分组成。按光路系统分为单光束、双光束、双波长等类型。紫外－可见分光光度计性能检定内容主要有波长准确度、波长重复性、杂散光、吸收池配对等；溶液浓度以测得的吸光度在 0.2~0.8 为宜。测量波长一般选择最大吸收波长 λ_{max}，测定时以参比溶液校正。

4. 定性定量方法及其应用　UV－Vis 可以用于定性鉴别，杂质检查；单组分定量方法有吸光系数法、对照品比较法和标准曲线法等，定量的依据是 $A = KcL$。

? 思考题

1. 画出紫外－可见分光光度计的结构示意图并对各部件及其作用作简要说明。

2. 紫外－可见分光光度计性能检定项目有哪些？常规检定主要针对哪几项？

3. 有两份不同浓度的某一有色络合物溶液，当液层厚度均为 1.0 cm 时，对某一波长的透射比分别为：（a）65.0%；（b）41.8%。求：

（1）该两份溶液的吸光度 A_1、A_2。

（2）如果溶液（a）的浓度为 6.5×10^{-4} mol/L，求溶液（b）的浓度。

（3）计算在该波长处有色络合物的摩尔吸光系数。（设待测物质的摩尔质量为 47.9 g/mol）

4. 称取维生素 C 0.0500 g 溶于 100 mL 的 5 mol/L 硫酸溶液中，准确量取此溶液 2.00 mL 稀释至 100 mL，取此溶液于 1 cm 吸收池中，在 λ_{max} = 245 nm 处测得 A 值为 0.556。求样品中维生素 C 的百分质量分数。$\left[E_{1\,cm}^{1\%} (245\ nm) = 560 \right]$

5. 精密称取维生素 B_{12} 对照品 20.0 mg，加水准确稀释至 1000 mL，将此溶液置厚度为 1 cm 的吸收池中，在 λ = 361 nm 处测得 A = 0.424。另取维生素 B_{12} 试样，精密称取 19.8 mg，加水准确稀释至 1000 mL，同样条件下测得 A = 0.410，试计算维生素 B_{12} 的百分质量分数。

扫码"练一练"

扫码"学一学"

实训四　紫外－可见吸收曲线的绘制及未知物的定性鉴别

一、实训目的

1. **掌握**　紫外－可见吸收曲线的绘制及定性结果的判断。

2. **熟悉**　紫外－可见分光光度计的基本操作。

3. **了解**　仪器的主要构造；仪器的保养与维护。

二、基本原理

利用紫外－可见吸收光谱鉴别有机化合物的方法是在相同的条件下，比较未知物与已知纯化合物的吸收光谱的形状、吸收峰数目、吸收峰强度和最大吸收波长，或将未知物的吸收光谱与标准谱图（如萨特勒紫外光谱图）对比，如果两者吸收光谱完全一致，可以认为是同一种化合物。绘制的吸收曲线，要求最大吸收波长处的吸光度不得大于1。

三、仪器与试剂准备

1. 仪器　紫外－可见分光光度计，1 cm 石英吸收池，电子分析天平，烧杯（100 mL），量筒（100 mL），胶头滴管，刻度吸管（10、2、5 mL），洗耳球，容量瓶（100 mL）等。

2. 试剂　水杨酸标准贮备液（1.000 g/L），1,10－菲啰啉贮备液（2.00 mg/mL），磺基水杨酸贮备液（2.500 mg/mL），山梨酸贮备液（2.000 mg/mL）。

未知溶液为四种标准溶液中的任何一种，浓度在 2.0 ~ 3.5 g/L。

3. 试液制备

（1）水杨酸标准使用液（10 μg/mL）配制　用刻度吸管吸取水杨酸标准贮备液（1.000 g/L）1 mL 于 100 mL 容量瓶中，加水稀释至刻度，摇匀，即稀释 100 倍。也可以用胶头滴管吸取溶液，滴入大约 25 滴溶液于 100 mL 烧杯中，大约稀释 100 倍。

（2）1,10－菲啰啉使用液（2.00 μg/mL）配制　用刻度吸管吸取 1,10－菲啰啉贮备液（2.00 mg/mL）0.1 mL 于 100 mL 容量瓶中，加水稀释至刻度，摇匀，即稀释 1000 倍。

（3）磺基水杨酸使用液（10.00 μg/mL）配制　用刻度吸管吸取磺基水杨酸贮备液（2.500 mg/mL）0.4 mL 于 100 mL 容量瓶中，加水稀释至刻度，摇匀，即稀释 250 倍。

（4）山梨酸使用液（2.00 μg/mL）配制　用刻度吸管吸取山梨酸贮备液（2.000 mg/mL）0.1 mL 于 100 mL 容量瓶中，加水稀释至刻度，摇匀，即稀释 1000 倍。

（5）稀释溶液　未知溶液可以稀释约 400 倍。

4. 紫外－可见分光光度计操作　下面以 UV－1800PC DS2 分光光度计为例介绍操作规程。

（1）打开仪器样品室盖板　拿出其中用于干燥的硅胶袋。确保样品室光路无物体阻挡，再关上样品室盖板。

（2）打开仪器电源开关　仪器即进入自检程序。自检过程中不得打开样品室盖板。

（3）连接电脑　打开电脑电源开关。启动电脑，双击软件图标，仪器即切换至由电脑控制。填写用户信息，点击"确定"。

（4）设置数据格式　设置吸光度：0.000；透光率（%）：0.00；浓度：0.0000；能量（%）：0.0；点击"确定"。

（5）吸收池配套性检验　吸收池装蒸馏水依次放入样品槽，打开光谱扫描界面，波长设置为 220 nm，第一个吸收池进行校准背景，第二个吸收池进行测定。对话框显示吸光度和透光率，透光率相差在 0.5% 以下者即可配套使用，并记录其余吸收池的吸光度。

（6）光谱扫描　①设置光谱扫描：光度模式为吸光度；参数：起始波长为 350 nm，终止波长为 200 nm，间隔 1.0 nm；扫描模式：重复选 1；响应模式：正常；显示最大 1.0000，最小 0.000；勾选显示所有光谱，确定。②校准背景和测定：参比池置光路，点击"校准"（快捷栏 Z 图标），扫描基线，样品池置于光路，点击"开始"（快捷栏 ▷ 图标）选择相应样品池号，确定。③取出吸收池，倒掉蒸馏水，依次用待装试样溶液润洗吸收池后装液放入样品架，盖好样品室盖板，拉动拉杆，将样品 1 置于光路，点击"开始"（快捷栏 ▷

图标）选择相应样品池 1 号，确定，扫描光谱。④显示波峰：点击快捷栏图标 ，显示波峰表。⑤点击"保存"，命名文件及保存图谱。依次将样品池置于光路，扫描得到各图谱并保存。

（7）推杆推到底复位　取出吸收池，清场。填写好仪器使用记录。

四、实训内容

1. 吸收池配套性检查　石英吸收池在 220 nm 波长处装蒸馏水，以一个吸收池为参比，调节透光率为 100%，测定其余吸收池的透射比，其偏差小于 0.5%，可配成一套使用，记录其余吸收池的吸光度值。

2. 未知物的定性分析　取四种标准试剂使用溶液和未知液稀释液，以蒸馏水为参比，于波长 200～350 nm 范围内测定溶液吸光度，并作吸收曲线。根据吸收曲线的形状、吸收峰数目及最大吸收波长值确定未知物，并记录曲线上最大吸收波长。190～210 nm 处的波长不能选择为最大吸收波长。

五、实训记录及数据处理

1. 吸收池配套性检查。

$A_1 = 0.000$　　　　$A_2 =$ _____。

2. 打印标准溶液和未知溶液的紫外吸收曲线。

定性结果：未知物为_____。

六、思考题

1. 如何用紫外－可见吸收曲线确定给定范围内的未知物？

2. 如若对未知样品溶液进行定量分析，如何选择测量波长？在 190～210 nm 处的波长能选择为最大吸收波长吗？

3. 如若对未知物进行定量分析，如何确定未知液的稀释倍数？如何配制待测溶液于所选用的 100 mL 容量瓶中？

4. 现有磺基水杨酸贮备液（2.5 g/L），如何稀释配成磺基水杨酸使用液（10.00 μg/mL）？

扫码"学一学"

实训五　邻二氮菲分光光度法测定微量铁

一、实训目的

1. 掌握　邻二氮菲分光光度法测定微量铁的方法原理；标准曲线的绘制及数据处理。

2. 熟悉　可见分光光度计的基本操作。

3. 了解　仪器的主要构造；会仪器的保养与维护。

二、基本原理

在 pH 为 2～9 的溶液中，Fe^{2+} 与邻二氮菲生成稳定的橘红色配合物，反应如下：

$$Fe^{2+} + 3 \quad \begin{array}{c} \text{(邻二氮菲)} \end{array} \longrightarrow \left\{ \left[\begin{array}{c} N \\ N \end{array} \right]_3 Fe \right\}^{2+}$$

此配合物的 $\lg K = 21.3$，在 510 nm 波长处有最大吸收，摩尔吸光系数 $\varepsilon_{510} = 1.1 \times 10^4$ L/（mol·cm），溶液吸光度与铁的含量成正比，故可用比色法测定。而 Fe^{3+} 能与邻二氮菲生成 3:1 配合物，呈淡蓝色，$\lg K = 14.1$。所以在加入显色剂之前，应用盐酸羟胺（$NH_2OH \cdot HCl$）将 Fe^{3+} 还原为 Fe^{2+}，其反应式如下：

$$2Fe^{3+} + 2 NH_2OH \cdot HCl \longrightarrow 2Fe^{2+} + N_2 + 2H_2O + 4H^+ + 2Cl^-$$

测定时控制溶液的酸度为 pH≈5 较为适宜，用邻二氮菲比色法可测定试样中铁的总量。该法具有灵敏度高、选择性高，且稳定性好，干扰易消除等优点。

三、仪器与试剂准备

1. 仪器　可见分光光度计，1 cm 玻璃吸收池，电子天平，烧杯（100、200 mL），量筒（100 mL），胶头滴管，刻度吸管（1、2、5 mL），洗耳球，50 mL 容量瓶，100 mL 容量瓶。

2. 试剂　十二水合硫酸铁铵［$NH_4Fe(SO_4)_2 \cdot 12H_2O$ 相对分子质量为 482.20］，邻二氮菲，盐酸羟胺，醋酸钠，冰醋酸。

3. 试液制备　1 mg/mL 铁标准贮备液　准确称取硫酸铁铵 0.8634 g，置小烧杯中，加入 6 mol/L HCl 溶液 20 mL 和少量水，溶解后，定量转移至 100 mL 容量瓶中，加水稀释至刻度，摇匀。

（1）20 μg/mL 铁标准溶液　取 2.0 mL 铁标准贮备液，置 100 mL 容量瓶中，用水稀释至刻度，摇匀，即得。

（2）0.15% 邻二氮菲水溶液　取邻二氮菲 0.15 g，加水溶解后，再加水稀释至 100 mL，摇匀。

（3）10% 盐酸羟胺溶液（新配）　取盐酸羟胺 10 g 加水适量至 100 mL，摇匀，即得。

（4）醋酸－醋酸钠缓冲液（pH 4.6）　取醋酸钠 5.4 g，加水 50 mL 使溶解，用冰醋酸调节 pH 至 4.6，再加水稀释至 100 mL，即得。

4. 可见分光光度计操作　分光光度计型号多样，在使用仪器前，应仔细阅读仪器说明书或操作规程。下面以 722S 可见分光光度计操作为例。

（1）预热　为使仪器内部达到热平衡，开机后预热时间不小于 30 分钟，预热的过程中应打开样品室盖，切断光路。开机后预热时间小于 30 分钟时，请注意随时操作置 0%（T）、100%（T），确保测试结果有效。

（2）设置波长参数　通过旋转波长调节旋钮可以改变仪器的波长显示值至所需波长。调节波长时，视线一定要与视窗垂直。

（3）置参比样品和待测样品　①选择测试用的吸收池；②把盛好参比溶液和样品溶液的吸收池放到四槽位样品架内；③用样品架拉杆来改变四槽位样品架的位置。当拉杆到位时有定位感，到位时前后轻轻推拉一下以确保定位正确。

（4）置0%（T） 检视透射比指示灯是否亮。若不亮则按"模式"键，点亮透射比指示灯。本仪器设置有四种操作模式，各模式转换用模式键操作，由"透射比""吸光度""浓度因子""浓度直读"指示灯分别指示，开机时仪器的初始状态为"透射比"，每按一次顺序循环。打开样品室盖，切断光路后，按"0%"键即能自动置0%（T），一次未到位可加按一次。

（5）置100%（T） 将参比溶液置入样品室光路中，关闭样品室盖后按"100%"键即能自动置100%（T），一次未到位可加按一次。

注意：置100%（T）时，仪器的自动增益系统调节可能会影响0%（T），调整后再检查0%（T），若有变化需重复调整0%（T）。

（6）测定样品吸光度 按模式键选择吸光度操作模式，拉动拉杆，使样品溶液进入光路，显示吸光度，记录测试数据。

（7）仪器保养维护 ①清洁仪器外表宜用温水，切忌使用乙醇、乙醚、丙酮等有机溶液，用软布和温水轻擦表面即可擦净。必要时，可用洗洁精擦洗表面污点，但必须即刻用清水擦净。仪器不使用时盖上防尘罩。②确定滤光片的位置，样品室内部左侧有一拨杆可以改变滤光片的位置，当测试波长在340～380 nm时，将拨杆置于前（见机内印字指示），通常不使用此滤光片，将拨杆置于400～1000 nm。

（8）吸收池的使用 ①吸收池要配对使用，因为相同规格的吸收池仍有或多或少的差异，致使光通过比色溶液时，吸收情况将有所不同。②注意保护吸收池的透光面，拿取时，手指应捏住其毛玻璃的两面，以免沾污或磨损透光面。③已配对的吸收池应在毛玻璃面上做好记号，使其中一只专置参比溶液，另一只专置试液。同时还应注意吸收池放入吸收池槽架时应有固定朝向。④每次使用完毕后，应用蒸馏水仔细淋洗，并以吸水性好的软纸吸干外壁水珠，放回吸收池盒内。⑤不能用强碱或强氧化剂浸洗吸收池，而应用稀盐酸或有机溶剂，再用水洗涤，最后用蒸馏水淋洗三次。⑥不得在火焰或电炉上进行加热或烘烤吸收池。

四、实训内容

1. 标准曲线的制作 在6个50 mL容量瓶中，分别加入20 μg/mL铁标准溶液0、1.00、2.00、3.00、4.00、5.00 mL，再分别加入1.00 mL 10%盐酸羟胺溶液，2.00 mL 0.15%邻二氮菲溶液和醋酸－醋酸钠缓冲液5.0 mL，以水稀释至刻度，摇匀。在选择测量波长（510 nm）处，用1 cm吸收池，以试剂空白为参比，测定吸光度A。

2. 试样测定 准确吸取2.00 mL试样溶液三份，按标准曲线的操作步骤，测定其吸光度。从标准曲线上查出未知试样溶液的浓度。

3. 数据处理方法

（1）作图法 由样品管的吸光度在标准曲线上查到样品管中铁的含量（见标准曲线）c_x。

（2）回归方程法 用最小二乘法求出标准溶液的回归方程式。

$$A = a + bc$$

根据测得的水样的吸光度代入公式，计算出水样的含铁量c_x。

样品中被测组分铁的浓度为：

$$c_0 = c_x \times D$$

式中，D 为稀释倍数。

五、实训记录及数据处理

1. 标准曲线的绘制。

铁标准溶液浓度：20 μg/mL　　　检测波长：$\lambda =$ 　　　nm

编号	1	2	3	4	5	6
$V_铁$（mL）	0.00	1.00	2.00	3.00	4.00	5.00
浓度（μg/mL）	0.0	0.4	0.8	1.2	1.6	2.0
A						

以浓度 c（μg/mL）为横坐标，吸光度 A 为纵坐标作图。可采用 EXCEL 处理。

2. 未知液的配制。

稀释次数	吸取体积（mL）	稀释后体积（mL）	稀释倍数
1			

3. 未知物含量的测定。

平行测定次数	1	2	3
A			
查得浓度（μg/mL）			
原始试液浓度（μg/mL）			
原始试液平均浓度（μg/mL）			

六、思考题

1. 邻二氮菲分光光度法测定微量铁时为何要加入盐酸羟胺溶液？
2. 邻二氮菲与铁显色反应中要注意哪些实验条件？
3. 写出可见分光光度计的操作步骤。
4. 简述本实验的实验原理。

📝 实训六　紫外－可见分光光度法测定水中硝酸盐氮

一、实训目的

1. 掌握 紫外－可见分光光度法测定水中硝酸盐氮的方法原理。

2. 熟悉 紫外－可见分光光度计的基本结构及操作。

3. 了解 标准曲线的绘制、数据处理及结果报告；会仪器的保养与维护。

扫码"学一学"

二、基本原理

利用硝酸盐在 220 nm 波长处具有紫外吸收和在 275 nm 波长处不具有紫外吸收的性质进行测定，于 275 nm 波长处测出有机物的吸收值在测定结果中校正。

本法适用于未受污染的天然水或者经净化处理的生活饮用水及水源水中硝酸盐氮的测定，且硝酸盐氮的浓度在 0 ~ 11 mg/L。

三、仪器与试剂准备

1. 仪器　紫外 – 可见分光光度计，1 cm 石英吸收池，分析天平，具塞比色管（50 mL），烧杯（100、200 mL），量筒（100 mL），胶头滴管，刻度吸管（1、10、20、50 mL），洗耳球，容量瓶（100、1000 mL）等。

2. 试剂　硝酸钾（KNO_3），三氯甲烷，盐酸（密度为 1. 19 g/mL）。

3. 试液制备

（1）无硝酸盐纯水　采用重蒸馏或蒸馏——去离子法制备，用于配制试剂及稀释样品。

（2）盐酸溶液（1 : 11）　取 1 体积浓盐酸（密度为 1. 19 g/mL）与 11 体积水配制而成。

（3）硝酸盐氮标准贮备溶液 $[\rho(NO_3^- - N) = 100 \ \mu g/mL]$　称取经 105 ℃ 烤箱干燥 2 小时的硝酸钾（KNO_3）0. 7218 g，溶于纯水中并定容至 1000 mL，每升中加入 2 mL 三氯甲烷，至少可稳定 6 个月。

（4）硝酸盐氮标准使用溶液 $[\rho(NO_3^- - N) = 10 \ \mu g/mL]$　精密吸取硝酸盐氮标准贮备液 10 mL，至 100 mL 容量瓶中，加纯水稀释至刻度，摇匀。

4. 紫外 – 可见分光光度计操作规程　分光光度计型号多样，在使用仪器前，应仔细阅读仪器说明书或操作规程。下面介绍 UVmini – 1240 紫外分光光度计操作规程。

（1）检查仪器　电源开关是否为"关"（"0"被按下）。电源线是否连接好。样品室是否有上次残留物。

（2）开机预热　先电源电缆插入电源插座，打开仪器电源开关，仪器开始自检（初始化）。一般开机预热 30 分钟后使用。

（3）选择测定模式　按数字键"1"选择测定吸光度。

（4）设置波长参数　按键"GOTO WL"，数字键输入所需波长，如 220，然后按键"ENTER"确认。

（5）自动调零　测量前，吸收池用水洗 3 次后用空白溶液洗 2 ~ 3 次，装入空白溶液体积为池体积的 4/5，用镜头纸擦净，放入检测室，并注意透光的方向。盖好检测室盖后按键"AUTO ZERO"。

（6）样品测定　取出吸收池，倒掉空白溶液，用待测溶液润洗 2 ~ 3 次，装入样品溶液体积为池体积 4/5，用镜头纸擦净，放入检测室，注意与空白放置时方向相同。盖好检测室盖按键"F3"或者"START/STOP"读数，记录。

（7）测定完毕　关闭电源，拔下插头，取出吸收池，洗净、晾干。

（8）注意事项　①在仪器自检过程中，不得打开样品室，并确定样品槽中无样品。②检查硅胶（每周进行一次），检查波长准确度（每月进行一次）。

四、实训内容

1. 水样预处理　吸取 50 mL 水样于 50 mL 比色管中（必要时应用滤膜除去浑浊物质）加 1 mL 盐酸溶液（1∶11）酸化。

2. 标准系列制备　分别吸取硝酸盐氮标准使用溶液 $[\rho(NO_3^- - N) = 10\ \mu g/mL]$ 0、1.00、5.00、10.0、20.0、30.0、35.0 mL 于 50 mL 比色管中，配成 0 ~ 7 mg/L 硝酸盐氮标准系列，用纯水稀释至 50 mL，各加 1 mL 盐酸溶液。

3. 测定吸光渡　用纯水调节仪器吸光度为 0，分别在 220 nm 和 275 nm 波长处测定吸光度并记录。

4. 计算　在标准及样品的 220 nm 波长处的吸光度中减去 2 倍于 275 nm 波长处的吸光度，绘制标准曲线，在曲线上直接读出样品中硝酸盐氮的浓度（$NO_3^- - N$，mg/L）。

注意：若 275 nm 波长处的吸光度的 2 倍大于 220 nm 波长吸光度的 10% 时，本标准将不能适用。

五、实训记录及数据处理

1. 标准曲线的绘制。

硝酸盐氮标准使用溶液 $[\rho(NO_3^- - N) = 10\ \mu g/mL]$

编号	1	2	3	4	5	6	7
V_{NO_3-N}（mL）	0.00	1.00	5.00	10.0	20.0	30.0	35.0
浓度（mg/L）	0.00	0.20	1.00	2.00	4.00	6.00	7.00
$A_{220\,nm}$							
$A_{275\,nm}$							
$A = A_{220\,nm} - 2A_{275\,nm}$							

以浓度 c（mg/L）为横坐标，按 $A = A_{220\,nm} - 2A_{275\,nm}$ 计算出的吸光度（A）作为纵坐标作图。可采用 EXCEL 处理。

2. 水样的测定。

平行测定次数	1	2	3
$A_{220\,nm}$			
$A_{275\,nm}$			
$A = A_{220\,nm} - 2A_{275\,nm}$			
查得水中硝酸盐氮浓度（mg/L）			
水中硝酸盐氮浓度平均值（mg/L）			

六、思考题

1. 紫外－可见分光光度法测定水中硝酸盐氮的原理是什么？

2. 如何配制 60 mL 盐酸溶液（1∶11）？

3. 请查阅相关资料回答：还有哪些方法可以测定水中硝酸盐氮？

（欧阳卉）

第四章　红外分光光度法

📓 知识目标

1. **掌握** 特征峰和相关峰、特征区和指纹区等常用术语；红外分光光度计的基本结构及主要部件；常见的样品制样技术。

2. **熟悉** 红外分光光度法的基本原理；红外吸收光谱产生的条件；红外分光光度计的安装要求和保养维护。

3. **了解** 红外分光光度计的性能检查；红外分光光度法在鉴别、检查、化合物结构解析中的应用。

📑 能力目标

1. 掌握压片法样品制样技术。

2. 学会操作常用的红外光谱仪；能对红外光谱仪进行保养维护；会识别红外光谱图；能根据谱图解析的原则，对红外吸收的试样进行定性分析。

👉 案例讨论

案例： 2016 年 12 月，湖南长沙一家汉丽轩自助烤肉门店被曝光出用鸭胸肉冒充牛肉、鹅肉，并回收顾客未食用完的食品再出售，随后执法人员进行立案调查。一个月后，2017 年 1 月北京市食药监局对全市 19 483 户企业餐饮门店检查时发现，有 3 家北京汉丽轩门店疑似肉品掺假，被责令停业整顿。其中，圆明园店的 1 个鹅肉样本检出鸭源性成分，没有检测出所谓的鹅源性成分。通州新海东路店的 1 个标称"鸭肉、猪肉占产品净质量分数分别≥75%、70%"的"韩式烤肉卷"样本，只检出鸭源性成分，未检出猪源性成分。通州物资学院的 1 个"牛排"样本疑似为牛、鸭肉混合。

问题： 如果你是一名食品检验员，选用哪种现代仪器检验肉类"掺假"？如何检验？

　　波长大于 0.76 μm，小于 500 μm（或 1000 μm）的电磁波称为红外线。利用物质对红外光的选择性吸收的特性来进行定性、定量分析及测定分子结构的方法称为红外分光光度法（IR），又称红外光谱法。

　　红外光谱法的特点：①红外光谱属于带状光谱。红外光谱是利用物质分子对红外辐射的吸收而产生的，属于分子吸收光谱的范畴。由于每个振动能级的变化都伴随许多转动能级跃迁，因此，红外光谱又称振转光谱，属于带状光谱。②红外光谱是有机化合物结构解析的重要手段之一。分子内原子之间的振动与红外吸收光谱有密切的关系，有机化合物的红外光谱能提供丰富的结构信息，因此可利用红外光谱法进行分子结构解析。③吸收谱带的吸收强度与分子组成或其化学基团的含量有关，可用于定量分析和纯度鉴定。④红外光谱分析特征性强，气体、液体、固体样品都能测定，并具有样品用量少、分析速度快、不破坏样品的特点。广泛应用于医药、食品、有机化学、高分子化学、无机化学、化工、催化、石油、材料、生物、环境等领域。

第一节 红外分光光度法的基本原理

扫码"学一学"

分子内存在原子核之间的振动和分子整体的转动。振动和转动的能量是不连续的，形成了振动能级（能级差 ΔE_v 为 0.05 ~ 1 eV）和转动能级（能级差 ΔE_r 为 0.0001 ~ 0.05 eV），其中振动能级与红外光相对应。红外吸收光谱是物质的分子受到频率连续变化的红外光照射时，吸收了某些特定频率的红外光，发生了振动能级和转动能级的跃迁而形成的光谱。由于实验技术和应用的不同，通常将红外光区按波长分为近红外区、中红外区和远红外区三个区。

（1）近红外区（泛频区） 波长在 0.76 ~ 2.5 μm（13 158 ~ 4000 cm^{-1}），主要是用来研究—OH、—NH 和 C—H 的倍频吸收区。

（2）中红外区（基本振动 - 转动区） 波长在 2.5 ~ 25 μm（4000 ~ 400 cm^{-1}），是研究应用最多的区域，该区的吸收主要由分子的振动、伴随转动能级跃迁引起。

（3）远红外区（转动区） 波长在 25 ~ 500 μm（或 1000 μm）[400 ~ 20 cm^{-1}（或 10 cm^{-1}）]，分子的纯转动能级跃迁。

一、双原子分子的振动

双原子分子振动可以近似地看作是分子中的原子以平衡点为中心，以最小的振幅（与原子核之间的距离相比）做周期性的振动，即简谐振动。这种分子的振动模型用经典的方法来模拟，可以把它看作一个弹簧两端连接两个小球，m_1、m_2 分别代表两个小球的质量，弹簧的长度 r 就是化学键的长度，如图 4-1 所示。

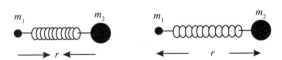

图 4-1 双原子分子振动模型

根据虎克定律，这个体系的振动频率（ν）计算公式为：

$$\nu = \frac{1}{2\pi}\sqrt{\frac{k}{u}} \tag{4-1}$$

若以波数 σ（波数是每厘米长度相当的光波的数目）表示这个体系的振动频率，则可记作：

$$\sigma = \frac{1}{2\pi c}\sqrt{\frac{k}{u}} \tag{4-2}$$

式中，ν 为振动频率，Hz；σ 表示波数，cm^{-1}；k 表示键的力常数，其定义为将两原子由平衡位置伸长单位长度时的恢复力，N/cm，单键、双键、叁键的力常数分别近似为 5、10、

15 N/cm；c 为光速 2.998×10^{10} cm/s；u 为双原子的折合质量，g。

$$u = \frac{m_1 m_2}{m_1 + m_2} \qquad (4-3)$$

由上述可见，影响基本振动频率的直接因素是原子质量和化学键的力常数，键的力常数越大，折合质量越小，化学键的振动频率（波数）越高。由于各种有机化合物的结构不同，它们的原子质量和化学键的力常数各不相同，就会出现不同的吸收频率，因此各有其特征的红外吸收光谱。

实际上，分子中化学键的振动并非简谐振动，当两原子靠拢时，两原子核之间的库仑力迅速增加；当两原子间的距离增加时，化学键要断裂。另外，整个分子同时在发生转动。因此，振动频率的理论值与实测值有差异。但二者是比较接近的，说明式 4-2 对红外振动频率的估算仍然具有一定的实用意义。

二、多原子分子的振动

随着原子数目增多，组成分子的键或基团和空间结构不同，多原子分子的振动比双原子分子要复杂得多。但是，可以把它们的振动分解成许多简单的基本振动。讨论振动的形式，可以了解吸收峰的起源，即吸收峰是由什么振动形式的跃迁产生的。一般将振动分成伸缩振动和变形振动两种。

1. 伸缩振动　伸缩振动（ν）是指原子沿键轴的方向伸缩，键长发生周期性的变化而键角不变的振动。其振动形式可分为两种：对称伸缩振动（ν_s），振动时各键同时伸长或缩短；不对称伸缩振动（ν_{as}），又称反称伸缩振动，指振动时某些键伸长，某些键则缩短。对同一基团来说，ν_{as} 稍高于 ν_s，这是因为不对称伸缩振动所需的能量比对称伸缩振动所需能量高。以亚甲基（—CH_2）的伸缩振动形式及红外吸收为例，如图 4-2 所示。s 表示强吸收峰。

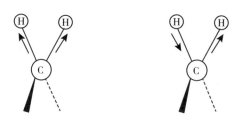

对称伸缩振动（ν_s）：2853 cm^{-1}（s）　　反对称伸缩振动（ν_{as}）：2926 cm^{-1}（s）

图 4-2　—CH_2 的伸缩振动示意图

2. 变形振动　变形振动（δ）是指基团键角发生周期性变化而键长不变的振动，又称弯曲振动。可分为面内变形振动、面外变形振动。

（1）面内变形振动　在由几个原子所构成的平面内进行的变形振动。面内变形振动（β）可分为两种：一是剪式振动（δ），在振动过程中键角的变化类似于剪刀的开和闭；二是面内摇摆振动（ρ），基团作为一个整体在平面内摇摆。以亚甲基（—CH_2）的变形振动形式及红外吸收为例，如图 4-3a 所示。m 表示中等强度的吸收峰。

（2）面外变形振动　在垂直于由几个原子所组成的平面外进行的变形振动。面外变形振动（γ）也可以分为两种：一是面外摇摆振动（ω），两个原子同时向纸面里或外的振动；

二是卷曲振动（τ），一个原子垂直纸面向里，另一个原子垂直纸面向外。如图 4 – 3b 所示。w 表示弱吸收峰。

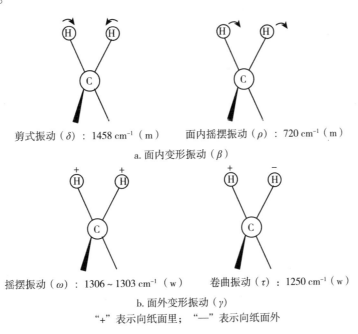

剪式振动（δ）：1458 cm⁻¹（m）　面内摇摆振动（ρ）：720 cm⁻¹（m）

a. 面内变形振动（β）

摇摆振动（ω）：1306 ~ 1303 cm⁻¹（w）　卷曲振动（τ）：1250 cm⁻¹（w）

b. 面外变形振动（γ）

"+"表示向纸面里；"—"表示向纸面外

图 4 – 3　—CH₂ 的弯曲振动示意图

3. 振动自由度　分子基本振动的数目称为振动自由度，即分子的独立振动数。讨论振动形式及振动自由度，可以了解化合物的红外光谱有诸多吸收峰的原因。

双原子分子只有一种振动形式即伸缩振动。多原子分子虽然复杂，但可以分解为许多简单的基本振动（伸缩振动与变形振动）来讨论，设某分子由 n 个原子组成，则分子的振动自由度（或简谐振动的理论数）为：

$$非线性分子：振动自由度 = 3n - 6 \tag{4 – 4}$$

$$线性分子：振动自由度 = 3n - 5 \tag{4 – 5}$$

【示例 4 – 1】 计算 CO_2 的振动自由度，分析其振动类型。

解：CO_2 是由 3 个原子构成的线性分子，因此，其振动自由度为：$3n - 5 = 3 \times 3 - 5 = 4$。

具体振动形式如图 4 – 4，振动形式有伸缩振动和变形振动，其中伸缩振动包括对称伸缩和反对称伸缩振动；变形振动包括面内变形振动和面外变形振动。

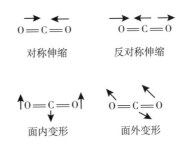

对称伸缩　　反对称伸缩

面内变形　　面外变形

图 4 – 4　CO_2 振动形式示意图

三、红外吸收光谱产生的条件

物质必需同时满足以下两个条件时，才能产生红外吸收光谱。

1. 照射光的能量等于分子两振动能级间的能量差　照射光的能量 $E = h\nu$ 等于分子两个振动能级间的能量差 ΔE 时，分子才能吸收光子能量由低振动能级 E_1 跃迁到高振动能级 E_2。即

$$\Delta E = E_2 - E_1 = \Delta V h \nu_{振动} = h\nu \qquad (4-6)$$

$$\nu = \Delta V \nu_{振动} \qquad (4-7)$$

式中，ΔV 为振动量子数的差值或跃迁能级数差值。由此可见，只有红外光的频率是基团振动频率的整数倍时，才能产生红外吸收。

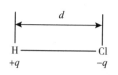

图 4-5　HCl 的偶极矩示意图

2. 红外活性振动　分子振动过程中其偶极矩必须变化的振动才能产生红外光谱，这种振动称为红外活性振动。构成分子的各原子因为价电子得失的难易程度不同，而表现出不同的电负性，分子也因此显示出不同的极性，称为偶极子。通常用分子的偶极矩 μ 描述分子的极性大小，设分子正负电荷中心的电荷分别为 $+q$、$-q$，正负电荷中心的距离为 d，以 HCl 为例，如图 4-5，则

$$\mu = qd \qquad (4-8)$$

只有偶极矩发生变化（$\Delta\mu \neq 0$）的振动形式才能吸收红外辐射，从而在红外光谱中出现吸收谱带。电荷分布不对称的分子，当其发生振动或转动时，才会产生偶极矩的变化，该分子称为红外活性分子，如 HCl、H_2O 等；而像 N_2、O_2、Cl_2、H_2 等同核双原子分子，由于两原子的电子云密度相同，正负电荷中心重合，当发生振动或转动时，没有偶极矩的变化（$\Delta\mu = 0$），所以它们不吸收红外光。这种分子称为非红外活性分子。

在振动时，偶极矩变化越大，则吸收某波长的红外光越多，产生的吸收谱带越强。一般说来，极性较强的基团（如 C＝O、C—X 等）的振动，吸收强度较强；极性较弱的基团（如 C＝C、N＝N 等）的振动，吸收强度较弱。

理论计算得 CO_2 的基本振动数为 4，在红外图谱上应有 4 个吸收峰，但在红外光谱图上，只出现 667 cm^{-1} 和 2349 cm^{-1} 这两个吸收峰。这是因为对称伸缩振动偶极矩变化为零，不产生吸收，而面内变形和面外变形振动吸收频率完全一样。振动形式不同，但振动频率相同，吸收光的频率相同，只能观察到一个吸收峰的现象称为简并。通过大量的事实证明，绝大多数化合物在红外光谱上出现的峰数，远小于理论振动数，这是由以下原因引起的：①没有偶极矩变化的振动，不产生红外吸收；②相同频率振动的吸收峰重叠，发生简并；③仪器不能区别频率十分接近的振动，或吸收峰很弱，仪器无法检测；④有些吸收峰落在仪器检测范围之外。

四、红外吸收光谱的表示方法

红外吸收光谱的表示方法与紫外吸收光谱的表示方法不同。一般用波数 σ（或波长 λ）为横坐标，百分透光率 T 为纵坐标，所绘制的曲线，即 $T-\sigma$（或 $T-\lambda$）曲线。波数是波长的倒数，其单位为 cm^{-1}。波长越短，波数越大，两者的换算公式为：

$$\sigma\,(cm^{-1}) = \frac{1}{\lambda\,(cm)} = \frac{10^4}{\lambda\,(\mu m)} \qquad (4-9)$$

红外光谱图的纵坐标是百分透光率 T，表示吸收峰的强度，因而吸收峰向下，波谷向上。苯酚的红外光谱图如图 4-6 所示。

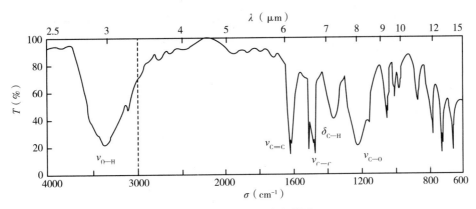

图 4-6 苯酚的红外光谱图

凡是具有不同结构的两种化合物，往往产生不同的红外光谱，因此红外光谱可以用来鉴定未知物的结构组成或确定其化学基团；而利用吸收强度与含量之间的关系进行定量分析。

五、常用术语

1. 吸收峰的峰位与强度 吸收峰的位置即峰位，是振动能级跃迁所吸收的红外线的波长或波数。峰位不仅与化学键的力常数 k、原子折合质量有关，而且还受分子或基团内部相邻基团的诱导效应、共轭效应、原子杂化类型、氢键、空间效应以及外部溶剂、温度等多种因素的影响。化学键的力常数 k 越大、原子折合质量越小，键的振动频率越大，吸收峰将出现在高波数区（短波长区）；反之，出现在低波数区（长波长区）。红外光谱图中纵坐标表示吸收峰的强度，透光率值越小，吸收峰越强。在红外分光光度法中，吸收度与浓度的关系仍遵循朗伯-比尔定律。摩尔吸光系数（ε）大小与振动过程中偶极矩的变化及振动能级跃迁概率有关。振动过程中偶极矩的变化越大，ε 越大；跃迁过程中激发态分子占所有分子的百分数，称为跃迁概率，跃迁概率越大，ε 越大。

吸收峰的绝对强度常按摩尔吸光系数分为五级。通常，$\varepsilon > 100$ 为很强吸收峰，以 vs 表示；$\varepsilon = 20 \sim 100$ 为强吸收峰，以 s 表示；$\varepsilon = 10 \sim 20$ 为中等强度吸收峰，以 m 表示；$\varepsilon = 1 \sim 10$ 为弱吸收峰，以 w 表示；$\varepsilon < 1$ 为极弱峰，以 vw 表示。

2. 基频峰和泛频峰 当分子吸收一定频率的红外线后，振动能级从基态跃迁到第一激发态时所产生的吸收峰，称为基频峰。如果振动能级从基态跃迁到第二激发态、第三激发态……所产生的吸收峰，称为倍频峰，倍频峰的强度弱于基频峰。组频峰是出现在两个基频峰或多个基频峰之和（称合频峰）或差（称差频峰）附近，它们的强度更弱，一般不易辨认。倍频峰与组频峰总称为泛频峰。

3. 特征峰和相关峰

（1）特征峰 特征峰或特征频率是指用于鉴别官能团存在的吸收峰。化合物的红外光谱是其分子结构的客观反映，谱图中的吸收峰对应于分子中某些官能团的振动形式，同一基团的振动频率总是出现在一定区域。例如羰基伸缩振动一般在 $1870 \sim 1650 \text{ cm}^{-1}$ 区间出现强大的吸收峰。由于它的存在，可以鉴定化合物结构中存在羰基，此峰为羰基的特征峰。腈基的伸缩振动吸收峰一般在 $2400 \sim 2100 \text{ cm}^{-1}$，出现该峰，可鉴定分子中含有 $C \equiv N$。

（2）相关峰 由一个官能团（或基团）引起的一组具有相互依存和佐证关系的特征峰，称为相关吸收峰，简称相关峰。多原子分子中，一个基团可能有数种振动形式，而每一种红外活性的振动一般均能产生一个相应的吸收峰。例如在 1-辛烯红外光谱中观测到的 $\nu_{=CH_2}$

（3080 cm^{-1}）、$\nu_{C=C}$（1640 cm^{-1}）和γ_{C-H}（995、915 cm^{-1}）峰，是由—CH≡CH$_2$基团产生的一组相关峰，即只有在红外光谱中同时观测到这四个峰，才能证明端基烯烃基团的存在。用一组相关峰确定一个基团的存在是红外光谱解析的重要原则。有时由于峰与峰的重叠或峰强度太弱，并非所有相关峰都能被观测到，但必须找到主要的相关峰才能认定基团的存在。

4. 特征区和指纹区

（1）特征区　习惯上将 4000 ~ 1250 cm^{-1} 区间称为特征频率区简称特征区，也叫基团频率区或官能团区。特征区的吸收峰比较稀疏，容易辨认，常用于鉴定官能团。此区间包含 H 的单键、各种双键和三键的伸缩振动的基频峰及部分含 H 单键的面内弯曲振动的基频峰。

（2）指纹区　指纹区是指 1250 ~ 400 cm^{-1} 低频区。除单键的伸缩振动外，还有因变形振动产生的谱带。由于单键的强度相差不大，原子质量又相似，吸收峰出现的位置也相近，相互影响较大；再加上各种变形振动的能级差别小，因此在此区域吸收峰较密集，像人的指纹一样，故称为指纹区。指纹区对于指认结构类似的化合物很有帮助，而且可以作为化合物存在某种基团的旁证。

（3）红外光谱的九个重要区段　利用红外吸收光谱鉴定有机化合物结构，必须熟悉重要的红外区域与结构（基团）的关系。通常情况下，将红外光谱区划分为九个重要区段，见表 4 - 1。熟记各区域包含哪些基团的哪些振动，对判断化合物的结构是非常有帮助的。

表 4 - 1　九个重要区段

波数（cm^{-1}）	键的振动类型
3750 ~ 3000	ν_{O-H}、ν_{N-H}
3300 ~ 3000	$\nu_{\equiv C-H} > \nu_{C=C-H} \approx \nu_{Ar-H}$（不饱和氢）
3000 ~ 2700	ν_{C-H}（—CH$_3$、饱和—CH$_2$、—CH、—CHO）
2400 ~ 2100	$\nu_{C\equiv C}$、$\nu_{C\equiv N}$（炔基和腈基）
1900 ~ 1650	$\nu_{C=O}$（酸酐、酰氯、酯、醛、酮、羧酸、酰胺）
1675 ~ 1500	$\nu_{C=C}$苯环骨架（脂肪族及芳香族）、$\nu_{C=N}$
1475 ~ 1300	δ_{O-H}、δ_{C-H}（各种面内变形振动）
1300 ~ 1000	ν_{C-O}（醇、酚、醚、羧酸）、ν_{C-N}（胺）
1000 ~ 650	$\delta_{=C-H}$、$\gamma_{=C-H}$（不饱和 C—H 面外变形振动）

拓展阅读

拉曼光谱简介

1928 年印度科学家 C. V. 拉曼（Raman）发现拉曼散射效应，即散射光的方向和频率均不同于入射光的现象，散射光频率与入射光频率之差称为拉曼位移，以散射光强度对拉曼位移作图可以得到拉曼光谱图。基于对与入射光频率不同的散射光谱进行分析对化合物进行定性定量分析的方法称为拉曼光谱法。拉曼光谱和红外光谱同是分子振动光谱，不同的是前者是散射光谱，后者是吸收光谱；与红外光谱不同，极性分子和非极性分子都能产生拉曼光谱。拉曼光谱和红外光谱互相补充：与对称中心有对称关系的振动，如 N—N、O—O，红外不可见，拉曼可见；反之红外可见，拉曼不可见。拉曼光谱法具有快速、准确，不破坏样品，样品制备简单甚至无需制备等优点。其应用范围遍及化学、物理学、生物学和医学等各个领域，对于纯定性分析、高度定量分析和测定分子结构都有很大价值。

第二节　红外分光光度计

一、红外分光光度计的基本结构

目前，红外分光光度计的种类很多，按照分光原理的不同可将其分为两大类，一类是光栅色散型红外分光光度计，另一类是傅里叶变换红外分光光度计。

（一）光栅色散型红外分光光度计

光栅色散型红外分光光度计的组成部件和紫外 – 可见分光光度计基本类似，主要由光源、吸收池、单色器、检测器、放大器及记录机械装置等部分组成。它们的排列顺序不同，红外分光光度计的样品池在单色器之前，而紫外 – 可见分光光度计是放在单色器之后。

常用的光栅色散型红外分光光度计大多数为双光束类型，其结构如图 4 – 7。由光源发射出的红外光分成两束，分别通过样品池和参比池后，射在一定转速的斩光器上，使通过两个池的光束交替进入单色器，当某一波长的红外光，没有被样品池吸收时，经过单色器的两光束的光强度相同，检测器上便产生一个稳定的直流电信号；当样品池吸收了某一波长的红外光，则经过单色器的两光束的光强度不等，透过样品池的光减弱，经检测器转换为一个弱的电信号，由放大器放大后，输入记录仪记录红外吸收光谱。

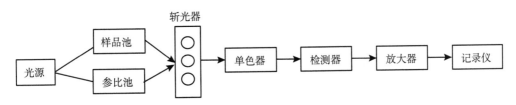

图 4 – 7　色散型双光束红外分光光度计结构示意图

（二）傅里叶变换红外分光光度计

傅里叶变换红外分光光度计（FT – IR）主要由光源、吸收池、迈克尔逊干涉仪、检测器和计算机等五个基本部分组成。整机仪器的工作流程如图 4 – 8 所示，由红外光源 S 发出的红外光经准直系统变为一束平行光进入干涉仪系统，经干涉仪调制后得到一束干涉光。干涉光通过样品 Sa，获得含有光谱信息的干涉光到达检测器 D 上，由检测器将干涉光信号变为电信号。再经过模数（A/D）转换器送入计算机，由计算机进行傅里叶变换的快速计算，即可获得以波数为横坐标的红外光谱图。然后通过数模（D/A）转换器送入绘图仪，绘出红外光谱图。

迈克尔逊干涉仪由固定镜（M_1）、动镜（M_2）及光束分裂器（BS）组成，如图 4 – 9 所示。M_2 沿图示方向往返微小移动，故称动镜。在 M_1 与 M_2 间放置呈 45°角的半透膜光束分裂器（BS）。BS 可使 50% 的入射光透过，其余 50% 反射。当由光源发出的光进入干涉仪后，被分裂为透过光 Ⅰ，与反射光 Ⅱ。Ⅰ、Ⅱ 两束光分别被动镜与定镜反射回来汇合，而形成相干光。因动镜移动，可改变两束光的光程差。当光程差是半波长（λ/2）的偶数倍时，为相长干涉、亮度最大（亮条）；当光程差是半波长的奇数倍时，为相消干涉，亮度最小（暗条）。因此，当动镜 M_2 以匀速向 BS 移动时，连续改变两光束的光程差，即得到干涉图。

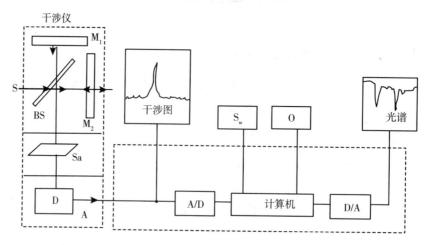

S. 光源；M_1. 固定镜；M_2. 动镜；BS. 光束分裂器；D. 检测器；Sa. 样品；

A. 放大器；A/D. 模数转换器；D/A. 数模转换器；S_w. 键盘；O. 外部设备

图 4-8　傅里叶变换红外分光光度计示意图

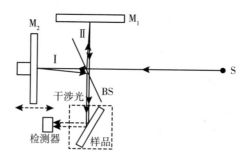

S. 光源；M_1. 固定镜；M_2. 动镜；BS. 光束分裂器

图 4-9　迈克尔逊干涉仪示意图

傅里叶变换红外分光光度计具有如下特点。

1. 扫描速度快　测量光谱速度要比色散型仪器快数百倍，在 1 秒至数秒内可获得光谱图。

2. 灵敏度高　检测限可达 $10^{-12} \sim 10^{-9}$ g，对微量组分的测定非常有利。

3. 分辨率高　通常分辨率可达 $0.1\ \mathrm{cm}^{-1}$，最高可达 $0.005\ \mathrm{cm}^{-1}$。

4. 波数精度高　由于采用了 He-Ne 激光测定动镜的位置，波数精度可达 $0.01\ \mathrm{cm}^{-1}$。能准确进行有机污染物的定性及结构分析。

5. 测量光谱范围宽　测量范围可达 $10\ 000 \sim 10\ \mathrm{cm}^{-1}$。

（三）仪器的主要部件

1. 光源　也称辐射源。凡能发射连续波长的红外线，强度能满足需要的物体，均可为红外光源。常用的光源有两种：硅碳棒和能斯特灯。

（1）硅碳棒　用硅碳砂压制成中间细两端粗的实心棒，再经高温烧结而成。直径为 5 mm，长约 5 cm，两端绕以金属导线通电，中间为发光部分，工作温度为 1200~1500 ℃。两端粗是为了降低两端的电阻，使之在工作状态下两端温度较低。最大发射波数为 5000~

5500 cm^{-1}，低波数可至 200 cm^{-1}。硅碳棒的优点是坚固、寿命长、稳定性好，结构简单，点燃容易，价格便宜。缺点是必须用变压器调压后才能使用。

（2）能斯特灯　由稀有金属氧化物氧化锆（ZrO_2）、氧化钇（Y_2O_3）、氧化钍（ThO_2）的混合物压制烧结而成，两端绕以铂丝作导线。该灯在低温时不导电，温度升至 500 ℃ 以上时，电阻迅速下降，变成半导体，当温度高于 700 ℃ 时成为导体，开始发光，正常工作温度为 1800 ℃ 左右，最大发射波数 7100 cm^{-1}。其优点是发光强度大，稳定性好；但性脆易碎，寿命 0.5～1 年。

2. 单色器　目前多用反射光栅。在玻璃或金属坯体上的每毫米间隔内，刻划上数十至百余条等距线槽而构成反射光栅，其表面呈梯形。当红外线照射至光栅表面时，由反射线间的干涉作用而形成光栅光谱，各级光谱相互重叠，为了获得单色光必须滤光。由于一级光谱最强，故常滤去二级、三级光谱。刻制的原光栅价格较贵，一般仪器多用复制光栅。

傅里叶变换红外分光光度计不需要分光，其单色器主要是迈克尔逊干涉仪。

3. 吸收池　吸收池又称样品池，分为气体吸收池和液体吸收池两种。为了使红外线能透过，吸收池都具有岩盐窗片。各种岩盐窗片的透过限度：NaCl 2～16 μm；KBr 2～25 μm；KRS-5（人工合成的 TlBr 和 TlI 的混合体）可至 45 μm，该窗片的优点是不吸潮，缺点是透光率稍差，比 NaCl 及 KBr 约低 20%；CsI 可至 56 μm。使用 NaCl、KBr 窗片时，需注意防潮，KBr 窗片只能在相对湿度小于 60% 的环境中使用，NaCl 短时间内可在相对湿度 70% 的条件下使用。吸收池不用时需置于干燥器中保存。

4. 检测器　检测器的作用是接收红外辐射并使之转换成电信号。色散型红外分光光度计常用检测器为真空热电偶及高莱池。傅里叶变换型红外分光光度计常用的检测器有热电型硫酸三甘肽检测器（简称 TGS）和光电型碲镉汞检测器（简称 MCT）。

二、红外分光光度计的使用及注意事项

（一）仪器的性能检定

1. 分辨率　分辨率是指仪器对于紧密相邻两个峰分开的能力，是衡量分光光度计性能的重要指标之一。单色器输出的单色光的光谱纯度、强度以及检测器的灵敏度等是影响仪器分辨率的主要因素。用聚苯乙烯薄膜（厚度约为 0.05 mm）校正仪器，绘制其红外光谱。在 3200～2800 cm^{-1} 范围内，看聚苯乙烯的 7 个峰是否清晰，特别是第一个小峰；测量 2851 cm^{-1}（峰）与 2870 cm^{-1}（谷）之间的峰谷分辨深度应不小于 18% 透光率，1583 cm^{-1}（峰）与 1589 cm^{-1}（谷）之间的分辨深度应不小于 12% 透光率。仪器的标称分辨率应不低于 2 cm^{-1}。

2. 波数的准确度与重复性　按仪器说明书要求设置参数，以常用扫描速度记录聚苯乙烯薄膜（厚度约为 0.05 mm）红外光谱图。检查 3027、2851、1944、1802、1601、1583、1154、1028、907 cm^{-1} 各个峰值，以实测峰值的平均值与标准波数值的差值作为波数的准确度，应该符合表 4-2 要求。用波数准确度相同的仪器参数，对聚苯乙烯薄膜重复扫描 3 次，计算每个测试点的波数最大值与最小值的差值，取差值绝对值最大者为波数重复性，应符合表 4-2 的要求。

表 4 - 2　波数的准确度与波数重复性的一般要求

项目	色散型红外光谱仪		傅里叶变换红外光谱仪	
	波数范围	一般要求	波数范围	一般要求
波数准确度	$4000 \sim 2000 \ cm^{-1}$	$\leqslant \pm 8 \ cm^{-1}$	在 $3000 \ cm^{-1}$ 附近	$\leqslant \pm 5 \ cm^{-1}$
	$2000 \ cm^{-1}$ 以下	$\leqslant \pm 4 \ cm^{-1}$	在 $1000 \ cm^{-1}$ 附近	$\leqslant \pm 1 \ cm^{-1}$
波数重复性	$4000 \sim 2000 \ cm^{-1}$	$\leqslant 8 \ cm^{-1}$	在 $3000 \ cm^{-1}$ 附近	$\leqslant 2.5 \ cm^{-1}$
	$2000 \ cm^{-1}$ 以下	$\leqslant 4 \ cm^{-1}$	在 $1000 \ cm^{-1}$ 附近	$\leqslant 0.5 \ cm^{-1}$

3. I_0 线平直度　I_0 线也称 100% 透射比线，I_0 线平直度是指 I_0 线的最高点与最低点之差。I_0 线平直度能反映整个波段范围内参比光束和样品光束在传播过程中的平衡状况，以便检验光学系统的对称性、二光束调整成像的重合情况，以及光源灯的质量和位置调整的好坏程度。

测定方法：将仪器通电预热，确认仪器稳定后，打开双光束，样品室为空白。将记录笔调至 95% （T），以快速扫描速度扫描全波段，其 100% 线的偏差应 $\leqslant$ 4%。

4. 透射比准确度及透射比重复性　红外吸收光谱图实际上是对光学衰减器（即光楔）在参比光路中运动轨迹的真实记录。记录笔和光学衰减器的动作必须严格同步，才能保证光学衰减器在参比光路上的位置与红外光通过样品的透射比呈良好的线性关系。测定结果应符合下列要求：透射比准确度中等精度的仪器应达到 ± 1.0% （15% ~ 95% T）、高档仪器为 ± 0.5%；透射比重复性中等精度的仪器应达到 1.0%、高档仪器为 0.5%。

测试方法：测试透射比准确度及透射比重复性时，需要用一套经过计量检定的标准滤光片。

（二）制样技术

要获得一张高质量红外光谱图，除了仪器本身因素外，还必须有合适的样品制备方法。

1. 红外光谱对试样的要求

（1）试样应是单一组分的纯物质，纯度应大于 98%。多组分样品应在测定前采用分馏、萃取、重结晶、离子交换或色谱法进行分离提纯，否则光谱相互重叠，难于解析。

（2）试样不应含游离水，否则水会严重干扰样品光谱，还会侵蚀吸收池的盐窗。

（3）试样的浓度和测试厚度应适当，使光谱图中大多数的透光率在 10% ~ 80% 范围内。

2. 制样方法

（1）固体样品　固体样品可以用压片法、调糊法、薄膜法和溶液法四种方法制备。

压片法：在红外灯下，取 1.0 ~ 1.5 mg 固体样品放在玛瑙研钵中，加入 100 ~ 300 mg 已干燥磨细的光谱纯溴化钾，充分混合并研磨，使其粒度在 2.0 μm 以下，将研磨好的混合物均匀地放入模具中，按顺序放好各部件后，把压模置于压片机上，并旋转压力丝杆手轮，压紧压模，顺时针旋转放油阀到底，然后一边抽气，一边缓慢上下移动压把，加压开始，注视压力表，当压力表上显示 80 kN（千牛）左右时，停止加压，维持约 4 分钟，反时针旋转放油阀解压，压力表指针为 "0"，旋松压力丝杆手轮取出压模，小心从压模中取出供试片，目视检测，供试品片应呈透明状，样品分布均匀，并无明显的颗粒状样品，厚度约 1 mm，直径约 10 mm 左右，然后进行测谱。该法为最常用的方法，适用于绝大部分固体试样，但鉴别羟基不合适，易吸水潮解以及研磨或压片易发生晶型转变的样品也不宜用此法。

扫码"看一看"

压片模具及压片机因生产厂家不同而异。如图 4-10 所示。

 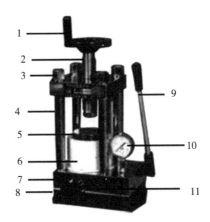

a. 压片模具
1.底座；2.样品底座（硅碳钢圆柱）；3.压片框架；
4.保护外套；5.弹簧；6.模压杆；7.模压底座；
8.模压冲杆；9.玛瑙研钵

b. 手动压片机
1.手轮；2.丝杠；3.螺母；4.立柱；5.顶盖；
6.大油缸；7.大板；8.油池；9.手动压把；
10.压力表；11.放油阀

图 4-10 压片模具和手动压片机

调糊法：采用压片法尽管粉末的粒度很小，但光的散射损失仍然较大，为了减少光的散射，选取调糊法：取 2~5 mg 样品置玛瑙研钵中磨细（粒度 <2 μm），滴入 1~2 滴液体石蜡，继续研磨成均匀的糊糊状，用不锈钢小铲取出涂在盐片上，放上另一盐片压紧进行测量。应注意，调糊剂本身对波段的吸收，液体石蜡在 2960~2850、1460、1380 cm^{-1} 和 720 cm^{-1} 有吸收峰，六氯丁二烯在 4000~1700 cm^{-1} 及 1500~1200 cm^{-1} 区间无吸收峰，两者配合才能完成全波段的测定，否则应扣除它们的吸收。吸潮或与空气产生化学变化的固体样品，在对羟基或氨基鉴别时可用此方法。

薄膜法：试样溶于低沸点溶剂中，然后将溶液涂于 KBr 盐片上，待溶剂挥发后，样品留在盐片上而成薄膜。若样品熔点较低，可将样品置于晶面上，加热熔化，合上另一晶片。薄膜法没有溶剂和分散介质的影响。

溶液法：将固体样品溶于溶剂中，按液体样品测定。此法适用于易溶于溶剂的固体样品，在定量分析中常用。红外用溶剂有以下几个要求：对溶质有较大的溶解度；与溶质不发生明显的溶剂效应；在被测区域内，溶剂应透明或只有弱的吸收；沸点低，易于清洗等。常用的溶剂有 CS$_2$、CCl$_4$、CHCl$_3$、环己烷（C$_6$H$_{12}$）等。

（2）液体试样 对于液体试样可以采用液膜法和液体池法。

液膜法：也可称之为夹片法，在可拆池两侧之间，滴上 1~2 滴液体样品，使之形成一层薄薄的液膜。液膜厚度可借助于池架上的固紧螺丝作微小调节。该法操作简便，适用于对高沸点及不易清洗的样品进行定性分析。测定时需注意不要让气泡混入，螺丝不应拧得过紧以免窗片破裂。使用后要立即拆除，用脱脂棉蘸取三氯甲烷、丙酮溶剂擦净窗片。沸点较高的样品，直接滴在两盐片之间，形成液膜。这种方法重现性较差，不宜做定量分析。

液体池法：对于沸点低，挥发性较大的液体或吸收很强的固、液体需配成溶液进行测量时的样品，可采用液体池法，即把液体或溶液注入池中测量。液体池由两个盐片作为窗板，中间夹一层垫片板，形成一个小空间，一个盐片上有一小孔，用注射器注入样品。液体池可分为固定池（也叫密封池，垫片的厚度固定不变）、可拆池（可以拆卸更换不同厚度的垫片，见图4-11）及可变厚度池（可用微调螺丝连续改变池的厚度）三种。

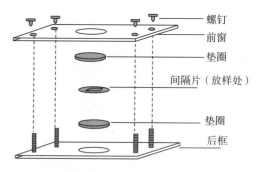

图4-11 可拆式液体池

在常温下不易挥发的液体试样或分散在石蜡油中的固体试样，多使用可拆池。对于黏度大的不易流失的样品也可不用衬垫，而靠窗片间的毛细管作用保持窗片间的液层。使用完毕或更换样品时，可将液体池拆开清洗。易挥发的液体和溶液一般采用固定池。

水溶液的简易测定法：由于盐片窗口怕水，因此一般水溶液不能测定红外光谱。利用聚乙烯薄膜是水溶液红外光谱测定的一种简易方法。在金属管上铺一层聚乙烯薄膜，其上压入一橡胶圈。滴下水溶液后，再盖一层聚乙烯薄膜，用另一橡胶圈固定后测定。

（3）气体样品　气体样品一般使用气体池进行测定，气体池长度可以选择。如图4-12所示，气体池是用玻璃或金属制成的圆筒，两端有两个透红外光的窗片，在圆筒上装有两个活塞，作为气体的进出口，通常用真空泵除去吸收池内的空气。有时为了增加有效的光路，通常采用多重反射的长光路。

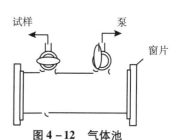

图4-12 气体池

（三）注意事项

1. 保持干燥　样品的研磨要在红外灯下进行，防止样品吸水。样品研细后置红外灯下烘几分钟使其干燥。试样研磨完后于模具中装好，应与真空泵相连抽真空至少2分钟，以使试样中水分进一步被抽走，然后再加压到80 kN，维持2~5分钟。不抽真空将影响薄片的透明度。

2. 盐酸盐样品　对盐酸盐样品，在压片过程中可能出现离子交换现象，可比较氯化钾压片和溴化钾压片后测得的光谱，如二者没有区别，则可使用溴化钾压片。

3. 颗粒粒度　将固体试样研磨到颗粒粒度在2 μm以下，以免散射光影响。

4. KBr的取用量　一般为200 mg左右（凭经验），应根据制片后的片子厚度来控制KBr的量，一般片子厚度应在0.5 mm以下，厚度大于0.5 mm时，常可在光谱上观察到干涉条纹，对样品的光谱产生干扰。

5. 液体制样　液体制样时样品要充分溶解，不应有不溶物进入池内。

6. 吸收池的清洗　吸收池清洗过程中或清洗完毕时，不要因溶剂挥发使岩盐窗受潮。

三、仪器的安装要求和保养维护

（一）仪器的安装要求

1. 供电要求　要求220 V交流电，波动不超过5%，有良好的接地线。如实验室电压不稳定，建议配备稳压电源。

2. 环境要求　红外分光光度计长期使用，环境湿度要控制在60%以下，操作间要求单独密封，配备具备抽湿功能空调器，建议配备抽湿机。

3. 实验台要求　安放红外分光光度计的实验台应稳定、结实、牢靠，台面应采用较硬实的材料，其厚度不能太薄，以防止台面由于仪器长期放置后被压迫变形，台面距离仪器室墙面应留有一定的空间，至少 0.5 m，便于仪器的保养和维修。

（二）仪器的保养维护

1. 测定时实验室的温度应在 15 ~ 30 ℃，相对湿度应在 65% 以下，所用电源应配备有稳压装置和接地线。

2. 为防止仪器受潮而影响使用寿命，红外实验室应经常保持干燥，即使仪器不用，也应每周开机给仪器通电几小时，同时开除湿机除湿。特别是雨季，最好是能每天开除湿机。

3. 如所用的是单光束型傅里叶红外分光光度计（目前应用最多），实验室里的 CO_2 含量不能太高，因此实验室里的人数应尽量少，无关人员最好不要进入，还要注意适当通风换气。

4. 压片的模具使用后应立即把各部分擦干净，必要时用水清洗干净并擦干，置干燥器中保存，以免锈蚀。

第三节　定性定量方法及其应用

一、已知化合物的定性分析和物相分析

将样品的谱图与标准样品的谱图进行对照，或者与文献中对应标准物的谱图进行对照。如果两张谱图中各吸收峰的位置和形状完全相同，峰的相对强度一样，就可以认为样品是该种标准物。如果两张谱图不一样，或峰的位置不一致，则说明两者不为同一化合物，或样品中可能含有杂质。使用文献上的谱图时应当注意样品的物态、结晶状态、溶剂、测定条件以及所用仪器类型等均应与标准谱图相同。

二、未知化合物的研究

测定未知物的结构是红外分光光度法定性分析的一个重要用途。在分析过程中，除了获得清晰可靠的图谱外，最重要的是对图谱做出正确的解析。所谓图谱解析就是根据实验所绘的红外吸收光谱图的吸收峰位置、强度和形状，利用基团振动频率与分子结构之间的关系，确定吸收带的归属，确认分子中所含的基团或化学键，进而推断出分子结构。图谱解析需要了解样品的来源及性质。

1. 分离和精制试样　用分馏、萃取、重结晶、层析等方法提纯未知试样，得到高纯度的物质，否则，红外图谱干扰严重，给解析样品带来困难甚至可能导致"误诊"。

2. 了解未知物的基本情况　在进行未知物图谱解析之前，必须对样品有透彻的了解，如产品的来源、纯度、灰分、形状、颜色、气味、相对分子质量、沸点、熔点、折光率、比旋度等，这些可以作为判断未知物的佐证及图谱解析的旁证。

3. 确定未知物的不饱和度　不饱和度即分子结构中距离达到饱和时所缺一价元素的"对"数。每缺两种一价元素时，不饱和度为一个单位（$\Omega = 1$）。可以用不饱和度来估计分子结构式中是否有双键、叁键及化合物是饱和还是芳香族化合物等，并可验证图谱解析结

扫码"学一学"

果的合理性。根据分子式计算不饱和度 Ω 的经验公式为：

$$\Omega = \frac{2 + 2n_4 + n_3 - n_1}{2} \qquad (4-8)$$

式中，n_1、n_3、n_4 表示分子中一价、三价、四价原子（主要指 H 和卤素、N、C 等）的数目。

当 $\Omega = 0$ 时，表示分子是饱和的，为链状烷烃及其不含双键的衍生物；

当 $\Omega = 1$ 时，可能有一个双键或脂环；

当 $\Omega = 2$ 时，可能有两个双键或脂环；可能有一个双键和脂环；也可能有一个叁键；

当 $\Omega \geq 4$ 时，可能含有苯环等。

注意：上式不适合有高于四价杂原子的分子；二价原子不参加计算（如氧、硫等）。

【示例 4-2】计算正丁腈（C_4H_7N）的不饱和度。

解：

$$\Omega = \frac{2 + 2n_4 + n_3 - n_1}{2} = \frac{2 + 2 \times 4 + 1 - 7}{2} = 2$$

4. 剔除杂质峰

（1）水峰 来自于试样或溴化钾中的水分，在谱图中可能出现吸收峰，要注意剔除。

（2）CO_2 峰 CO_2 被溶剂或试样吸收后，可能出现杂质吸收峰，要注意剔除。

（3）溶剂峰 辨析溶解试样的溶剂或洗涤吸收池的残留溶剂在谱图中产生的杂质峰。

5. 解析分子所含官能团及化学键的类型 一般解析光谱图"四先四后"，即先特征区，后指纹区；先最强峰，后次强峰；先粗查，后细找；先否定，后肯定。采用肯定法（很多谱带是特征性的，如在 $2260 \sim 2240 \ cm^{-1}$ 处有吸收，可以判断此化合物中含有—C≡N 基）、否定法（已知某波数区的谱带对某个基团是特征的，在谱图中的这个波数区如果没有谱带存在时，就可以判断某些基团在分子中不存在），来判断试样中这些主要基团的特征吸收峰是否存在，以获得分子结构的概貌。常见官能团的红外吸收频率见表 4-3。

表 4-3 常见官能团的红外吸收频率

键型	化合物类型	吸收峰位置	吸收强度
C—H	饱和烷烃	ν_{C-H}，$2975 \sim 2845 \ cm^{-1}$	强
		δ_{C-H}，约 $1475 \ cm^{-1}$ 为亚甲基相关峰	中强
		δ_{C-H}，$1450 \ cm^{-1}$ 和 $1375 \ cm^{-1}$ 附近为甲基相关峰	中强
=C—H	烯烃及芳烃	ν_{C-H}，$3100 \sim 3000 \ cm^{-1}$	中强或弱
≡C—H	炔烃	ν_{C-H}，$3300 \ cm^{-1}$	强
—C=C—	烯烃	$\nu_{C=C}$，$1650 \ cm^{-1}$ 附近	不定
	芳烃	$\nu_{C=C}$，$1600 \ cm^{-1}$ 与 $1500 \ cm^{-1}$ 附近	
C≡C	炔烃	$\nu_{C\equiv C}$，$2150 \ cm^{-1}$ 附近	弱，尖锐
C=O	酮、醛、酸、酯、酰胺、酸酐	$\nu_{C=O}$，$1840 \sim 1630 \ cm^{-1}$	很强或强，酸酐为双峰
		ν_{C-O}，$1300 \sim 1000 \ cm^{-1}$ 酯	中至强
		$\nu_{as,C-C-C}$，$1300 \sim 1000 \ cm^{-1}$ 酮	弱
—OH	醇、酚	ν_{O-H}，$3600 \sim 3200 \ cm^{-1}$	强
		ν_{C-O}，$1300 \sim 1000 \ cm^{-1}$	强

续表

键型	化合物类型	吸收峰位置	吸收强度
—NH$_2$	胺类	$\nu_{\text{N—H}}$, 3500 ~ 3300 cm^{-1} $\delta_{\text{N—H}}$, 1650 ~ 1580 cm^{-1}	中等（可变），双峰 强
C—X	氯化物；溴化物	$\nu_{\text{C—X}}$, 750 ~ 700 cm^{-1}；$\nu_{\text{C—X}}$, 700 ~ 500 cm^{-1}	中等；中等
N—H	酰胺	$\nu_{\text{N—H}}$, 3500 cm^{-1}附近	有时等强度双峰
O—H	羧酸	$\nu_{\text{O—H}}$, 3400 ~ 2500 cm^{-1}	宽而散的吸收峰
C—O—C	醚	$\nu_{\text{C—O—C}}$, 1270 ~ 1000 cm^{-1}	强
C≡N	腈	$\nu_{\text{C≡N}}$, 2260 ~ 2240 cm^{-1}	中至强
—NO$_2$	硝基化合物（脂肪族） 硝基化合物（芳香族）	$\nu_{\text{as,NO}_2}$, 1600 ~ 1530 cm^{-1}；$\nu_{\text{s,NO}_2}$, 1390 ~ 1300 cm^{-1} $\nu_{\text{as,NO}_2}$, 1550 ~ 1490 cm^{-1}；$\nu_{\text{s,NO}_2}$, 1355 ~ 1315 cm^{-1}	强 强
C—H	芳香族	$\gamma_{\text{=C—H}}$, 770 ~ 730、715 ~ 685 cm^{-1} 为单取代 $\gamma_{\text{=C—H}}$, 770 ~ 735 cm^{-1} 为邻位双取代 $\gamma_{\text{=C—H}}$, 880、780、690 cm^{-1}附近为间位双取代 $\gamma_{\text{=C—H}}$, 850 ~ 800 cm^{-1} 为对位取代	很强或强 很强 强、中等 很强

6. 推断未知物的分子结构 在确定了化合物种类和可能的官能团后，再根据各种化合物的特征吸收谱带，推测分子结构。如在 3500 ~ 3300 cm^{-1}处氨基的吸收分裂为双峰，判断它为伯氨基，1380 cm^{-1}附近出现双峰表明是—CH（CH$_3$）$_2$，由 C≡O 伸缩振动频率的位移来推测共轭体系等。

7. 利用标准图谱验证 确定了化合物的结构后，再对照相关化合物的标准红外光谱图或由标准物质在相同条件下绘制的红外光谱图进行对照。红外标准谱图中最典型的是萨特勒标准光谱集，其特点是：谱图最丰富，有 259 000 多种红外光谱图，有多种索引，使用方便。

【示例 4 - 3】分子式为 C$_8$H$_8$O 的未知物，测得其红外吸收光谱图如图 4 - 13 所示，请推断该分子的结构式。

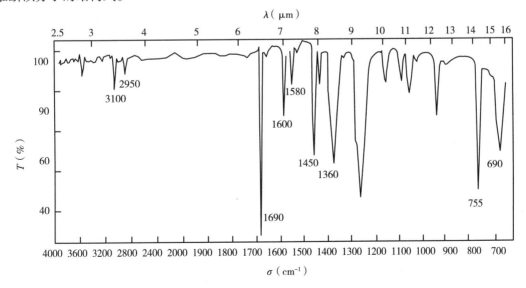

图 4 - 13 C$_8$H$_8$O 的红外吸收光谱图

解：（1）先计算分子的不饱和度。

$$\Omega = \frac{2 + 2n_4 + n_3 - n_1}{2} = \frac{2 + 2 \times 8 + 0 - 8}{2} = 5$$

因为 $\Omega = 4$ 时，该分子可能含有苯环；$\Omega = 1$ 时，可能含一个双键或脂环。

可以推断，该分子可能含一个苯环，一个双键。

（2）将未知物的红外光谱图官能团区的峰位列表分析如表 4-4 所示。

表 4-4 红外光谱图中各峰归属

峰位（cm^{-1}）	归属	官能团	不饱和度
3100	ν_{C-H} 在 3100 ~ 3000 cm^{-1}，烯烃及芳烃的伸缩振动		
1600 1580 1450	$\nu_{C=C}$ 在 1600 cm^{-1} 与 1500 cm^{-1} 附近，芳烃	⬡	4
755 690	$\gamma_{=C-H}$ 在 770 ~ 730、715 ~ 685 cm^{-1} 为芳环单取代		
1690 2950	$\nu_{C=O}$ 在 1840 ~ 1630 cm^{-1} ν_{C-H} 在 2975 ~ 2845 cm^{-1}	$C=O$	1
1450 1360	δ_{C-H} 在 1450、1360 cm^{-1} 附近，是甲基的相关峰	$-CH_3$	0

可以看出，该分子一个苯环和一个羰基，不饱和度为 5，还剩下一个甲基，说明是甲基酮，其结构为：

$$\text{⬡} - \overset{\overset{\displaystyle O}{\|}}{C} - CH_3$$

（3）查看标准图谱，与苯乙酮的红外吸收光谱图进行比较完全一致，证明以上推断是正确的。

三、纯度检查

试样不纯，所含杂质会使红外吸收光谱峰增多，有时出现某种干扰吸收，如异峰、某些吸收峰互相掩盖等现象。一般情况下，可以取试样的红外光谱图与其对照品的红外光谱图进行对照，两张图谱越接近，物质的纯度越高；反之则含杂质多，纯度差。

四、含量测定

（一）吸光度的计算

红外光谱定量分析是借助于对比吸收峰强度来进行的，只要混合物中的各组分能有一个特征的，不受其他组分干扰的吸收峰就可以进行定量分析。原则上液体、固体和气体样品都可应用红外光谱法作定量分析，红外定量分析的原理和紫外-可见光谱的定量分析一样，也是基于朗伯-比尔定律。即：

$$A = Kbc \qquad\qquad (4-9)$$

式中，A 为吸光度，K 为吸收系数，不同物质有不同的吸收系数 K 值。且同一物质的不同谱带其 K 值也不相同，即 K 值是与被测物质及所选波数相关的一个系数。因此在测定或描述吸收系数时，一定要注意它的波数位置。

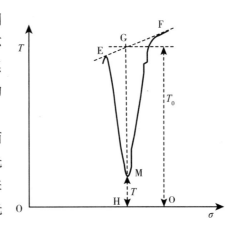

图 4 - 14　吸光度的测量方法

红外光谱测定中，常给出的信号是透光率 T，而定量分析的基础是朗伯 - 比尔定律，所需信号为吸光度 A，所以应首先将 T 换算成 A。可以按图 4 - 14 来转换，通过谱带两侧透光率最大的 E、F 两点绘制光谱吸收的切线，通过吸收峰顶点 M 作垂直于横坐标的垂线 GH，可得到对应于背景和被测物的透光率 T_0 和 T，则被测物的吸光度 $A = \lg(T_0/T)$。

（二）计算方法

红外光谱定量的计算方法有：直接计算法、标准曲线法、联立方程法。

最常用的是标准曲线法：该法是将一系列浓度的标准样品溶液，在同一吸收池内测出需要的谱带，计算出吸光度值作为纵坐标，以浓度为横坐标，绘制相应的标准曲线。由于是在同一吸收池内测量，故可获得 $A-c$ 的实际变化曲线。由于标准曲线是从实际测定中获得的，它真实地反映了被测组分的浓度与吸光度的关系。因此即使被测组分在样品中不服从朗伯 - 比尔定律，只要浓度在所测的标准曲线范围内，也能得到比较准确的结果。同时，这种方法可以排除许多系统误差，要注意在这种定量方法中，分析波数的选择同样是重要的，分析波数只能选在被测组分的特征吸收峰处。溶剂和其他组分在这里不应有吸收峰出现，否则将引起较大的误差。

红外定量分析的准确度，若主要考虑吸光度测定所引起的误差，±1% 的误差是它的最佳极限值，实际测试中，误差往往大于 ±1%，因此红外光谱使用最多的还是定性分析。

本章小结

1. 红外分光光度法的基本原理　多原子分子的振动包括伸缩振动和变形振动；红外吸收光谱产生的条件：一是照射光的能量等于两个振动能级间的能量差，二是分子振动过程中能引起偶极矩的变化；红外吸收光谱的表示方法，横坐标是波长或波数，纵坐标为透光率。

2. 常用术语　吸收峰的位置即峰位，以波数表示。特征峰或特征频率是指用于鉴别官能团存在的吸收峰。相关峰是指一组具有相互依存和佐证关系的特征吸收峰。

3. 红外分光光度计　分为光栅型红外分光光度计和傅里叶变换红外分光光度计。主要部件由光源（能斯特灯或硅碳棒）、吸收池、单色器（或迈克尔逊干涉仪）、检测器（真空热电偶、TGS、MCT）及记录系统等组成。

4. 固体样品制样技术　有压片法、调糊法、薄膜法和溶液法，以溴化钾压片法最为常用。以光谱纯的溴化钾为基质，样品（1~1.5 mg）：KBr（100~300 mg）≈1：200 的比例混合研磨成细粉（≤2 μm）压片。红外分光光度法主要用于未知化合物的研究，其分析步骤包括：分离和精制试样；了解未知物的基本情况；确定未知物的不饱和度；剔除杂质峰；解析分子所含官能团及化学键的类型；推断未知物的分子结构；利用标准图谱验证。

> **? 思考题**
>
> 1. 产生红外吸收的条件是什么？是否所有的分子振动都会产生红外吸收？为什么？
> 2. 以亚甲基为例，说明多原子分子的振动形式。
> 3. 总结红外光谱分析制样的方法。
> 4. 试说明红外光谱法对未知物定性的分析步骤。

扫码"练一练"

扫码"学一学"

实训七　苯甲酸红外光谱测定及谱图解析

一、实训目的

1. 掌握　红外光谱分析时固体样品的压片法样品制备技术。

2. 熟悉　红外分光光度计的操作。

3. 了解　如何根据红外光谱图识别官能团及官能团区的峰位和归属。

二、基本原理

1. 压片法制备固体样品　将固体样品与 KBr 混合研细，并压成透明片状，然后放到红外光谱仪上进行分析，这种方法就是压片法。压片法所用碱金属的卤化物应尽可能地纯净和干燥，试剂纯度一般应达到分析纯，可以用的卤化物有 NaCl、KCl、KBr、KI 等。由于 NaCl 的晶格能较大不易压成透明薄片，而 KI 又不易精制，因此大多采用 KBr 或 KCl 作样品载体。

2. 峰位及强度　由于氢键的作用，苯甲酸通常以二分子缔合体的形式存在。只有在测定气态样品或非极性溶剂的稀溶液时，才能看到游离态苯甲酸的特征吸收。用固体压片法得到的红外光谱中显示的是苯甲酸二分子缔合体的特征，在 3000~2400 cm^{-1} 处是 O—H 伸缩振动峰，峰宽且散；由于受氢键和芳环共轭两方面的影响，苯甲酸缔合体的 C＝O 伸缩振动吸收位移到 1700~1680 cm^{-1} 区（而游离 C＝O 伸缩振动吸收是在 1730~1710 cm^{-1} 区）；苯环上的 C＝C 伸缩振动吸收出现在 1500~1480 cm^{-1} 和 1610~1590 cm^{-1} 区，这两个峰是鉴别芳环存在标志之一，一般后者峰较弱，前者峰较强。

三、仪器与试剂准备

1. 仪器　傅里叶变换红外分光光度计（或其他类型），压片机，压片模具，玛瑙研钵，不锈钢药匙，不锈钢镊子（两个），电吹风机，红外灯，样品夹板，干燥器，电子分析天平；脱脂棉，擦镜纸等。

2. 试剂 苯甲酸（分析纯），KBr（光谱纯），丙酮（分析纯）。

四、实训内容

1. 试样的制备

（1）在玛瑙研钵中分别研磨 KBr 和苯甲酸至 2 μm 细粉，然后置于烘箱中，110 ℃ 烘干 4～5 小时，烘干后的样品置于干燥器中待用。

（2）分别取 1.3 mg 的干燥苯甲酸和 200 mg 干燥 KBr，一并倒入玛瑙研钵中进行混合直至均匀。

（3）取 200 mg 干燥 KBr 及混合物粉末分别倒入压片模具中压制成透明薄片，并保存在干燥器中，备用。

2. 样品的分析测定

（1）扫描背景 将空白 KBr 片放到样品架上，放入样品室，扫描背景（KBr）。

（2）扫描样品 将制好的样品放到样品架上，放入样品室中扫描测定。

3. 结束工作 测定工作完毕后，应按照 Windows 操作系统的要求，逐级关闭窗口，关计算机主机、显示器、红外光谱仪主机、打印机、稳压器和电源。将模具、样品架等清理干净，妥善保管。

五、实训记录与数据处理

1. 指出苯甲酸红外光谱图中的各官能团的特征吸收峰，并做出标记。

2. 将苯甲酸红外光谱图官能团区的峰位列成表。

六、思考题

用压片法制样时，为什么要求将固体样品研磨到颗粒粒度在 2 μm 左右？为什么要求 KBr 粉末干燥？

（陶玉霞）

第五章　原子吸收分光光度法

知识目标

1. **掌握**　原子吸收分光光度法的基本原理；原子吸收分光光度计的基本结构。
2. **熟悉**　原子吸收分光光度计的测定条件选择；常见原子吸收分光光度计的基本使用方法；原子吸收干扰及其消除；定量分析方法的应用。
3. **了解**　原子吸收分光光度法的特点及其适用范围；原子吸收分光光度计的日常保养维护。

能力目标

1. 掌握标准曲线法、标准加入法的计算。
2. 学会正确使用常见的原子吸收分光光度计；能结合实际检测要求确定测定方案；会对原子吸收分光光度计进行日常的保养和维护，并对简单的故障进行排除。

原子吸收分光光度法（AAS）是基于气态的待测元素基态原子对同种元素发射的特征谱线的吸收程度而建立起来的一种测定试样中该元素含量的分析方法。它是 20 世纪 50 年代产生，在 60 年代得以快速发展的一种新型的仪器分析方法。

原子吸收分光光度法与紫外－可见分光光度法都属于吸收光谱分析法，测定方法相似，但是有实质区别。原子吸收光谱是原子产生吸收，而紫外－可见吸收光谱是分子或离子产生吸收。原子吸收分光光度法具有如下优点。

1. 灵敏度高　火焰原子吸收分光光度法的检出限可达 10^{-9} g/mL，非火焰原子吸收分光光度法的检出限更可低至 $10^{-14} \sim 10^{-10}$ g。

2. 精确度和准确度高　火焰原子吸收分光光度法的相对误差小于 1%；石墨炉原子吸收分光光度法的相对误差一般为 3% ~ 5%。

3. 选择性好　用原子吸收分光光度法测定元素含量时，一般不需要分离共存元素就可以测定。

4. 分析速度快　原子吸收光谱仪在 35 分钟内能连续测定 50 个试样中的 6 种元素。

5. 应用范围广　广泛应用于各个领域，可直接测定的元素达 70 多种，不仅可以测定金属元素，也可间接测定一些非金属和有机化合物。

第一节　原子吸收分光光度法的基本原理

一、原子能级与原子光谱

任何元素的原子都由原子核和围绕原子核运动的电子组成。这些电子按其能量的高低

扫码"学一学"

分层分布，具有不同能级。在正常状态下，原子的外层电子处于最低能级状态（最稳定的能态），称为基态（E_0）。处于基态的原子称为基态原子。基态原子受到外界能量（如热能、光能等）作用时，其外层电子吸收一定能量而跃迁到一个能量较高的能级上处于另外一种状态称为激发态（E_j）。当基态原子受到一定频率的光照射时，如果光子的能量恰好等于该基态原子与某一较高能级之间的能级差（ΔE）时，该原子吸收这一频率的光，其外层电子从基态跃迁到激发，而产生原子吸收光谱。电子吸收一定能量从基态跃迁到能量最低的激发态（第一激发态）时所吸收的辐射线，称为共振吸收线；处于激发态的电子很不稳定，很快跃迁回到基态或其他较低能级，并以光的形式释放出能量，产生原子发射光谱。电子从第一激发态跃回基态时发射出的辐射线称为共振发射线。共振吸收线和共振发射线都简称为共振线。如图 5-1 所示。

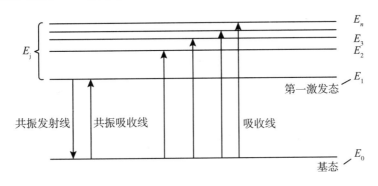

图 5-1　原子光谱产生示意图

各种元素的原子结构不同，不同元素的原子从基态跃迁至第一激发态（或由第一激发态跃迁返回基态）时，吸收（或发射）的能量（ΔE）也不同，所以各元素的共振线的频率或波长都不相同，因而具有自身的特征性，因此共振线又称为元素的特征谱线。由于从基态跃迁到第一激发态最容易发生，对大多数元素而言，共振线也是元素最灵敏线（简称灵敏线）。凡被选作原子吸收光谱分析用的吸收线（或发射线）称为分析线。原子吸收分光光度法中通常利用待测元素的共振线作为分析线，所以元素的共振线又称分析线。原子吸收光谱的频率 ν 或波长 λ，由基态和激发态之间的能级差（ΔE）决定，关系式见式 5-1。

$$\Delta E = E_j - E_0 = h\nu = h\frac{c}{\lambda} \qquad (5-1)$$

式中，E_0、E_j 分别为基态和激发态的能级，J；h 为普朗克常数，6.626×10^{-34} J·s；ν 为入射光的频率，Hz；c 为光速，2.998×10^8 m/s；λ 为波长，nm。

> 🔲 **课堂互动**
>
> 原子吸收光谱与分子吸收光谱有何异同？

二、原子吸光度与原子浓度的关系

当频率为 ν，强度为 I_0 的平行光垂直通过均匀的、厚度为 b 的原子蒸气时，其透射光的强度与原子蒸气厚度 b 的关系符合朗伯 - 比尔定律，见式 5-2。

$$I_t = I_0 e^{-K_\nu b} \qquad (5-2)$$

式中，I_0 和 I_t 分别为入射光和透射光的强度；b 为原子蒸气的厚度；K_ν 为吸收系数。

根据吸光光度法的定义，吸光度 A 可表示为：

$$A = \lg \frac{1}{T} = \lg \frac{I_0}{I_t} = \frac{K_\nu}{2.303} b = 0.4343 K_\nu b \qquad (5-3)$$

当使用锐线光源（能发射出半宽度很窄的谱线的光源）时，只要该锐线光源的中心频率与原子吸收谱线的中心频率一致时，就可假定吸收系数 K_ν 在 $\Delta\nu$ 范围内不随频率 ν 而改变，可以用中心频率处的吸收系数 K_0 来表征原子蒸气对入射光的吸收特征，所以：

$$A = 0.4343 K_\nu b = 0.4343 K_0 b \qquad (5-4)$$

因为峰值吸收系数与单位体积原子蒸气中待测元素吸收光的原子数成正比，而在通常的原子吸收测定条件下，试样的浓度与原子数也成正比，因此在一定的实验条件下，吸光度与试样中待测元素浓度的关系可表示为：

$$A = Kc \qquad (5-5)$$

式中，K 为与实验条件有关的常数；c 为待测元素的浓度。上式即为原子吸收分光光度法定量分析的基本关系式。即在一定的实验条件下，吸光度与试样中的被测组分浓度成正比，只要测出吸光度，就可以求出被测元素的含量。

拓展阅读

原子发射光谱法

原子发射光谱法（AES）是根据试样中被测元素的气态原子或离子被激发后所发射特征辐射的波长及其强度来对物质进行定性、定量分析的方法。根据光谱仪器及接收部件的不同，原子发射光谱法可以分为目视火焰光分析法、火焰光度法、摄谱法、光电直读法。AES 具有以下优点。

（1）能多元素同时检测且分析速度快　可进行多元素同时测定，若采用光电直读式光谱仪分析，可在几分钟内同时对几十种元素进行定量分析。试样消耗少，试样可不经化学处理，固体和液体样品均可直接测定。

（2）灵敏度和准确度较高　一般光源的检出限为 $0.1 \sim 10\ \mu g/g$（$\mu g/mL$）；采用电感耦合等离子体光源（ICP）检出限可达 ng/mL 数量级。当含量小于 1% 时，其准确度优于化学分析法。

（3）选择性好　每种元素原子结构不同，各自发射不同特征谱线，有利于区分化学性质极为相似的元素，如铌和钽。

AES 具有许多优点，因此被广泛应用于许多领域的微量或痕量元素分析，如食品、医药、石油、轻工、环保等。但也有不足之处，首先是仪器设备昂贵，且试样含量超过 10% 时，其分析准确度差；其次在进行定量分析时，对标准试样、感光板、显影条件等要求很严格；另外，AES 不能用于分析大部分非金属元素和有机物。

扫码"学一学"

第二节　原子吸收分光光度计

一、原子吸收分光光度计的基本结构

原子吸收分光光度法中所用的仪器称为原子吸收分光光度计，又称为原子吸收光谱仪，主要由锐线光源、原子化器、单色器和检测系统四个部分组成。按入射光束形式通常分为单光束和双光束两种类型。

（一）锐线光源

光源的作用是发射待测元素的特征谱线，以满足吸收测量的要求。

1. 对光源的基本要求　锐线光源，能发射待测元素的共振线；辐射强度足够大，稳定性好且背景干扰小。

空心阴极灯、蒸气放电灯及无极放电灯都符合上述条件，目前应用最广泛的是空心阴极灯。

2. 空心阴极灯　空心阴极灯的结构见图5-2，它的阳极是镶钛丝或钽片的钨棒，阴极是由待测元素的金属或合金制成的空心桶状物。阳极和阴极均封闭在带有光学石英窗的硬质玻璃管内，管中充有几百帕的低压惰性气体氖或氩。在阴阳两极间加300～500 V电压时，阴极开始发光发电。电子从阴极高速射向阳极，途中与惰性气体原子碰撞而使之电离，产生的惰性气体阳离子高速射向阴极内壁，引起阴极表面溅射出原子，溅射出来的原子再与电子、惰性气体原子及离子发生碰撞而被激发，激发态的原子不稳定，很快回到基态发射出特征频率的锐线光。

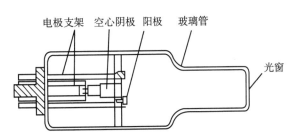

图5-2　空心阴极灯结构示意图

空心阴极灯发射的光谱主要是阴极元素的光谱。阴极材料只含一种元素，则称为单元素灯，发射线强度高、稳定性好、背景干扰少，但每测一种元素换一种灯；若阴极材料含多种元素，则称为多元素灯，可连续测定几种元素，但光强度较单元素灯弱，容易产生干扰。目前常用的是单元素灯。

（二）原子化器

将试样中待测元素变成气态的基态原子的过程称为试样的"原子化"。原子化器的功能是提供能量，使试样干燥、蒸发和原子化。原子化是整个元素测定过程的关键环节。对原子化器的要求是：①原子化效率高；②稳定性和重现性好；③干扰少；④操作简便。

常用的原子化方法分为两种：一是火焰原子化法，其利用燃气和助燃气产生的高温火焰使试样转化为气态原子，是原子光谱分析中最早使用的原子化方法，至今仍广泛应用；另一种是非火焰原子化法，其中应用最广的是石墨炉原子化法。

1. 火焰原子化器　分为全消耗型和预混合型两种。全消耗型原子化器是将试样直接喷入火焰，原子化效率低，干扰大，火焰燃烧不稳定，噪声大。所以目前常用预混合型火焰原子化器，它主要由雾化器、预混合室、燃烧器和火焰四部分组成，结构见图5-3。

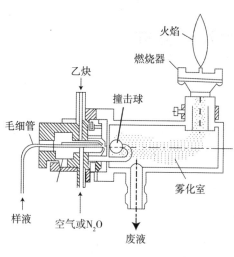

图5-3 火焰原子化器示意图

（1）雾化器 雾化器的作用是将试液雾化成极其微小（直径在5~70 μm）的雾滴。雾滴越小，在火焰中生成的基态原子越多。雾化器是火焰原子化器的重要部件，要求喷雾稳定、雾滴细小而均匀、雾化效率高。目前使用最多的是气动同心（毛细管与雾室的中轴线重合）型雾化器，其工作原理是当高速助燃气流过毛细管口时，在毛细管口形成负压区，试样被毛细管抽吸流出，并被高速的气流破碎成雾滴，喷出的小雾滴再被前方小球撞击，进一步分散成更为细小的细雾。这类雾化器的雾化效率一般可达10%以上。

（2）预混合室 预混合室的作用是使雾滴进一步细化，并使之与燃气、助燃气均匀混合形成气溶胶后进入火焰原子化区。部分未细化的雾滴沿预混合室壁冷凝下来从废液口排出。为了避免回火爆炸的危险，预混合室的废液排出管必须用弯曲导管或将导管插入水中等水封方式。

（3）燃烧器 燃烧器的作用是使燃气在助燃气的作用下形成稳定的高温火焰，使进入火焰的气溶胶试样蒸发、脱溶剂、灰化和原子化。燃烧器应能使火焰燃烧稳定，原子化程度高，并能耐高温耐腐蚀。燃烧器有"孔型"和"长缝型"，后者又分为单缝和三缝。在预混合型燃烧器中，一般采用吸收光程较长的长缝型单缝燃烧器。

（4）火焰 火焰的作用是通过高温促使试样气溶胶蒸发、干燥并经过热解离或还原作用，产生大量基态原子。要求火焰的温度应能使待测元素解离成游离基态原子，如果超过需要温度，激发态原子数量增加，基态原子数减少，不利于原子吸收。

原子吸收测定中最常用的火焰如下：①乙炔-空气火焰。燃烧稳定，重现性好，噪声低，燃烧速度不是很快，温度较高（约2250 ℃），对大多数元素有足够的灵敏度，应用广泛，适于贵金属、碱及碱土金属等30多种元素。②氢气-空气火焰。是氧化性火焰，其燃烧速度较乙炔-空气火焰快，但温度较低（约2050 ℃），优点是背景发射较弱，透射性能好，适合于测定短波长区域的元素，如砷、硒等。③乙炔-氧化亚氮火焰。其特点是火焰温度高（约2700 ℃），而燃烧速度并不快，是目前应用较广泛的一种高温火焰，适于铝、硼、钛、稀土等70多种元素。

同一种类型的火焰，随着燃气和助燃气流量的不同，火焰的燃烧状态也不相同。在实际测量中，常通过调节燃助比来选择理想的火焰。按燃气和助燃气的比例不同，可将火焰分为三类：①化学计量火焰，又称中性火焰。这种火焰的燃气与助燃气的比例与它们之间化学反应计量关系相近。具有温度高、稳定、干扰小、背景低等特点，适用于许多元素的测定。②富燃火焰，又称还原性火焰。即燃气与助燃气比例大于化学计量。这种火焰燃烧不完全、温度低、火焰呈黄色、背景高、干扰较多，不如化学计量火焰稳定。但由于还原性强，适于测定易形成难离解氧化物的元素，如铁、钴、镍等。③贫燃火焰，又称氧化性火焰。燃气和助燃气的比例小于化学计量。这种火焰的氧化性较强，火焰呈蓝色，适于易解离、易电离元素的原子化，如碱金属等。

火焰原子化法的特点是操作简便，重现性好，精密度高，应用广泛。但原子化效率低、灵敏度不够高，通常只能液体进样。

2. 非火焰原子化器　又称无火焰原子化器，是利用电热、阴极溅射、等离子体或激光等方法使试样中待测元素形成基态自由原子，与火焰原子化器比其最大的优点是提高了试样的原子化效率。目前应用较多的是石墨炉原子化器。石墨炉原子化器的本质是一个电加热器，由电源、石墨炉管和保护气控制系统等三部分组成，其结构如图 5 - 4 所示。

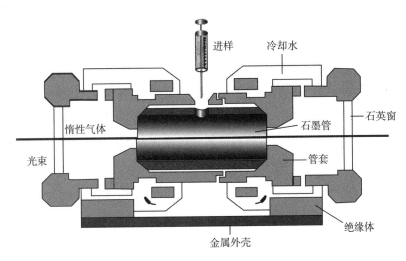

图 5 - 4　石墨炉原子化器示意图

（1）电源　加热电源供给原子化器能量，一般采用低压（10～25 V）、大电流（500 A）的交流电。为保证炉温恒定，要求提供的电流稳定。炉温可在 1～2 秒升温到 3000 ℃。

（2）石墨炉管　由致密石墨制成，是外径 6 mm、内径 4 mm、长 53 mm 的石墨管，管两端用铜电极包夹，管中央开一孔，供注射试样和通惰性气体用。试样用微量注射器直接由进样孔注入石墨管中，通过铜电极向石墨管供电。石墨管作为电阻发热体，通电后产生高温，实现试样的蒸发和原子化。

（3）保护气控制系统　常用保护气为氩气。仪器启动后，保护气流通，空烧完毕，切断保护气流。进样后外气路中的氩气沿石墨炉外壁流动，以保护石墨炉管不被烧蚀。内气路中的氩气从管两端流向中心，由管中心小孔流出，以有效地除去在干燥和灰化过程中产生的基体蒸气、溶剂，并防止石墨管被氧化，同时保护已原子化了的原子不再被氧化。石墨管四周通有冷却水，可同时保护炉体，确保切断电源后 20～30 秒，使炉体温度降至室温。

石墨炉原子化器采用直接进样和程序升温方式对试样进行原子化，其过程包括干燥、灰化、原子化和净化四个阶段。①干燥。干燥的温度稍高于溶剂的沸点，其主要目的是除去溶剂，如水分或各种酸溶液；②灰化。在较高温度（350～1200 ℃）条件下进一步除去有机物或低沸点无机物，减少基体干扰；③原子化。温度将随待测元素而定，一般 2500～

3000 ℃，使待测元素转化为基态原子，在原子化阶段，停止通气，以延长原子在吸收区内的平均停留时间。④净化。又叫除残。样品测定结束后，还需要升温到更高温度除去残渣，净化石墨管，减少试样残留产生的记忆效应。

石墨炉原子化器的优点是：原子化效率高，在可调的高温下试样利用率可达100%；灵敏度高，试样用量少，且不受试样形态限制；原子化在充有惰性气体保护气的气室中，在还原性石墨介质中进行，适用于难熔元素的测定。缺点是：测定精密度较差；共存化合物的干扰比火焰原子化大，背景干扰比较严重，一般要校正背景。

（三）单色器

单色器也称分光系统，主要是由入射狭缝、出射狭缝、色散元件、反射镜等组成。其作用是将待测元素的特征谱线与邻近谱线分开。原子吸收的分析线和光源发射的谱线都比较简单，因此，对单色器的分辨率要求不高。为防止来自原子化器的辐射不加选择地都进入检测器，单色器通常配置在原子化器的后面。

仪器的色散元件为衍射光栅，其色散率是固定的，其分辨能力和聚光本领取决于狭缝宽度。一般狭缝宽度调节至0.01 ~ 2 mm之间。减小狭缝宽度，可以提高分辨能力，有利于消除谱线干扰。但狭缝宽度太小，会导致透射光强度减弱，灵敏度下降。

（四）检测系统

检测系统主要由检测器、放大器、对数变换器和显示记录装置组成。其中检测器是主要部件，其作用是将单色器分出的光信号转变成电信号，常用的检测器是光电倍增管。

二、原子吸收分光光度计的类型

原子吸收分光光度计按入射光束可分为单光束和双光束两类，按通道可分为单道、双道和多道等。目前使用比较广泛的是单道单光束和单道双光束原子吸收分光光度计。

（一）单道单光束原子吸收分光光度计

单道是指仪器只有一个光源、一个单色器、一个显示系统，每次只能测一种元素。单光束是指从光源中发出的光仅以单一光束的形式通过原子化器、单色器和检测系统。其结构如图5 - 5a所示。这类仪器结构简单，体积小，价格低，操作方便，能满足一般原子吸收分析的要求。其缺点是不能消除光源波动引起的基线漂移，测量过程中要求校正基线。

（二）单道双光束原子吸收分光光度计

双光束是指从光源发出的光被切光器分成两束强度相等的光，一束作为样品光束通过原子化器被基态原子部分吸收；另一束只作为参比光束，不通过原子化器，其光强度不被减弱。两束光被原子化器后面的半透半反射镜反射后，交替地进入同一单色器和检测器。检测器将接收到的脉冲信号转换为电信号，并通过放大器放大，最后由显示器输出，如图5 - 5b所示。由于两束光来自同一个光源，光源的微小变化引起基线漂移通过参比光束而得到补偿，所以测定的精密度和准确度均优于单道单光束原子吸收分光光度计。但是结构复杂，价格较贵，且由于参比光束不通过火焰，火焰扰动和背景吸收影响无法消除。

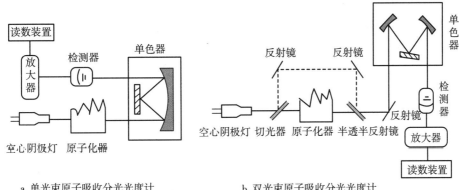

a. 单光束原子吸收分光光度计　　　　b. 双光束原子吸收分光光度计

图 5 – 5　原子吸收分光光度计基本结构

三、原子吸收分光光度计的使用及注意事项

（一）火焰原子吸收分光光度计使用方法及注意事项

1. 火焰原子吸收分光光度计使用方法

（1）开机前准备　按仪器使用说明书检查各气路接口是否安装正确，气密性是否良好。

（2）开机及初始化　打开电源开关，再打开电脑主机开关，安装空心阴极灯，接着打开仪器开关，启动工作站并初始化仪器，预热 20～30 分钟。

（3）点火　预热完毕后先打开排风，再打开空气压缩机，接着拧开乙炔气瓶，设置样品参数，完成点火。

（4）测量　把进样管放入空白试剂或去离子水中烧 5 分钟左右，将进样管放入校准试剂中"校零"，进行标样及样品测定，完成数据保存或打印。

（5）关机　先关闭乙炔总阀，再关乙炔分阀，接着关空气压缩机，退出软件，关仪器开关，关电脑，关通风橱。

2. 注意事项

（1）要先打开通风橱后才可以点火。

（2）仪器若隔太久不用，应预热 1～2 小时。

（3）点火前用肥皂水检查乙炔管路接头是否漏气；查看仪器后方废液管是否水封（要求水封）。

（4）点火后不可在空气压缩机处进行排水操作。

（5）在燃烧过程中不可用手接触燃烧器。

（6）测完标准系列时，到标准曲线图中任选一个双击查看线性是否可用。

（7）测量完毕吸去离子水 5 分钟冲洗通道。

（8）空气 – 乙炔火焰熄灭时，应先关闭乙炔气，再关闭其他。

（9）火焰熄灭后燃烧器仍然有高温，20 分钟内不可触摸。

（二）石墨炉原子吸收分光光度计使用方法及注意事项

1. 石墨炉原子吸收分光光度计使用方法

（1）开机前准备　确认石墨炉原子化器已安装，仪器与气路已连接；检查冷却水管、

扫码"看一看"

加热电缆已固定到位。

（2）开机及参数设置　开机顺序同火焰法，启动软件后选择元素灯及测量参数，设定测定方法为"石墨炉"，调节原子化器位置及能量，设置加热程序及参数，设置测量样品和标准样品参数。

（3）打开各种开关　打开石墨炉开关，打开氩气，打开循环冷却水开关。

（4）测量　测量进样分为手动进样和自动进样两种。手动进样是用微量进样器吸入 10 μL 样品注入石墨管中，自动进样需配备自动进样器。测量结束可进行数据保存或打印。

（5）关机　关闭氩气、水源，退出软件，关闭石墨炉电源，关电脑，关通风橱。

2. 注意事项

（1）石墨炉系统的第二组电源只许接一个大功率电源插座。

（2）氩气瓶存放在安全通风良好的地方。

（3）冷却水管道连接、出口畅通。

（4）实验中，石墨炉原子化器高温，严禁触碰，防灼伤。石墨炉系统开机需接通电源、水源、气源，为安全，开机后禁止人员离开仪器。

（5）实验时，要打开通风设备，使实验过程产生的气体及时排出室外；定时对气水分离器中的水进行放水。

（6）实验结束，检查电源、水源、气源，必须断开。

四、仪器的保养维护和常见故障排除

（一）仪器的保养维护

对任何一类仪器只有正确使用和维护保养才能保证其运行正常，测量结果准确。原子吸收分光光度计的日常维护工作应做到以下几点。

1. 开机前，检查各电源插头是否接触良好，调好狭缝位置，仪器面板上的所有旋钮归于零位。

2. 对新购置的空心阴极灯的发射线波长和强度以及背景发射的情况，应先进行扫描测试和登记，以方便后期使用。空心阴极灯需要一定预热时间。灯电流由低到高慢慢升到规定值，防止突然升高，引起阴极溅射。工作后轻轻取下，阴极向上放置，待冷却后再移动装盒。装卸灯要轻拿轻放，窗口如有污物或指印，用擦镜纸轻轻擦拭。长期闲置不用的空心阴极灯，应每隔 1~2 个月在额定工作电流下点燃 30 分钟以延长灯的寿命。

3. 日常分析完毕，应在不灭火的情况下喷雾去离子水，对喷雾器、雾化室和燃烧器进行清洗。喷过高浓度酸、碱后，要用水彻底冲洗雾化室，防止腐蚀。吸喷有机溶液后，先喷有机溶剂和丙酮各 5 分钟，再喷 1% 硝酸和去离子水各 5 分钟。燃烧器如有盐类结晶，火焰呈锯齿形，可用滤纸或硬纸片轻轻刮去，必要时卸下燃烧器，用乙醇–丙酮溶液（1∶1，V/V）清洗，用毛刷蘸水刷干净。如有熔珠，可用金相砂纸轻轻打磨，严禁用酸浸泡。

4. 仪器点火时，先开助燃气，后开燃气；关闭时，先关燃气，后关助燃气。

5. 单色器中的光学元件严禁用手触摸和擅自调节。可用少量气体吹去其表面灰尘，不准用擦镜纸擦拭。防止光栅受潮发霉，要经常更换暗盒内的干燥剂。光电倍增管室需检修时，一定要在关掉负高压的情况下，才能揭开屏蔽罩，防止强光直接照射，引起光电倍增管产生不可逆的"疲劳"效应。

6. 喷雾器的毛细管是用铂 – 铱合金制成，不要喷雾高浓度的含氟试液。工作中防止毛细管折弯，如有堵塞，可用软细金属丝疏通，小心不要损伤毛细管口或内壁。

7. 乙炔钢瓶应直立放置，严禁剧烈振动和撞击。工作时乙炔钢瓶应放置在室外或气瓶柜内，温度不宜超过 30 ~ 40 ℃，防止热晒雨淋。开启钢瓶时，阀门旋钮不宜开得太大，防止内酮逸出。

8. 使用石墨炉时，样品注入的位置要保持一致，以减少误差。工作时，冷却水的压力与惰性气流的流速应稳定。一定要在通有惰性气体的条件下接通电源，否则会烧毁石墨管。

9. 每次加热完成后一定要等待石墨炉冷却时间倒计时完成后才能注入下一个样品，否则会熔坏进样尖影响样品测量，损坏石墨管。

10. 石墨炉需要经常清洁，将路子两端的通光窗取下，如石英窗沾污时，可用镜头纸擦拭干净，石英衬套内壁沉淀碳粒可用刷子刷干净（或用吸耳球吹吸干净），然后将通光窗装回原处。

11. 每次测定前需把石墨管清洁干净或至少空烧 2 次（光标移至"CLEAN TUBE"，再按"回车"键），可除去石墨管中的灰尘和上次测定可能残留的物质，以保证石墨管的干净和测定的稳定性。

（二）紧急情况处理

1. 仪器工作时，如果遇到突然停电，此时如正在做火焰分析，则应迅速关闭燃气；若正在做石墨炉分析时，则迅速切断主机电源；然后将仪器各部分的控制机构恢复到停机状态，待通电后，再按仪器的操作程序重新开启。

2. 在做石墨炉分析时，如遇到突然停水，应迅速切断主电源，以免烧坏石墨炉。

3. 操作时如嗅到乙炔或石油气的气味，这是由于燃气管道或气路系统某个连接头处漏气，应立即关闭燃气后进行检测，待查出漏气部位并密封后才能继续使用。

4. 显示仪表（表头、数字表或记录仪）突然波动，这类情况多数因电子线路中个别元件损坏，某处导线断路或短路，高压控制失灵等造成。另外，电源电压变动太大或稳压器发生故障，也会引起显示仪表的波动现象。如遇到上述情况，应立即关闭仪器，待查明原因排除故障后再开启。

5. 如在工作中万一发生回火，应立即关闭燃气，以免引起爆炸，然后再将仪器开关、调节装置恢复到启动前的状态，待查明回火原因并采取相应措施后再继续使用。

造成回火的主要原因是由于气流速度小于燃烧速度造成的。其直接原因有：突然停电或助燃气体压缩机出现故障使助燃气体压力降低；废液排出口水封不好或根本就没有水封；燃烧器的狭缝增宽；助燃气体和燃气的比例失调；防爆膜破损；用空气钢瓶时，瓶内所含氧气过量；用乙炔 – 氧化亚氮火焰时，乙炔气流量过小。

（三）常见故障排除

原子吸收分光光度法中常见故障及排除方法见表 5 – 1。

表 5-1　原子吸收分析法中常见故障及排除方法

故障现象	可能原因	解决办法
仪器不通电	1. 室内总电源无电 2. 电源插头脱落、松动 3. 仪器保险丝熔断	检查电路中的各个环节，更换保险丝
初始化中波长电机出现"×"	1. 检查空心阴极灯是否安装并点亮 2. 光路中有物体挡光 3. 主机与计算机通信系统联系中断	1. 重新安装空心阴极灯 2. 取出光路中的挡光物 3. 重新启动仪器
空心阴极灯不亮	1. 检查灯电流连线是否脱焊 2. 灯电源插头松动 3. 空心阴极灯损坏	1. 重新安装空心阴极灯 2. 更换灯位重新安装 3. 换另一只灯重试
寻峰时能量过低，负高压超上限	1. 元素灯不亮 2. 元素灯位置不对 3. 分析线选择错误 4. 光路中有挡光物 5. 灯老化，发射强度低	1. 重新安装空心阴极灯 2. 重新设置灯位 3. 选择最灵敏线 4. 移开挡光物 5. 更换新灯
点击"点火"按钮，点火器无高压放电打火	1. 空气无压力或压力不足 2. 乙炔未开启或压力过小 3. 废液液位过低 4. 紧急灭火开关点亮 5. 乙炔泄漏，报警 6. 有强光照射在火焰探头上	1. 检查空气压缩机出口压力 2. 检查乙炔出口压力 3. 向废液排放安全联锁装置中倒入蒸馏水 4. 按紧急灭火开关，使其熄灭 5. 关闭乙炔，检查管路，打开门窗 6. 移开强光源
点击"点火"按钮，点火器有高压放电打火，但燃烧器火焰不能点燃	1. 乙炔未开启或压力过小 2. 管路过长，乙炔未进入仪器 3. 有强光照射在火焰探头上 4. 燃气流量不合适	1. 检查并调节乙炔压力至正常值 2. 重复多次点火 3. 挡住照射在火焰探头上的强光 4. 调整燃气流量
基线不稳定，噪声大	1. 仪器能量低，光电倍增管负高压过高 2. 灯电流、狭缝、乙炔气和助燃气流量的设置不适当 3. 元素灯发射不稳定 4. 废液管状态不当，排液异常 5. 燃烧器缝隙被污染 6. 雾化器调节不当，雾滴过大 7. 乙炔钢瓶或空气压缩机输出压力不足 8. 外电压不稳定，工作台振动	1. 检查灯电流是否合适，如不正常重新设置 2. 重新设置至合适 3. 更换已知灯重试 4. 更换排液管，重新设置水封 5. 清洗缝隙 6. 重新调节雾化器 7. 增加气源压力 8. 检查稳压电源保证其正常工作，移开振源
测试时吸光度很低或无吸光度	1. 燃烧缝未对准光路 2. 燃烧器高度不合适 3. 乙炔流量不合适 4. 分析波长不正确 5. 能量值很低或已经饱和 6. 吸液毛细管堵塞，雾化器不喷雾 7. 样品含量过低	1. 调整燃烧器 2. 调整燃烧器高度 3. 调整乙炔流量 4. 检查调整分析波长 5. 进行能量平衡 6. 拆下并清洗毛细管 7. 重新处理样品
读数漂移或重现性差	1. 乙炔流量不稳定 2. 废液管道无水封或变形 3. 燃烧器预热时间不够 4. 燃烧器缝隙或雾化器毛细管有堵塞 5. 火焰高度选择不当 6. 燃气压力不够，气源不足，不能维持火焰恒定	1. 乙炔管道上加阀门控制开关 2. 将废液管道加水封或更换废液管 3. 增加燃烧器预热时间 4. 清除污物，使之畅通 5. 选择合适的火焰高度 6. 加大燃气压力
点击计算机"功能"键，仪器不执行命令	1. 计算机与主机处于脱机工作状态 2. 主机在执行其他命令还没有结束 3. 通信电缆松动 4. 计算机死机，病毒侵害	1. 重新开机 2. 关闭其他命令或等待 3. 重新连接通信电缆 4. 重启计算机

第三节 原子吸收分光光度法的分析方法与应用

一、测定条件的选择

（一）分析线的选择

每种元素都有若干条吸收谱线。为使测定具有较高的灵敏度，通常选择元素的共振线作为分析线。但当分析被测元素浓度较高时，可选用灵敏度较低的非共振线作为分析线，否则吸光度太大。此外，还要考虑谱线的自吸收和干扰等问题，也可选择次灵敏线。

（二）空心阴极灯电流的选择

空心阴极灯的发射特性取决于工作电流。灯电流太小，则光谱输出不稳定，且强度小；灯电流太大，则发射谱线变宽，会使灵敏度下降，灯寿命缩短。选择灯电流的原则是在保持稳定和有适当光强输出的情况下，尽量选用低的工作电流。通常采用空心阴极灯额定电流的 40%~60%。对高熔点的镍、钴、钛等空心阴极灯，工作电流可以调大些；对低熔点易溅射的铋、钾、钠、铯等空心阴极灯，工作电流小些为宜。最佳灯电流，一般要通过实验方法绘出吸光度–灯电流关系曲线，然后选择有最大吸光度读数时的最小灯电流。空心阴极灯使用前应预热 30 分钟。

（三）原子化条件的选择

1. 火焰的选择 火焰的类型及与燃气混合物流量是影响原子化效率的主要因素。首先根据测定物质需要选择合适种类的火焰。其次要选择合适的燃气和助燃气比例。多数（适合中低温火焰）元素测定使用乙炔–空气火焰，其流量比在 1:4~1:3 之间；对于分析线在 220 nm 以下的元素如硒、磷等，乙炔–空气火焰有吸收，应采用氢气–空气火焰；易生成难解离化合物的元素，宜使用乙炔–氧化亚氮高温火焰。氧化物熔点较高的元素用富燃焰，氧化物不稳定的元素用化学计量焰或贫燃焰。

2. 燃烧器高度选择 不同的燃烧器高度产生的吸光度存在差异，不同元素在火焰中形成的基态原子的最佳浓度区域高度不同，因而灵敏度也不相同。需选择合适的燃烧器高度，使光束从原子浓度最大的区域通过。一般在燃烧器狭缝口上方 2~5 mm 附近处，火焰具最大的基态原子浓度，灵敏度最高。最佳燃烧器高度可通过实验来确定。具体方法如下：固定其他的实验条件，改变燃烧器高度测量溶液的吸光度，绘制吸光度–燃烧器高度曲线，选择吸光度最大值对应的燃烧器高度。

（四）进样量的选择

1. 火焰原子化法进样量 试样的进样量一般在 3~6 mL/min 为宜，进样量过大，对火焰产生冷却效应。同时大雾滴进入火焰，难以完全蒸发，原子化效率下降，灵敏度降低。进样量过小，由于进入火焰的溶液太少，吸收信号弱，不便测量。

2. 石墨炉原子化法进样量 在石墨炉原子化器中，进样量多少取决于石墨管容积大小，一般固体进样量为 0.1~10 mg，液体进样量为 1~50 μL。

二、原子吸收干扰及其消除

虽然原子吸收分光光度计使用锐线光源，干扰比较少，并且容易克服，但在许多情况下仍是不容忽视的。干扰主要有物理干扰、化学干扰、电离干扰、光谱干扰等。

1. 物理干扰及其消除方法　物理干扰是指试样在转移、蒸发和原子化过程中，由于试样物理性质的变化而引起的原子吸光度下降的效应。在火焰原子化法中，试样的黏度、表面张力、溶剂的蒸气压、雾化气体压力、取样管直径和长度等都将影响吸光度。物理干扰属非选择性干扰，对试样各元素的影响基本相同，因此物理干扰又称基体效应。

消除物理干扰的方法：①配制与待测试液组成相近的标准溶液，这是最常用的方法。②当配制与待测试液组成相近的标准溶液有困难时，需采用标准加入法。③当被测元素在试液中浓度较高时，可以用稀释溶液的方法来降低或消除物理干扰。④尽可能避免使用黏度大的硫酸、磷酸处理试样。

2. 化学干扰及其消除方法　化学干扰是由于液相或气相中被测元素的原子与干扰组分发生化学反应形成了更稳定的化合物从而影响被测元素的原子化效率，使参与吸收的基态原子数目减少，吸光度下降。化学干扰是一种选择性干扰，是原子吸收分析中的主要干扰来源。

化学干扰的主要来源有：①与共存元素生成稳定的化合物。例如，钙的测定中，若有 PO_4^{3-} 的存在，可生成难电离的 $Ca_3(PO_4)_2$，产生干扰。②生成难熔的氧化物、氮化物、碳化物。例如，用空气 – 乙炔火焰测镁，若有铝的存在，可生成 $MgO \cdot Al_2O_3$ 难熔化合物，使镁不能有效原子化。

消除化学干扰的方法有：①选择合适的火焰。使用高温火焰可促使难解离化合物的分解，有利于原子化，而使用燃气和助燃气比较高的富燃火焰有利于氧化物的还原。例如 PO_4^{3-} 在高温火焰中就不会干扰钙的测定。②加入释放剂、保护剂。释放剂的作用是能与干扰组分生成更稳定或更难挥发的化合物，使被测元素释放出来。例如磷酸盐干扰钙的测定，可以加入锶或镧与干扰组分磷酸盐生成热稳定更高的化合物，从而使待测元素钙释放出来。保护剂的作用是它能与被测元素生成稳定且易分解的配合物，以防止被测元素与干扰组分生成难解离的化合物，即起到保护作用。保护剂一般是有机配合剂。例如磷酸根离子干扰钙测定时，加入乙二胺四乙酸（ethylenediamine – tetraacetic acid，EDTA）使钙处于配合物的保护下进入火焰，保护剂在火焰中被破坏而将被测元素原子解离出来，从而消除了磷酸根的干扰。③用物理和化学方法分离待测元素。在上述方法无效时，可采取溶剂萃取、离子交换、沉淀分离等物理和化学方法分离和富集待测元素。

3. 电离干扰及其消除方法　在高温下原子电离，使基态原子数目减少，引起吸光度降低，这种干扰称为电离干扰。电离干扰与被测元素电离电位有关，一般情况下，电离电位在 6 eV 或 6 eV 以下的元素，易发生电离，这种现象对于碱金属特别显著。另外，火焰温度越高、电离干扰越大。

消除电离干扰的方法有：①适当控制火焰温度。②加入消电离剂，可以有效消除电离干扰。一般用易于电离的碱金属如钠、钾、铯等作为消电离剂。消电离剂具有较低电离电位，它们在火焰中强烈电离，产生大量的自由电子，从而使被测元素的电离平衡移向基态原子形成的一边，达到抑制和消除电离效应的目的。

4. 光谱干扰及其消除方法　光谱干扰是指与光谱发射和吸收有关的干扰，包括光谱线干扰和背景吸收产生的干扰。光谱干扰的主要来源：①由于空心阴极灯内杂质产生的、不被单色器分离的非待测元素的邻近谱线；②试样中含有能部分吸收待测元素的特征谱线的元素；③某些分子的吸收带与待测元素的特征谱线重叠，以及火焰本身或火焰中待测元素的辐射都可造成分了吸收。

消除光谱干扰的方法有：减小狭缝、用高纯度的单元素灯，零点扣除，使用合适的燃气与助燃气，以及使用氘灯背景校正等。氘灯背景校正：先用锐线光源测定分析线的原子吸收和背景吸收的总和。再用氘灯在同一波长测定背景吸收（这时原子吸收可忽略不计）计算两次测定吸光度之差，即为原子的吸光度。此法仅适用于波长小于 360 nm，背景吸光度小于 1.0 的校正。

三、定量分析方法

🖝**案例讨论**

　　案例：欲对市售的某乳粉产品进行营养成分分析，其中需测定产品中钙的含量。采用 GB 5009.92—2016《食品安全国家标准　食品中钙的测定》第一法火焰原子吸收光谱法进行测定。

　　问题：1. 根据国标，说一说该法采用的定量分析方法是哪种？

　　　　　2. 阐述标准曲线法和标准加入法的特点及适用范围。

　　　　　3. 该法标准溶液的稀释及样品溶液的制备过程中都需添加一定体积的镧溶液，添加镧溶液的作用是什么？

原子吸收分光光度法的定量依据是光的吸收定律，定量方法主要有标准曲线法和标准加入法。

1. 标准曲线法　标准曲线法是原子吸收分析中最常用、最基本的定量方法。该法简单、快速，适用于大批量组成简单和相似的试样分析。

在测定的线性范围内，配制一组不同浓度的待测元素标准溶液和空白溶液，在与供试液完全相同的条件下按照浓度由低到高的顺序依次测定吸光度 A。以扣除空白值之后的吸光度为纵坐标，标准溶液浓度为横坐标，绘制 $A-c$ 标准曲线。同时测定试样溶液的吸光度，从标准曲线上查得试样溶液的浓度。

使用该方法时应注意以下问题：①所配制的标准系列溶液浓度应在吸光度与浓度成线性关系的范围内；②标准系列溶液的基体组成，与待测试液尽可能一致，以减少因基体不同而产生的误差；③整个分析过程中操作条件应保持不变；④由于燃气和助燃气流量变化会引起标准曲线变化，因此每次分析时应重新绘制标准曲线。

【示例 5-1】测定样品中铁的含量，称取 0.9990 g 样品，经化学处理后，移入 250 mL 的容量瓶中，以蒸馏水稀释至刻度，摇匀。喷入火焰，测出其吸光度为 0.250。作铁标准溶液的标准曲线，如图 5-6，求该样品中铁的质量分数。

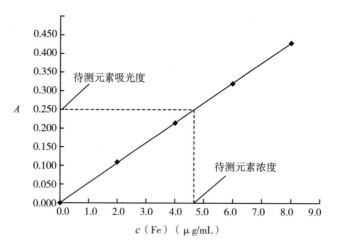

图 5-6 铁标准溶液的标准曲线

解：从标准曲线可查 $A = 0.250$ 时，$c = 4.7\ \mu g/mL$，即所测样品液中铁的浓度。则样品中铁的质量分数为

$$w_{Fe} = \frac{4.7 \times 250 \times 10^{-6}}{0.9990} \times 100\% = 0.12\%$$

2. 标准加入法　当试样的基体组成复杂且对测定有明显干扰时，应采用标准加入法。标准加入法是用于消除基体干扰的测定方法，适用于数目不多的样品的分析。分取几份等量的被测试样，其中一份不加入被测元素，其余各份试样中分别加入不同已知量 c_1、c_2、c_3、$\cdots$、c_n 的被测元素，全部稀释至相同体积（V），分别测定它们的吸光度 A，绘制吸光度 A 对被测元素浓度增加值 c 的曲线。

如果被测试样中不含被测元素，在正确校正背景之后，曲线应通过原点；如果曲线不通过原点，说明含有被测元素。外延曲线与横坐标轴相交，则在横坐标轴上的截距即为待测元素稀释后的浓度 c_x。

应用标准加入法时应注意以下几点：①标准加入法只适用于浓度与吸光度成线性关系的范围；② 加入每一份标准溶液的浓度，与试样溶液的浓度应接近（可通过试喷样品溶液和标准溶液，比较两者的吸光度来判断），以免曲线的斜率过大、过小，引起较大误差；③为了保证能得到较为准确的外推结果，至少要采用四个点制作外推曲线；④该法只能消除基体干扰，而不能消除背景吸收等的影响。

【示例 5-2】称取某含镁的试样 1.4350 g，经处理溶解后，移入 50 mL 容量瓶中，稀释至刻度。在四个 50 mL 容量瓶中，分别精确移入上述样品溶液 10.00 mL，然后依次加入浓度为 100.0 $\mu g/mL$ 的镁标准溶液 0、0.50、1.00、1.50 mL，稀释至刻度，摇匀。在原子吸收分光光度计上测得相应吸光度分别为：0.082、0.162、0.245、0.328。求试样中镁的含量。

解：依次加入镁标准溶液，每瓶镁浓度增加值为：0、1.00、2.00、3.00 $\mu g/mL$。根据所测数据绘制标准加入曲线，见图 5-7，得曲线与横坐标轴交点为 0.988 $\mu g/mL$。

试样中镁的含量为：

$$w_{Mg} = \frac{0.988 \times 50 \times 50}{10 \times 1.4350} = 1.72 \times 10^2\ (\mu g/g)$$

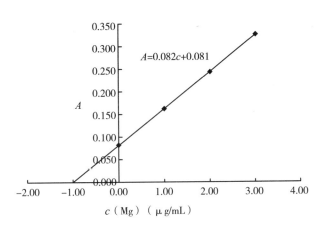

图5-7 镁标准溶液加入曲线

四、原子吸收分光光度法在食品检测中的应用

食品中的微量元素与人体健康息息相关。有些微量元素如铁、铜、锌、锰、硒等，人体需求量虽不多，但在人体内发挥重要生理功能；而一些微量元素如铅、砷、汞、镉、锑等的存在，却危害人体的健康。因此有必要加强对饮食或食品生产中微量元素的监控检测。目前关于微量元素的检测方法主要有滴定法、比色法、极谱法、离子选择性电极法、荧光分光光度法和原子吸收分光光度法等。其中原子吸收分光光度法具有选择性好、干扰少、准确度高和分析速度快等优点，是目前应用最广泛的测定方法。本书实训八、实训九主要介绍了 AAS 在食品微量元素检测中的应用实例，通过锻炼学生的微量元素检测实际操作能力，实现与生产实际应用的无缝接轨。

本章小结

1. 原子吸收分光光度法（AAS）基本原理 是基于气态的待测元素基态原子对同种元素发射的特征谱线的吸收程度来测定试样中该元素含量的分析方法。共振线包括共振吸收线和共振发射线。共振吸收线是电子吸收一定能量从基态跃迁到能量最低的激发态（第一激发态）时所吸收的辐射线。电子从第一激发态跃回基态时发射出的辐射线称为共振发射线。通常用共振线作为分析线。

2. 原子吸收分光光度计主要部件 由锐线光源（空心阴极灯、无极放电灯）、原子化器（火焰原子化器和石墨炉）、单色器和检测系统四个部分组成。按其入射光束分为单光束和双光束两种类型。

3. 原子吸收分光光度法的干扰及其消除方法 主要有物理干扰、化学干扰、电离干扰、光谱干扰等。消除干扰的方法有：采用标准加入法、加入改良剂（如保护剂、释放剂、消电离剂）、改变仪器条件（如分辨率、减小狭缝）以及使用氘灯背景校正等。运用 AAS 测量时应从分析线、灯电流（额定电流的 40% ~60%）、原子化条件、进样量等方面选择。

4. 原子吸收定量的依据 是朗伯－比尔定律，定量的主要方法有标准曲线法和标准加入法。

思考题

1. 在原子吸收分光光度法中为什么常常选择共振吸收线作为分析线？

2. 火焰原子吸收光谱法中应对哪些仪器操作条件进行选择？分析线选择的原则是什么？

3. 原子吸收分光光度计主要由哪几部分组成？各部分的功能是什么？

4. 用标准曲线法测定瓶装饮用水中镁的含量。取 20.00 mL 水样于 50 mL 容量瓶中，加入 5% 锶盐溶液 2 mL 后，用蒸馏水稀释至刻度，测得吸光度值为 0.258。取一系列不同体积的镁标准溶液（1 μg/mL）于 50 mL 容量瓶中，分别加入 5% 锶盐溶液 2 mL 后，用蒸馏水稀释至刻度。测各溶液的吸光度，其数据如下，计算瓶装饮用水中镁的含量（mg/L）。

序号	1	2	3	4	5	6
加入镁标准溶液的体积（mL）	0.00	1.00	2.00	3.00	4.00	5.00
吸光度 A	0.00	0.112	0.224	0.338	0.450	0.561

5. 用标准加入法测定试样溶液中镉的浓度，分别取试样 5 份，再加入不同量的 100 μg/mL 标准镉溶液，用水稀释至 50 mL，测得吸光度如下，求试样中镉的浓度（mg/L）。

序号	1	2	3	4	5
试液的体积（mL）	20.00	20.00	20.00	20.00	20.00
加入镉标准溶液的体积（mL）	0.00	0.20	0.40	0.60	0.80
吸光度 A	0.091	0.183	0.282	0.375	0.470

扫码"练一练"

扫码"学一学"

实训八　火焰原子化法测定葡萄酒中铜含量

一、实训目的

1. 掌握　火焰原子吸收分光光度计的使用操作。

2. 熟悉　火焰原子化法测定葡萄酒中铜含量的原理和方法。

3. 了解　火焰原子吸收分光光度计的维护常识。

二、基本原理

将处理后的试样导入原子吸收分光光度计中。在乙炔－空气火焰中样品中的铜被原子化，基态原子吸收特征波长（324.7 nm）的光，其吸收量的大小与试样中铜的含量成正比，测其吸光度，求得铜含量。

三、仪器与试剂准备

1. 仪器　原子吸收分光光度计（配有铜元素空心阴极灯），空气压缩机，乙炔钢瓶，容量瓶（50 mL），刻度吸管（5、10 mL）等。

所有玻璃器皿均以硝酸溶液（1∶5）浸泡24小时以上，用水反复冲洗，最后用去离子水冲洗晾干后，方可使用。

2. 试剂 硝酸，硫酸铜（$CuSO_4 \cdot 5H_2O$）。

3. 试液制备

（1）硝酸溶液（1∶200） 吸取浓硝酸2.5 mL于500 mL容量瓶中，用去离子水稀释定容至刻度。

（2）铜标准贮备液（100 μg/mL） 称取0.393 g硫酸铜（$CuSO_4 \cdot 5H_2O$）溶于水，移入1000 mL容量瓶中，稀释至刻度。

（3）铜标准使用液（10 μg/mL） 吸取10.00 mL铜标准贮备液于100 mL容量瓶中，用硝酸溶液稀释至刻度，摇匀备用。

4. 火焰原子吸收分光光度计基本操作规程 火焰原子吸收分光光度计型号多样，在使用仪器前，应仔细阅读仪器说明书或操作规程。下面以TAS - 990操作规程为例。

（1）检查各气路气密性 按仪器使用说明书检查各气路接口是否安装正确，气密性是否良好。

（2）开机 打开电源开关，然后打开电脑主机开关，接着打开仪器开关，双击电脑桌面AAwin软件，选择运行模式"联机"，然后点击"确定"。待自检完毕后，选择工作灯及预热灯，点击"下一步"，设置参数，接着寻峰，寻峰完毕进入工作界面，灯预热20～30分钟。

（3）开气瓶点火 预热结束，打开排风，再打开空气压缩机（调节空气压力为0.25 MPa），松开乙炔分阀，打开乙炔总阀（往右拧为开，往左拧为关），拧紧分阀调节分表压力为0.05 MPa。点击"样品"，样品设置向导"选浓度单位"，点"下一步"，设置标准系列浓度"可设置样品数量"或默认，设置样品数量、编号及其他参数，点击"完成"，弹出点火提示对话框后点击"确定"进行点火操作。

（4）检测 把进样管放入空白试剂或去离子水中烧5分钟左右，再把进样管放入校准试剂中"校零"，点击"测量"（屏幕右上角出测量窗口），进样管放入标准系列试剂或样品中待基线稳定，点击"开始"，待读数完成后将进样管放入去离子水中几秒，取出放入下一个浓度的标准系列试剂或样品中，读数完又将进样管放入去离子水中几秒，这样重复直到测完标准系列或样品，点击测量窗口"终止"。

（5）保存 点击"文件"，保存或另存为，命名，点击"确定"。

（6）打印 点击"文件"，打印、选择表格、标准曲线或其他，打印预览或直接打印。

（7）其他元素的测量 如果需要测量其他元素，单击"元素灯"，操作同上述（2）、（3）步骤，换灯过程先暂时熄火，可按仪器右下角红色按钮，点火前再按一次方可进行点火。

（8）关机 先关闭乙炔总阀，再关乙炔分阀，接着关空气压缩机，退出AAwin软件，关仪器开关，关电脑，关通风橱。

四、实训内容

1. 试样的制备 用硝酸溶液准确将样品稀释5～10倍，摇匀，备用。

2. 标准系列溶液的配制 吸取铜标准使用液0、0.50、1.00、2.00、4.00、6.00 mL（含0、5.0、10.0、20.0、40.0、60.0 μg铜）分别置于6个50 mL容量瓶中，用硝酸溶液

稀释至刻度，摇匀。该系列用于标准曲线的绘制。

3. 测定

（1）仪器工作条件的选择　按照仪器说明书规范操作打开仪器，参考下列测量条件，将仪器调至最佳工作状态。

参考条件：分析线波长 324.7 nm，灯电流 10 mA，狭缝宽度 0.2 nm，燃烧器高度 5.0 mm，乙炔流量 0.8 L/min，空气流量 5.5 L/min。

（2）标准曲线的绘制　按选定的仪器工作条件，以零管调零，按浓度由低到高依次测定各标准溶液的吸光度。以铜的含量对应吸光度绘制标准曲线。

（3）试样的测定　将试样导入仪器，测其吸光度。

（4）数据处理　根据吸光度在标准曲线上查得被测液中铜的含量。再按下列公式计算出样品中铜的含量。

$$X = \frac{c \times V_2}{V_1}$$

式中，X 为样品中铜的含量，mg/L；c 为被测液中铜的含量，mg/L；V_1 为取样体积，mL；V_2 为试样用硝酸溶液稀释后的总体积，mL。

五、实训记录及数据处理

样品名称		检测项目	
检测日期		检测依据	GB/T 15038—2006《葡萄酒、果酒通用试验方法》
仪器条件	燃气组成： 空心阴极灯：　　检测波长（nm）：		

样品平行测定次数	1	2	3
取样体积 V_1（mL）			
试样硝酸稀释后总体积 V_2（mL）			
被测液吸光度 A			
被测液中铜含量 c（mg/L）			
样品中铜含量 X（mg/L）			
平均值 $\bar{X}$（mg/L）			
相对平均偏差（%）			

标准曲线	浓度（mg/L）			
	吸光度			
	回归方程			

六、注意事项

1. 稀释后样品的吸光度应在标准曲线的中部，否则应改变取样体积。

2. 经常检查管道气密性，防止气体泄漏，严格遵守有关操作规定，注意安全。

七、思考题

1. 为何每次采用火焰原子化法测定时，都要同时制作标准曲线？
2. 讨论标准曲线法的特点和适用范围。
3. 从实验安全上考虑，在操作火焰原子吸收分光光度计时应注意什么问题？

实训九　石墨炉法测定茶叶中铅含量

扫码"学一学"

一、实训目的

1. **掌握**　石墨炉原子化器的基本结构及其使用方法。
2. **熟悉**　石墨炉原子吸收光谱法测定茶叶中铅含量的分析方法。
3. **了解**　样品中有机物的消解技术。

二、基本原理

将消解后的试样，用适当的酸溶液稀释，注入原子吸收分光光度计石墨炉中，原子化后，吸收 283.3 nm 共振线，在一定浓度范围内其吸光度与铅含量成正比，与标准系列比较定量，求得铅含量。

三、仪器与试剂准备

1. **仪器**　原子吸收分光光度计（附石墨炉及铅空心阴极灯），分析天平（感量 0.1 mg 和 1 mg），微波消解装置（配聚四氟乙烯消解内罐），压力消解罐（配聚四氟乙烯消解内罐），可调式电热板（或可调式电炉），恒温干燥箱。

所有玻璃器皿及聚四氟乙烯消解内罐均以硝酸溶液（1∶5）浸泡 24 小时以上，用水反复冲洗，最后用去离子水冲洗晾干后，方可使用。

2. **试剂**　硝酸，高氯酸，磷酸二氢铵，硝酸钯，硝酸铅（纯度 >99.99%）。

除非另有说明，本实验所用试剂均为优级纯，水为 GB/T 6682——2008《分析实验用水规格和试验方法》规定的二级水。

3. **试液制备**

（1）硝酸溶液（5∶95）　量取 50 mL 硝酸，缓慢加入到 950 mL 水中，混匀。

（2）硝酸溶液（1∶9）　吸取 50 mL 硝酸缓慢加入 450 mL 水中，混匀。

（3）磷酸二氢铵 - 硝酸钯溶液　称取 0.02 g 硝酸钯，加少量硝酸溶液（1∶9）溶解后，再加入 2 g 磷酸二氢铵，溶解后用硝酸溶液（5∶95）定容至 100 mL，混匀。

（4）铅标准贮备液（1000 mg/L）　准确称取 1.5985 g（精确至 0.0001 g）硝酸铅，用少量硝酸溶液（1∶9）溶解，移入 1000 mL 容量瓶，加水至刻度混匀。

（5）铅标准中间液（1.00 mg/L）　准确吸取铅标准贮备液（1000 mg/L）1.00 mL 于 1000 mL 容量瓶中，加硝酸溶液（5∶95）至刻度，混匀。

（6）铅标准系列溶液　分别吸取铅标准中间液（1.00 mg/L）0、1.00、2.00、4.00、

6.00、8.00 mL 于 100 mL 容量瓶中，加硝酸溶液（5∶95）至刻度，混匀。此铅标准系列溶液的质量浓度分别为 0、10.0、20.0、40.0、60.0、80.0 μg/L。

4. 石墨炉原子吸收分光光度计基本操作规程　石墨炉原子吸收分光光度计型号多样，在使用仪器前，应仔细阅读仪器说明书或操作规程。下面以 TAS-990G 操作规程为例。

（1）开机顺序　同火焰法。

（2）测量操作步骤（如果当天第一次开机，最好在火焰状态下寻峰后再转换到石墨炉法）。

①选择元素灯及测量参数。选择"工作灯（W）"和"预热灯（R）"后单击"下一步"；设置元素测量参数，可以直接单击"下一步"；进入"设置波长"步骤，单击寻峰，等待仪器寻找工作灯最大能量谱线的波长。寻峰完成后，单击"关闭"，回到寻峰画面后再单击"关闭"；单击"下一步"，进入完成设置画面，单击"完成"。

②转换石墨炉测量方法。取出石墨炉和火焰燃烧头之间的挡板，打开仪器上下盖板（注意在转换之前一定要确保此操作步骤，以免损坏仪器）；单击"仪器"，出现下拉菜单选择"测量方法"弹出测量方法设置窗口，选择"石墨炉"，单击"确定"。约等待 3~4 分钟石墨炉移出到光路，测量方法设置窗口消失。

③调节原子化器位置及能量。单击"仪器"，出现下拉菜单选择"原子化器位置"，弹出原子化器位置调节窗口，左右移动调节滚动条，单击"执行"按钮，观察显示屏下面位置能量显示，尽量调节能量到最大，一般调节在 50%~85% 之间就可以。调节完成后单击"确定"。单击"能量调节按钮"，弹出"能量调试"窗口，单击"自动能量平衡"，调节能量到 100%（注意观察负高压是否超过 600 V，如果超过请重新调节原子化器位置，或重新安装石墨管）。

④设置加热程序及参数。单击"加热程序按钮"，弹出"石墨炉加热程序"设置窗口，根据不同元素及参考资料设置加热程序（注意原子化步骤必须出现√，内气流量选择"关"）；单击"参数设置按钮"，弹出"测量参数"窗口，在"常规"窗口设置测量重复次数（一般设置 3 次即可）；单击"显示"按钮，设置吸光度范围（一般在 -0.1~1.0）；单击"信号处理"按钮，计算方式为"峰高"，积分时间是自动设置，如果是高温元素可以增加 2 秒。滤波系数必须是 0.1。单击"确定"完成参数设置。

⑤设置测量样品和标准样品。单击"样品"，进入"样品设置向导"主要选择"浓度单位"；单击"下一步"，进入标准样品画面，根据所配制的标准样品设置标准样品的数目及浓度；单击"下一步"，进入辅助参数选项，可以直接单击"下一步"；单击"完成"，结束样品设置。

⑥打开石墨炉电源，打开氩气，调节分表压力在 0.5 MPa；打开水管，观察水压是否正常。

⑦测量步骤。单击"测量按钮"，用微量进样器吸入 10 μL 样品注入石墨管中，单击"开始"按钮进入石墨炉测量。等待读数完成，冷却时间倒计时完成，再注入样品。同一个样品测量的重复次数与参数设置有关，一般一个样品测量 3 次后再测量下一个样品。测量不同浓度的样品一定要洗 3 次进样管。

⑧保存与打印。如果需要保存结果，单击"保存"，根据提示输入文件名称，单击"保存（S）"按钮。以后可以单击"打开"调出此文件；如果需要打印，单击"打印"，根据提示选择需要打印的结果。

⑨结束测量。如果需要测量其他元素，单击"元素灯"，操作同上（2）测量操作步骤：跳过第②、⑥两步）；如果完成测量，则关机。

（3）关机　关闭氩气、水源，退出 AAwin 软件，关闭石墨炉电源，关电脑，关通风橱。

四、实训内容

1. 试样预处理　将茶叶挑去杂质，磨碎，过 20 目筛，贮干塑料瓶中，备用。

2. 试样消解（可根据实验室条件选择下列三种方法中的一种方法消解）

（1）湿法消解　称取 0.5 ~ 1.0 g（精确至 0.001 g）的样品于洁净的锥形瓶，加入 10 mL 硝酸浸泡过夜，在加热板或可调式电热炉上先低温消解至冒白烟，后升温到 220 ℃ 消解样品至消化液 1 mL 左右时补加 5 mL 硝酸和 0.5 mL 高氯酸加热至近干，白烟冒尽。再加入 20 mL 水加热直到液体 1 mL 左右时取下（可重复一次），冷却后用水定容至 25 mL，混匀备用。同时做试剂空白试验。

（2）微波消解　称取 0.2 ~ 0.8 g（精确至 0.01 g）试样于微波消解罐中，加入 5 mL 硝酸，盖好安全阀后，将消解罐放入微波炉消解系统中，按样品消解程序消解（微波消解升温程序：设定温度 120 ℃，升温时间 5 分钟，恒温 5 分钟；设定温度 160 ℃，升温时间 5 分钟，恒温 10 分钟；设定温度 180 ℃，升温时间 5 分钟，恒温 10 分钟）。消解结束，待罐体冷却至室温（45 ℃ 以下）后打开，取出消解罐，在电热板上于 140 ~ 160 ℃ 赶酸至 1 mL 左右。消解罐放冷后，将消化液转移至 10 mL 容量瓶中，用少量水洗涤消解罐 2 ~ 3 次，合并洗涤液于容量瓶中并用水定容至刻度，混匀备用。同时做试剂空白试验。

（3）压力罐消解　称取 0.2 ~ 1.0 g（精确至 0.001 g）试样于消解内罐中，加入 5 mL 硝酸。盖好内盖，旋紧不锈钢外套，放入恒温干燥箱，于 140 ~ 160 ℃ 条件下保持 4 ~ 5 小时。冷却后缓慢旋松外罐，取出消解内罐，放在可调式电热板上于 140 ~ 160 ℃ 赶酸至 1 mL 左右。冷却后将消化液转移至 10 mL 容量瓶中，用少量水洗涤内罐和内盖 2 ~ 3 次，合并洗涤液于容量瓶中并用水定容至刻度，混匀备用。同时做试剂空白试验。

3. 测定

（1）仪器工作条件的选择　根据各自仪器的性能调至最佳状态。参考条件为分析波长 283.3 nm；狭缝宽度 0.5 nm；灯电流 8 ~ 12 mA；干燥温度 85 ~ 120 ℃，持续 40 ~ 50 秒；灰化温度 700 ~ 750 ℃，持续 20 ~ 30 秒；原子化温度 2000 ~ 2300 ℃，持续 4 ~ 5 秒。

（2）标准曲线的制作　按浓度由低到高的顺序分别将 10 μL 铅标准系列溶液和 5 μL 磷酸二氢铵 - 硝酸钯溶液（可根据所使用的仪器确定最佳进样量）同时注入石墨炉，原子化后测其吸光度，以浓度为横坐标，吸光度为纵坐标，制作标准曲线。

（3）试样的测定　在与测定标准溶液相同的实验条件下，将 10 μL 空白溶液或试样溶液与 5 μL 磷酸二氢铵 - 硝酸钯溶液（可根据所使用的仪器确定最佳进样量）同时注入石墨炉，原子化后测其吸光度。

（4）数据处理　根据吸光度在标准曲线上查得被测液中铅的含量。再按下列公式计算出样品中铅的含量。

$$X = \frac{(c_1 - c_0) \times V}{m \times 1000}$$

式中，X 为样品中铅的含量，mg/kg；c_1 为被测液中铅的含量，μg/L；c_0 为试剂空白液中铅的含量，μg/L；V 为试样消化液定量总体积，mL；m 为样品质量，g；1000 为换算系数。

五、实训记录及数据处理

样品名称				检测项目		
检测日期				检测依据	GB 5009.12—2017《食品安全国家标准　食品中铅的测定》	
前处理方法	湿法消解（　）、微波消解（　）、压力消解（　）					
仪器条件	空心阴极灯：		检测波长（nm）：			
样品平行测定次数		1	2	3	样品空白	
取样量 m（g）					0.0000	
试样消化液定量总体积 V（mL）						
吸光度 A						
被测液铅浓度 c_1（μg/L）						
样品中铅含量 X（mg/kg）						
平均值 $\bar{X}$（mg/kg）						
相对平均偏差（%）						
标准曲线	浓度（μg/L）					
	吸光度					
	回归方程					

六、注意事项

1. 实验前应检查通风是否良好，确保实验中产生的废气排出室外。

2. 石墨炉长期使用会在进样口周围沉积一些污物，应及时用软布擦去。

3. 操作切记要保证惰性气体（氩气）和冷却水的流通。

4. 使用微量注射器要严格按规范进行操作，防止损坏。

5. 石墨炉灵敏度非常高，绝不允许注入高浓度的样品，否则会严重污染石墨炉并产生严重的记忆效应。

七、思考题

1. 本实训完成的关键环节有哪些？实训过程中应特别注意什么？

2. 简述石墨炉吸收光谱仪的基本结构。

（谢小瑜）

第六章　荧光分光光度法

知识目标

1. **掌握**　激发光谱、发射光谱、荧光效率的基本概念；荧光强度与浓度的关系。
2. **熟悉**　影响荧光强度的因素；荧光分光光度计、原子荧光分光光度计的基本结构及主要部件。
3. **了解**　荧光分光光度法、原子荧光分光光度法的应用；荧光分光光度计的性能检定；安装要求和保养维护。

能力目标

1. 学会荧光分光光度计与原子荧光分光光度计的操作。
2. 能运用荧光强度与物质浓度的关系解决样品中待测物浓度的计算。

案例讨论

案例：牛奶中维生素 B_2 含量的测定。维生素 B_2 又称核黄素，是维持人体正常结构和生理功能的必需营养物质。维生素 B_2 不会在体内蓄积，所以需要以食物或营养补品来补充。维生素 B_2 广泛存在于酵母、肝、肾、蛋、奶等食物中。测定牛奶中维生素 B_2 的含量对指导人们合理摄入维生素 B_2 具有十分重要的作用。

问题：如何测定牛奶中维生素 B_2 的含量？

物质分子吸收能量（电、热、化学或光能）从基态跃迁至激发态，在返回基态时以发射辐射能的形式释放能量，此种现象称为分子发光。分子发光包括荧光（fluorescence）、磷光（phosphorescence）、化学发光、生物发光等。荧光是物质分子受到紫外 – 可见光照射后，发射波长与入射光波长相同或较长的光。荧光是光致发光，当激发光停止照射后，物质发射的光线也会随之消失。根据发射荧光物质存在形式的不同，荧光可以分为分子荧光和原子荧光。

荧光分光光度法（FS）是根据物质的荧光谱线位置及强度进行物质鉴定和含量测定的方法。荧光分光光度法具有仪器设备简单、操作简便、灵敏度高、选择性好、检测限比紫外 – 可见分光光度法低 2~4 个数量级、试样用量少等优点，目前广泛应用于环境科学、食品、药学、生命科学研究等领域。

扫码"学一学"

第一节　荧光分光光度法的基本原理

一、荧光产生机理

（一）分子荧光的产生

1. 分子的激发　每种物质分子中都具有一系列严格分立的电子能级，每一个电子能级中又包括一系列的振动能级和转动能级。大多数分子含有偶数个电子，处于基态时，这些电子成对的自旋方向相反（自旋配对）地填充在能量最低的轨道中。自旋配对的分子电子态称为基态单重态，以 S_0 表示。当物质分子受光照射时，基态分子中的一个电子吸收光子后，被激发跃迁至较高电子能级且自旋方向不变，则分子处于激发单重态，以 S^*（S_1^*、S_2^*……）表示；如果电子在跃迁过程中还伴随自旋方向的改变时，则分子处于激发三重态，以 T^*（T_1^*、T_2^*……）表示。激发单重态与相应的三重态的区别在于电子自旋方向不同，激发三重态具有较低能级。在激发单重态中，两个电子自旋配对，单重态分子具有抗磁性，而三重态分子具有顺磁性。

2. 分子的去激发　处于激发态的分子是不稳定的，它可能通过辐射跃迁或无辐射跃迁等分子内的去激发过程释放能量而返回基态。辐射跃迁的去激发过程，发生光子的发射，产生荧光或磷光现象；无辐射跃迁的去激发过程是以热的形式辐射多余的能量，包括振动弛豫、内转换、系间跨越及外转换等，各种跃迁方式发生的可能性及其程度，与荧光物质的结构及激发时的物理和化学环境等因素有关。

假设处于基态单重态 S_0 中的电子吸收波长为 λ_1 和 λ_2 的辐射光之后，分别激发至第一激发单重态 S_1^* 及第二激发单重态 S_2^*，T_1^* 表示第一电子激发三重态。图 6-1 示意了分子内所发生的各种光物理过程。

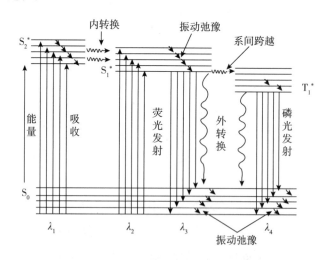

图 6-1　分子荧光和磷光产生示意图

（1）振动弛豫　在液相或压力足够高的气相中，处于激发态的分子与溶剂分子碰撞，将部分能量以热的形式传递给周围的分子，返回至该电子能级的最低振动能级，这一过程称为振动弛豫。振动弛豫属于无辐射跃迁，只能在同一电子能级内进行，发生的时间很短

$(10^{-13} \sim 10^{-11}$秒$)$。图 6-1 中各振动能级间的小箭头表示振动弛豫的情况。

（2）内转换 是指当两个电子激发态之间的能量相差较小以致其振动能级有重叠时，常发生电子由高能级以无辐射跃迁方式转移到低能级的过程。如图 6-1 所示，S_2^* 的较低振动能级与 S_1^* 的较高振动能级非常接近，内转换过程（$S_2^* \to S_1^*$）很容易发生。内转换过程同样也发生在激发三重态的电子能级间。

（3）荧光发射 无论分子最初处于哪一个激发单重态，通过内转换及振动弛豫，均可返回到第一激发单重态的最低振动能级，处于第一激发单重态最低振动能级的电子跃迁回至基态各振动能级时，所产生的光辐射称为荧光发射。如图 6-1 所示，将得到最大波长为 λ_3 的荧光。由于振动弛豫和内转换损失了部分能量，发射荧光的能量比分子所吸收的能量小，故荧光的波长比激发光波长长。电子返回基态时可以停留在基态的任一振动能级上，因此得到的荧光为复合光。

（4）系间跨越 处于激发单重态的电子发生自旋方向改变，跃迁回至同一激发三重态的过程称为系间跨越。也是无辐射跃迁。如图 6-1，激发单重态 S_1^* 的最低振动能级与激发三重态 T_1^* 较高振动能级重叠，可能发生系间跨越 $S_1^* \to T_1^*$，电子由 S_1^* 的较低振动能级转移到 T_1^* 的较高振动能级上。分子由激发单重态跨越到激发三重态后，荧光强度减弱甚至熄灭。含有重原子如碘、溴等分子时，系间跨越最为常见。

（5）磷光发射 激发态分子经系间跨越降至第一激发三重态 T_1^* 的最低振动能级，然后以光辐射形式释放能量回至基态 S_0 的各个振动能级，这个过程称为磷光发射。发射的光称为磷光。由于激发三重态的能级比激发单重态的最低振动能级能量低，所以磷光辐射的能量比荧光小，波长比荧光波长更长。分子在激发三重态的寿命较长，磷光发射比荧光更迟，其发光速率较慢。

（6）外转换 激发态分子与溶剂或其他溶质分子相互作用（如碰撞），以热的形式失去多余的能量，这一过程称为外转换。外转换是分子荧光或磷光的竞争过程，使分子荧光或磷光强度减弱甚至消失，这种现象称为"熄灭"或"猝灭"。

（二）原子荧光的产生

1. 原子荧光 当基态原子蒸气吸收特定波长的光辐射后，原子的外层电子从基态跃迁到激发态，约在 10^{-8} 秒后又从激发态返回基态或较低能级，同时发射出与原激发光波长相同或不同的光辐射，即为原子荧光。原子荧光的产生过程可表示为：

$$M + h\nu \to M^*$$
$$M^* \to M + h\nu$$

式中，M 为基态原子，M^* 为激发态原子。原子荧光是光致发光，也是二次发光。当激发光源停止照射后，再发射过程立即停止。

2. 原子荧光的类型 原子荧光的类型较多，根据激发能源的性质和荧光产生的机理和频率，可将原子荧光分为共振荧光、非共振荧光和敏化荧光三种类型。共振荧光是指原子发射的荧光与吸收激发光的波长相同。由于原子激发态和基态之间共振跃迁概率比其他跃迁概率大得多，因此共振跃迁产生的谱线强度最大，是元素最灵敏的分析线，在分析中应用最多。当原子发射的荧光与吸收激发光的波长不相同时，产生非共振荧光。非共振荧光可分为斯托克斯荧光和反斯托克斯荧光两类。根据产生荧光的机理不同，斯托克斯荧光又可分为直跃线荧光、阶跃线荧光，如图 6-2 所示。

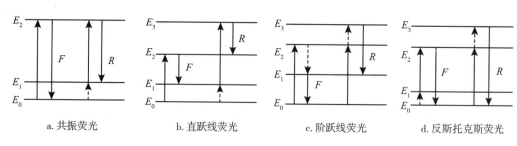

a.共振荧光　　　　b.直跃线荧光　　　　c.阶跃线荧光　　　　d.反斯托克斯荧光

F.荧光强度；*R*.热助荧光强度

图 6-2　原子荧光的类型

3. 原子荧光光谱法　原子荧光光谱法（atomic fluorescence spectrometry，AFS）是原子光谱中的一个重要分支，是通过测量被测元素的原子蒸气在辐射能激发下发射的荧光强度进行元素测定的痕量分析方法。原子荧光技术具有原子发射和原子吸收光谱两种技术的优点，同时又克服了两者的不足。该方法具有谱线简单、灵敏度高、可多元素同时测定等优点，为定量测定许多元素提供了有用而简单的方法。

> **课堂互动**
>
> 分子荧光与原子荧光产生的机理有什么不同？

二、激发光谱和发射光谱

任何荧光化合物，都具有两种特征的光谱：激发光谱和发射光谱。它们是荧光分析法定性定量分析的基础。

（一）激发光谱

激发光谱是荧光激发光谱的简称，是通过固定发射荧光波长，扫描激发光波长，记录荧光强度（F）对激发光波长（λ_{ex}）的关系曲线。激发光谱表示不同激发波长的辐射引起物质发射某一波长荧光的相对效率，可用于荧光物质的鉴别，并在进行荧光测定时选择合适的激发光波长。

（二）发射光谱

荧光发射光谱简称荧光光谱。通过固定激发光波长和强度，扫描发射光波长，记录荧光强度（F）对发射光波长（λ_{em}）的关系曲线。荧光光谱表示在所发射的荧光中各种波长处分子的相对发光强度，可供鉴别荧光物质，并作为在荧光测定时选择适当的测定波长或滤光片的根据。

（三）激发光谱和发射光谱的特征

1. 荧光光谱的形状与激发光波长无关　分子的电子吸收光谱可能含有几个吸收带，而其荧光光谱却只含一个发射带。处于不同激发态的分子最终都是从第一电子激发单重态的最低振动能级跃迁回到基态的各振动能级而产生的荧光。不管激发光的波长大小，能量有多大，很快经过内转换和振动弛豫跃迁至第一激发单重态的最低振动能级发射荧光，得到的荧光光谱的形状不变，只是强度改变。所以荧光光谱的形状通常与激发光波长无关。

2. 斯托克斯位移　分子吸收激发光被激发至较高激发态后，先经无辐射跃迁（振动弛豫、内转换等）损失了一部分能量，到达第一激发态最低振动能级后再发射荧光。因此荧光发射能量比激发光能量低，荧光波长比激发光波长长，这种现象称为斯托克斯位移。

3. 荧光光谱与激发光谱的镜像关系　基态分子通常处于最低振动能级，受激发时可以跃迁到不同的电子激发态，会产生多个吸收带，而第一吸收带的形状与第一电子激发单重态中振动能级的分布情况有关。荧光光谱的形成是激发分子从第一激发单重态的最低振动能级辐射跃迁至基态的各个不同振动能级所引起的，一般情况下，大多数分子的基态和第一激发单重态中振动能级的分布情况是相似的，且荧光带的强弱与吸收带强弱相对应，因此，荧光光谱和激发光谱的形状相似，呈镜像对称关系。图6-3是蒽分子的激发光谱和荧光光谱。

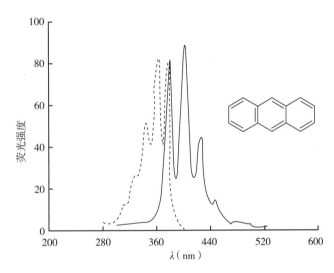

图6-3　蒽的激发光谱（虚线）和荧光光谱（实线）

三、影响荧光强度的因素

（一）荧光效率

荧光效率（φ）也叫荧光量子产率，是指发射荧光的分子数与总的激发态分子数的比值，即

$$\varphi = \frac{发射荧光的分子数}{吸收激发光的分子数}$$

其中荧光效率φ在$0 \sim 1$之间。φ反映了荧光物质发射荧光的能力，其值越大物质的荧光越强。在产生荧光过程中会发生无辐射跃迁，如系间跨越和外转换等，因此通常情况下，φ的数值总是小于1。当无辐射跃迁的速度远小于辐射跃迁的速度时，荧光效率的数值便接近于1。不发荧光的物质，其荧光效率的数值为零或非常接近于零。

（二）荧光与分子结构的关系

荧光的发生涉及基态分子吸收能量和激发态分子发射能量两个过程。物质分子能够发射荧光必须同时具备两个条件：①物质分子具有很强的紫外-可见吸收；②物质具有一定的荧光效率。荧光物质的分子结构一般具备以下特征。

1. 跃迁类型 发射荧光的物质分子必须具有很强的紫外－可见吸收，分子结构中有 $\pi \rightarrow \pi^*$ 跃迁或 $n \rightarrow \pi^*$ 跃迁的物质都有紫外－可见吸收，物质被激发后，经过振动弛豫或其他无辐射跃迁，再发生 $\pi^* \rightarrow \pi$ 跃迁或 $\pi^* \rightarrow n$ 跃迁而产生荧光。不含氮、氧、硫杂原子的有机荧光物质多发生 $\pi \rightarrow \pi^*$ 类型的跃迁，摩尔吸光系数大（约为 10^4），荧光效率较高，荧光辐射强，因此 $\pi \rightarrow \pi^*$ 跃迁是产生荧光的主要跃迁类型。

2. 共轭结构 荧光通常发生在具有共轭双键体系的分子中。具有共轭双键体系的芳环或杂环化合物都含有 $\pi \rightarrow \pi^*$ 跃迁，共轭体系越长，离域 π 电子越容易激发，荧光效率越高，且荧光波长向长波方向移动。

3. 刚性平面结构 分子的刚性平面结构有利于荧光发射。荧光物质分子共轭程度相同时，分子的刚性和共平面越大，有效的 π 电子离域性越大，荧光效率也越高，荧光波长向长波方向移动。

4. 取代基效应 荧光物质分子上的不同取代基对化合物的荧光强度和荧光波长都有一定影响。取代基分为三类：第一类为给电子取代基，能增强共轭体系，使荧光效率提高，荧光波长长移，如—OH、—OR、—NH₂、—CN、—NHR、—NR₂、—OCH₃、—OC₂H₅ 等；第二类为吸电子基团，减弱分子的 π 电子共轭程度，使荧光减弱甚至熄灭，如—CHO、—COOH、—NO₂、—N＝N—、—C＝O、—Cl、—Br、—I 等；第三类取代基对共轭体系的作用较小，对荧光的影响不明显，如—NH₃⁺、—R、—SO₃H 等。

（三）影响荧光强度的外部因素

分子所处的外部环境条件，如温度、溶剂、溶液 pH、荧光熄灭剂等都会影响荧光效率。

1. 温度的影响 温度对荧光强度有显著影响。一般来说，大多数荧光物质的溶液随着温度降低，荧光效率和荧光强度增加；反之，温度升高，荧光效率降低。

2. 溶剂的影响 不同溶剂对同一种物质的荧光光谱会产生影响。一般情况下，电子激发态比基态具有更大的极性。溶剂的极性增加，会使物质的荧光强度增强，且荧光波长向长波方向移动。

3. 溶液 pH 的影响 当荧光物质本身是弱酸或弱碱时，溶液 pH 的改变对荧光强度有较大影响。如苯胺在 pH 7～12 的溶液中主要以分子形式存在，能产生蓝色荧光。但在 pH＜2 或 pH＞13 的溶液中均以离子形式存在，不产生荧光。每一种荧光物质都有最适宜的发射荧光的存在形式，也就有最适宜的 pH 范围。所以，实验中要严格控制溶液的 pH。

4. 荧光熄灭剂 荧光熄灭指荧光物质分子与溶剂或其他溶质分子的相互作用引起荧光强度降低的现象称为荧光熄灭，或称荧光猝灭。引起荧光强度降低的物质称为荧光熄灭剂。常见的荧光熄灭剂有卤素离子、重金属离子、氧分子、硝基化合物、重氮化合物、羰基和羧基化合物等。

第二节　分子荧光分光光度计

一、分子荧光分光光度计的基本结构

荧光分光光度计通常由激发光源、激发单色器、样品池、发射单色器、检测器及记录

扫码"学一学"

系统组成。图6-4为分子荧光分光光度计结构示意图。由激发光源发出的光，经过激发单色器分光后得到所需波长的激发光，此激发光照射到装有荧光物质的样品池上，产生荧光，使与光源方向垂直的荧光经发射单色器分光后照射到检测器产生光电流，经信号放大系统放大后记录。除了基本部件的性能不同外，荧光分光光度计与紫外-可见分光光度计的最大区别是光路结构不同：荧光的检测窗口通常在激发光垂直的方向上，目的是消除透射光和散射光对荧光测量的干扰。

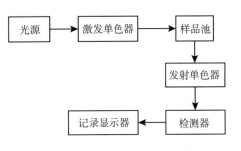

图6-4 荧光分光光度计结构示意图

（一）激发光源

光源应具有发光强度大、稳定性好，适用波长范围宽，在整个波段范围内强度一致等特点。常用的光源是氙灯、高压汞灯和激光光源。氙灯发射光强度大，发射连续光谱的波长范围为200~700 nm，且在300~400 nm波长范围内的光强度几乎相等。氙灯需用优质电源，以保持氙灯的稳定性并延长其使用寿命。氙灯的灯内气压高，启动时的电压高达20~40 kV，因此，使用时要注意安全。荧光分光光度计一般采用氙灯做光源。高压汞灯产生的是强的线状光谱，大都用作带有滤光片的荧光计的光源，不能用于对激发光波长进行扫描的仪器上。激光光源的单色性好，强度大，也是一种极为有用的辐射光源。

（二）单色器

荧光分光光度计中有两个独立的单色器：一个是激发单色器，常用光栅，置于样品池前，其作用是选择激发光波长；另一个是发射单色器，也常用光栅也可以是滤光片，置于样品池后，其作用是滤除掉一些杂散光及杂质产生的干扰光，从而分离出特定荧光发射波长。

（三）样品池

荧光分析用的样品池是用低荧光、不吸收紫外光的石英材料制成，形状为方形或矩形，样品池四面透光，有利于激发光和荧光的双向透过。

（四）检测器

用紫外-可见光作激发光源时产生的荧光强度比较弱，因此要求检测器有较高的灵敏度，一般采用光电倍增管做检测器，目前也有些仪器采用二极管阵列检测器。为了消除激发光及散射光的影响，检测器与光源呈直角安置，即检测器放在与激发光入射方向呈直角的方向上。

二、分子荧光分光光度计的使用及注意事项

（一）仪器的性能检定

1. 波长校正 若仪器的光学系统或检测器有所变动，或在较长时间使用后，或在重要部件更换之后，波长准确度可能降低，从而增大测量误差，因此，应定期进行波长准确度校正。一般用汞灯的标准谱线对单色器波长刻度重新校正，或仪器自身的光源，如氙灯的

450.1 nm 和 467.1 nm 两谱线校正。这在要求较高的测定工作中特别重要。

2. 灵敏度校正 荧光分光光度计的灵敏度是指能被仪器检测出的最低信号，或用某一标准荧光物质的稀溶液在选定波长的激发光照射下能检测出的最低浓度。影响荧光分光光度计灵敏度的因素很多，同一型号的仪器、甚至同一台仪器在不同时间操作，其测定结果也可能不同。因此，每次测定时，在选定波长及狭缝宽度的条件下，先用一种稳定的荧光物质配成浓度一致的标准溶液对仪器进行校正，使每次测得的荧光强度调节到相同的数值（$T=50\%$ 或 100%）。如果被测物质产生的荧光很稳定，那么自身也可作为标准溶液进行校正。紫外 – 可见光范围内最常用的标准溶液是 1 μg/mL 的硫酸奎宁对照品溶液（溶剂是 0.05 mol/L 硫酸溶液）。

3. 激发光谱和荧光光谱的校正 用荧光分光光度计所测得的激发光谱和荧光光谱都是表观光谱，而非真实光谱，主要的原因是：光源的强度随波长的改变而改变，检测器对不同波长光的接受程度不同及检测器的敏感度与波长不呈线性。尤其是当波长处在检测器灵敏度曲线的陡坡时，误差最为显著。因此使用单光束荧光分光光度计时，必须先用仪器上附有的校正装置将每一波长的光源强度调整到一致，然后用表观光谱上每一波长的强度除以检测器对每一波长的响应强度进行校正，以消除误差。若采用双光束荧光分光光度计，可用参比光束抵消光学误差。

（二）注意事项

荧光分析是一种痕量分析技术，对溶液、仪器工作条件和环境特别敏感，使用时应注意以下问题。

1. 防止污染 荧光污染通常是指所用器皿、溶剂混有非待测荧光物质，或者荧光溶液制备、保存不当而引起的荧光干扰现象。如各类洗涤剂和常用洗液会产生荧光，手上的油脂也会污染所用器皿，从而产生非特异性的荧光。为了防止污染，测定荧光时所用的器皿用一般方法洗净后，在 8 mol/L 硝酸溶液中浸泡一段时间，再用蒸馏水洗净使用。滤纸、涂活塞用的润滑油类有较强的荧光，橡胶塞、软木塞和去离子水也可造成荧光污染，均应避免使用。

2. 溶液保存 溶液长期放置，因细菌滋生会产生荧光污染和光散射，极稀的溶液会因被器壁吸附或被溶液中的氧分子氧化而造成损失。因此，所用溶液最好新鲜配制并设法除去溶解氧的干扰。

三、分子荧光光度法的应用

（一）定性分析

在分光光度法中，被测物质只有一种特征的吸收光谱，而荧光物质的特征光谱包括激发光谱和荧光光谱两种，因此，鉴定物质的可靠性较强。当然，必须在标准品对照下进行定性。除了根据荧光物质的两个特征光谱定性外，还可根据物质的荧光寿命、荧光效率、荧光偏振等参数进行定性分析。

（二）定量分析

1. 荧光强度与物质浓度的关系 由于荧光物质是在吸收光能被激发之后产生荧光的，因此溶液的荧光强度与该溶液中荧光物质吸收光能的程度（吸光度）及荧光效率有关。当溶液很稀时，荧光强度与物质的荧光效率、激发光强度、物质的吸光系数、溶液的液层厚度及浓度的乘积呈线性关系。对于给定的荧光物质，当激发波长和强度固定，液层厚度一定时，荧光强度 F 与被测物质浓度 c 成正比，即：

$$F = Kc \tag{6-1}$$

式中，K 为比例常数，式 6-1 仅适用于稀溶液，且其吸光度不超过 0.05。这是荧光分光光度法定量分析的依据。

2. 定量分析方法

（1）标准曲线法　将已知含量的标准物质经过与被测样品相同处理后，配制成一系列不同浓度的标准溶液，测定其荧光强度，以荧光强度为纵坐标，标准溶液浓度为横坐标绘制标准曲线；然后在同样条件下测定样品溶液的荧光强度，由标准曲线（或回归方程）求出样品中荧光物质的浓度。标准曲线法适用于大批量样品的测定。

（2）比较法　如果荧光物质的标准曲线通过原点，在其线性范围内，可用比较法进行测定。取已知量的对照品配制对照品溶液（c_s），使其浓度在线性范围内，测定其荧光强度（F_s）。然后在相同条件下测定样品溶液的荧光强度（F_x）和空白溶液的荧光强度（F_0），按式 6-2 计算。比较法适用于数量较少的样品的测定。

$$c_x = \frac{F_x - F_0}{F_s - F_0} \times c_s \tag{6-2}$$

（3）联立方程式法　如果混合物中各组分荧光峰相距较远且互不干扰，则可以分别在各自的荧光发射波长（λ_{em}）处测定，直接求出各组分的浓度。如果荧光峰相互重叠，但激发光谱有显著差别，可利用荧光强度的加和性，选择合适的荧光波长进行测定，再根据各组分在该荧光波长处的荧光强度联立方程式，分别求出各组分的含量。

> **拓展阅读**

荧光分光光度法新技术简介

随着技术的发展，荧光分析法的技术和仪器也在不断拓展：①时间分辨荧光分析法，利用不同物质的荧光寿命不同，可在激发和检测之间延缓一段时间，使具有不同荧光寿命的物质得以分别检测。该法具有样品制备简便、贮存时间长、无放射性污染、检测重复性高、线性范围宽、不受样品自然荧光干扰、灵敏度高等优点。②荧光偏振免疫分析法，是一种定量免疫分析技术，被广泛应用于研究分子间的作用，如蛋白质与核酸、抗原与抗体的结合作用等。若样品中有小分子抗原，连接到被荧光探针标记的抗体上后，荧光偏振度下降，从而可用于抗原或抗体的测定。③激光诱导荧光分析，是采用单色性极好、发射光强度大的激光作为光源的荧光分析方法。④胶束增敏荧光分析，是利用胶束溶液对荧光物质有增溶、增敏和增稳的作用，采用胶束溶液作为荧光介质，大大提高了荧光分析法的灵敏度和稳定性。⑤荧光探针分析，是通过测定体系中蛋白质和大分子物质的浓度变化所引起的荧光参数的改变研究大分子物质的结构、性质和功能。

扫码"学一学"

第三节　原子荧光分光光度计

一、原子荧光分光光度计的基本结构

原子荧光分光光度计可分为色散型和非色散型两类。两类仪器的结构基本相似，差别在于非色散仪器不用单色器。色散型原子荧光分光光度计主要由激发光源、原子化器、分光系统、检测系统、数据处理系统五部分（图6-5）组成。原子荧光分光光度计与原子吸收分光光度计相似，但光源与检测部件不在一条直线上，而是90°直角，以避免激发光源发射的辐射对原子荧光检测信号的影响。

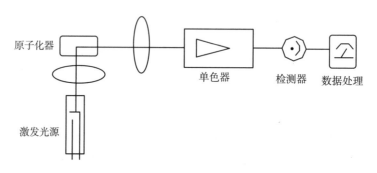

图6-5　原子荧光分光光度计结构示意图

（一）激发光源

激发光源的作用是激发原子使其产生原子荧光。可用连续光源和锐线光源。连续光源稳定性好、操作简便、寿命长，能用于多元素同时测定，但检出限较差。常用连续光源是氙灯，功率可高达数百瓦。锐线光源辐射强度高、稳定、检出限低。常用的锐线光源是高强度空心阴极灯、无极放电灯、激光光源。高强度空心阴极灯是在普通空心阴极灯中增加一对辅助电极，称为辅阴极，两个阴极辐射叠加使其辐射强度比普通空心阴极灯高几倍到几十倍，且稳定性好，谱线质量高，可以获得较高灵敏度和宽线性范围，延长灯的寿命。

（二）原子化器

原子化器是将被测元素转化为原子蒸气的装置。基本与原子吸收分光光度计的原子化器相同。可分为火焰原子化器、氩氢火焰石英炉原子化器、电热原子化器、电感耦合等离子体原子化器。

火焰原子化器是利用火焰使元素的化合物分解并生成原子蒸气的装置。火焰原子化器具有操作简便、价格低廉、稳定性好等优点，但火焰背景和热辐射信号在400 nm光谱区很强，因此只适用于分析共振线小于400 nm的元素，如砷、铋、镉、汞、硒、锌等。

氩氢火焰石英炉原子化器主要应用于蒸气发生原子荧光光谱仪中。基本原理是反应器中的待测元素在强还原剂作用下产生挥发性的气态化合物及氢气，由载气（Ar）导入石英管入口，点燃氩氢火焰使气态化合物原子化。氩氢火焰石英炉原子化器直接利用氢化反应过程中产生的氢气作为可燃气体，具有结构简单、操作安全方便、原子化效率高、紫外区背景辐射低、干扰小、灵敏度高、重现性好等优点，是一种较理想的原子化器。

电热原子化器是利用电能来产生原子蒸气的装置。电感耦合等离子体也可作为原子化器，它具有散射干扰少、荧光效率高的特点。

（三）分光系统

分光系统的作用是选出所需要测量的荧光谱线，排除其他光谱线的干扰。根据有无色散系统，分光系统分为色散型和非色散型两种。色散型分光系统用光栅分光，具有可选择的谱线多、波段范围广、光谱干扰和杂散光少等特点，适用于多元素的测定。非色散原子荧光分析仪没有单色器，一般仅配置滤光器用来分离分析线和邻近谱线，降低背景。

（四）检测系统

常用的检测器为光电倍增管。在多元素原子荧光分析仪中，也用光导摄像管、析像管做检测器。检测器与激发光束成直角配置，以避免激发光源对检测原子荧光信号的影响。

（五）数据处理系统

检测器输出的信号经放大器放大，同步解调和积分器等系列信号接收和处理，再由显示装置显示或由记录器记录打印。

二、原子荧光分光光度计的使用及注意事项

（一）分析条件的选择与优化

原子荧光分光光度计的灵敏度、精密度和准确度在很大程度上取决于仪器分析条件的选择和优化。

1. 灯电流的设置 在一定范围内荧光强度与激发光源强度成正比，灯电流越大，测得的荧光信号越强，灵敏度越高；灯电流小则发射强度低，灵敏度降低，且放电不稳定。但灯电流过大会产生自吸，从而影响检出限和稳定性，且缩短灯的使用寿命。因此，灯电流的设置原则是：在保证分析所需的灵敏度和稳定性的前提下，尽可能选择较小的灯电流。

2. 光电倍增管负高压 光电倍增管的放大倍数与阴极和阳极之间所加的负高压密切相关，在一定范围内，荧光强度随负高压的增大而增大，灵敏度相应升高，但负高压过高会缩短光电倍增管的使用寿命，且噪声增大，稳定性降低。因此，在满足分析灵敏度的前提下，不宜设置过高的负高压。

3. 气体流量的设置 载气的流量对火焰的形状、大小和稳定性，对被测元素的分析灵敏度和重现性均有较大影响。载气流量过大，原子蒸气被稀释，荧光信号降低；载气流量过小，火焰不稳定，测定结果的重现性差。一般单层（非屏蔽）石英炉原子化器载气流量范围为 600 ~ 800 mL/min，双层石英炉原子化器载气流量范围为 300 ~ 600 mL/min，屏蔽气流量的范围为 600 ~ 1100 mL/min。

4. 氩氢火焰的观测高度 氩氢火焰的观测高度是指从石英炉原子化器炉口平面到氩氢火焰最佳部位中心之间的高度。在氩氢火焰形状固定且稳定的情况下，激发光照射在火焰中心部位获得的荧光强度最大。单层石英炉原子化器最佳火焰观测高度为 7 ~ 8 mm，双层石英炉原子化器最佳火焰观测高度为 8 ~ 10 mm。

（二）注意事项

原子荧光分析法中存在光谱干扰、荧光猝灭干扰、化学干扰和物理干扰。化学干扰、

扫码"看一看"

物理干扰产生的原因和消除的方法与原子吸收分光光度法相同。

1. 光谱干扰及其消除　光谱干扰是由于待测元素的荧光信号与进入检测器的其他辐射不能完全分开而产生的，比如待测元素与干扰元素的荧光谱线重叠，火焰产生的热辐射或者散射光的干扰。

减少散射光干扰的核心是减少散射颗粒，一方面是选择合适的原子化器和实验条件增加气溶胶微粒的挥发性，减少散射微粒；另一方面选择灵敏度高、干扰小的直跃线荧光或阶跃线荧光线进行测定。当散射光干扰严重时可用空白溶液测定分析线处的散射光强度予以校正，或测量分析线附近某一合适非荧光线的散射光来校正。待测元素与干扰元素的荧光谱线重叠、火焰产生的热辐射的干扰可用原子吸收光谱法消除干扰的方法解决。

2. 荧光猝灭干扰及其消除　荧光猝灭是指处于激发态的原子与其他分子、原子或电子发生非弹性碰撞产生非辐射去激发过程使荧光强度降低的现象。荧光猝灭的程度取决于原子化器的气氛和原子化效率，所以提高原子化效率，减少原子蒸气中的分子、粒子等猝灭剂的浓度，是减少荧光猝灭的关键。惰性气体原子或具有原子荧光保护作用的分子可以减少荧光猝灭，故常引入氩气以减少荧光猝灭。氩气是气态氢化物的载气，减少荧光猝灭的屏蔽气，也是产生氩氢火焰的助燃气。

3. 仪器的维护　为保证仪器正常使用，除严格遵守仪器操作规程外，日常的维护和保养也是至关重要的。换元素灯时一定要切断电源；灯若长期搁置不使用，每隔 3 ~ 4 个月点燃 2 ~ 3 小时，以保障灯的性能；取放灯时应避免触摸通光窗口而造成污染，若通光窗口和光学透镜已被污染，可用脱脂棉蘸取无水乙醇 – 乙醚混合液（1 : 3，*V/V*）轻轻擦拭；使用蠕动泵进样系统应注意调节压块或卡片对泵管的压力松紧度，泵管和泵头间的空隙应定期涂少量硅油；测定完毕后用去离子水清洗泵，以延长泵的使用寿命；石英管受到严重污染时，可将石英管拆下，用硝酸 – 水溶液（1 : 1，*V/V*）浸泡 24 小时，用去离子水洗净、晾干后使用。

三、原子荧光分析法的应用

（一）氢化物发生 – 原子荧光分析法

氢化物发生 – 原子荧光光谱分析法（hydride generation – AFS，HG – AFS）在原子荧光光谱法中应用最为广泛，主要用于 As、Sb、Bi、Se、Ge、Pb、Sn、Te、Cd、Zn、Hg 等元素的测定。这些元素的激发谱线大都处于紫外光区，在常规火焰中会产生强大的背景吸收，测量灵敏度较低。但如果这些元素可以形成气态的氢化物或者挥发性化合物，借助载气进入原子荧光分光光度计中，采用气体进样的方式不仅可以降低基体干扰，还可以提高进样效率。

1. 氢化物发生法的原理　氢化物发生法是利用某些能产生新生态氢的还原剂或化学反应，将样品溶液中的待测组分还原为挥发性共价氢化物，然后借助载气将其导入原子光谱分析系统进行测量。

氢化物发生体系主要有金属 – 酸还原体系、硼氢化钠 – 酸还原体系、电化学还原体系等。目前以硼氢化钠 – 酸还原体系应用最为广泛。

$$BH_4^- + H^+ + 3H_2O \rightarrow H_3BO_3 + 4H_2 \uparrow (过剩)$$

$$(m+n)H\cdot + E^{m+} \rightarrow EH_n \uparrow + mH^+$$

上述反应式中，E 是被测元素，H·是氢自由基，EH_n 是生成的氢化物，m 可以等于或不等于 n。

2. 氢化物发生 - 原子荧光光度计　由氢化物发生系统、光源系统、光学系统、原子化系统和检测系统组成。分析流程是：载流（携带样品）、还原剂和氩气（Ar）同时进入反应器，发生化学反应产生氢化物和氢气，经气 - 液分离器分离后，除去水的氢化物和氢气由氩气导入石英炉原子化器，燃烧产生氩氢火焰使待测元素原子化后进行测定（图 6 - 6）。

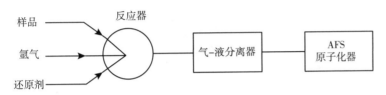

图 6 - 6　氢化物发生 - 原子荧光光谱仪原理图

3. 氢化物发生原子荧光分析的条件选择

（1）反应介质和酸度的选择　在进行氢化物反应时，必须保持一定的酸度，被测元素也必须以一定的价态存在。这些条件随着氢化物发生方式的不同而有所不同。表 6 - 1 是氢化物发生原子荧光光度法中各种元素的反应介质和酸度。

表 6 - 1　氢化物发生反应条件

元素	价态	反应介质	元素	价态	反应介质
As	+3	1 ~ 6 mol/L HCl	Sb	+3	1 ~ 6 mol/L HCl
Te	+4	4 ~ 6 mol/L HCl	Bi	+3	1 ~ 6 mol/L HCl
Ge	+4	20% H_3PO_4	Se	+2	1 ~ 6 mol/L HCl
Sn	+4	HCl 溶液（2:98）或 pH 3 酒石酸缓冲溶液	Hg	+2	HCl 溶液（5:95）或 HNO_3 溶液（5:95）
Cd	+2	HCl 溶液（2:98），20 g/L 硫脲，1 mg/L Co^{2+}	Pb	+4	HCl 溶液（2:98），10 g/L 铁氰化钾溶液

（2）干扰及消除　干扰主要有液相干扰和气相干扰。液相干扰发生在氢化物形成或氢化物从样品溶液逸出的过程中，会改变待测氢化物的发生效率和发生速度。消除液相干扰的方法是：加入络合剂或掩蔽剂，调高反应酸度，用断续流动或流动注射法来发生氢化物分离。气相干扰主要是由于挥发性氢化物在传输及原子化过程中的相互干扰，会抑制原子态产生的效率或降低原子化效率。消除气相干扰的方法：阻止干扰元素生成气体化合物，对已经生成氢化物的干扰元素在传输过程中加以吸收，提高石英炉温度等。

（二）激光诱导原子荧光光谱法

由于激光具有强度高、单色性好、方向集中等特点，激光诱导原子荧光光谱法（laser induced atomic fluorescence spectrometry，LI - AFS）已成为原子荧光分析的重要方法，主要用于医药卫生、生命科学、环境和材料科学的痕量分析。许多元素（如 Ag、Al、Bi、Cd、Ti 等）的激光诱导原子荧光分析检测限可达 ng/mL 级，有些元素（如 Ca、In、Pb、Co、Sn

等）甚至可达 pg/mL 级。

（三）形态分析中的原子荧光联用技术

自然界中元素存在多种不同的形态，且元素不同形态间可以发生相互转化。人们越来越认识到砷、汞、硒、铅、镉等元素不同化合物的形态其作用和毒性存在巨大的差异。因此，进行各种化合物的形态分析成为一种发展趋势。元素形态分析的主要手段是联用技术，即将不同的元素形态分离系统与灵敏的检测器结合为一体，实现样品中元素不同形态的在线分离与测定。离子色谱 – 蒸气发生/原子荧光光谱（IC – VG/AFS）和高效液相色谱 – 蒸气发生/原子荧光光谱（HPLC – VG/AFS）联用技术应用于砷、汞、硒元素形态分析发挥了重要作用。

本章小结

1. **基本概念**　分子能量转换途径：振动弛豫、内转换、系间跨越、外转换是无辐射跃迁；荧光和磷光发射是辐射跃迁。按发射荧光物质的存在形式不同，分为分子荧光和原子荧光。任何荧光化合物都具有两种特征的光谱：激发光谱和发射光谱，它们的特征是：①荧光发射光谱的形状与激发光波长无关；②荧光波长比激发光波长长；③荧光光谱与激发光谱成镜像关系。

2. **影响荧光强度的因素**　内部因素有①荧光效率（φ 在 $0 \sim 1$ 之间）：φ 越大，荧光越强；②分子结构：具有 π 键共轭体系或刚性平面结构；外部因素有温度、溶液 pH、溶剂、荧光熄灭剂等。

3. **荧光分光光度计的结构**　①分子荧光分光光度计是由激发光源、激发单色器、样品池、发射单色器、检测器等组成；②原子荧光分光光度计是由激发光源、原子化器、分光系统、检测系统、数据处理系统等组成。

4. **分子荧光定量的依据**　$F = Kc$（φ、ε、I_0、L 均为定值，且 c 很小）。定量的方法有标准曲线法、比较法和联立方程式法等。

? 思考题

1. 什么是荧光量子产率？激发光谱和发射光谱的特征是什么？
2. 分子的激发过程有哪些？
3. 氢化物发生 – 原子荧光分析法中荧光猝灭干扰有哪些？如何消除干扰？
4. 影响荧光强度的外部因素有哪些？

扫码"练一练"

扫码"学一学"

实训十　分子荧光分光光度法测定维生素 B_2 含量

一、实训目的

1. **掌握**　标准曲线法定量分析维生素 B_2 的基本原理。

2. 熟悉 荧光分光光度计的基本原理、结构及操作。

3. 了解 荧光分光光度计的保养维护。

二、基本原理

维生素 B_2 又叫核黄素，化学式 $C_{17}H_{20}N_4O_6$。维生素 B_2 在 440～500 nm 波长光照射下发生黄绿色荧光，在 pH 6～7 的溶液中荧光最强。在稀溶液中其荧光强度与维生素 B_2 的浓度成正比：$F-Kc$。在波长 525 nm 处测定其荧光强度。试液再加入连二亚硫酸钠，将维生素 B_2 还原为无荧光的物质，然后再测定试液中残余荧光杂质的荧光强度，两者之差即为试样中维生素 B_2 所产生的荧光强度。本实验采用标准曲线法定量。

三、仪器与试剂准备

1. 仪器 荧光分光光度计，1 cm 石英比色皿，分析天平（感量为 0.1 mg 和 0.01 mg），高压灭菌锅，恒温水浴锅，维生素 B_2 吸附柱，容量瓶（10、50、100 mL），刻度吸管（1、10、20 mL），吸耳球，洗瓶，镜头纸等。

2. 试剂 盐酸，冰乙酸，氢氧化钠，三水乙酸钠，木瓜蛋白酶（酶活力 ≥10 U/mg），高峰淀粉酶（酶活力 ≥100 U/mg，或性能相当者），硅镁吸附剂（50～150 μm），丙酮，高锰酸钾，过氧化氢（30%），连二亚硫酸钠，维生素 B_2 标准品（纯度 ≥98%），大米。

3. 试液制备

（1）维生素 B_2 标准贮备液（100 μg/mL） 将维生素 B_2 标准品置于真空干燥器或装有五氧化二磷的干燥器中干燥处理 24 小时后，准确称取 10 mg（精至 0.1 mg）维生素 B_2 标准品，加入 2 mL 盐酸溶液（1:1）超声波溶解后，立即用水转移至容量瓶并定容至 100 mL。混匀后转移入棕色玻璃容器中，在 4 ℃ 冰箱中贮存，保存期 2 个月。

（2）维生素 B_2 标准中间液（10 μg/mL） 准确吸取 10 mL 维生素 B_2 标准贮备液，用水稀释并定容至 100 mL。在 4 ℃ 冰箱中避光贮存，保存期 1 个月。

（3）维生素 B_2 标准使用溶液（1 μg/mL） 准确吸取 10 mL 维生素 B_2 标准中间液，用水定容至 100 mL。此溶液每毫升相当于 1.00 μg 维生素 B_2。在 4 ℃ 冰箱中避光贮存，保存期 1 周。

（4）盐酸溶液（0.1 mol/L） 吸取 9 mL 盐酸，用水稀释并定容至 1000 mL。

（5）盐酸溶液（1:1） 量取 100 mL 盐酸缓慢倒入 100 mL 水中，混匀。

（6）乙酸钠溶液（0.1 mol/L） 准确称取 13.60 g 三水乙酸钠，加 900 mL 水溶解，用水定容至 1000 mL。

（7）氢氧化钠溶液（1 mol/L） 准确称取 4 g 氢氧化钠，加 90 mL 水溶解，冷却后定容至 100 mL。

（8）混合酶溶液 准确称取 2.345 g 木瓜蛋白酶和 1.175 g 高峰淀粉酶，加水溶解后定容至 50 mL。临用前配制。

（9）洗脱液 丙酮-冰乙酸-水（5:2:9，V/V）。

（10）高锰酸钾溶液（30 g/L） 准确称取 3 g 高锰酸钾，用水溶解后定容至 100 mL。

（11）过氧化氢溶液（3%） 吸取 10 mL 30% 过氧化氢，用水稀释并定容至 100 mL。

（12）连二亚硫酸钠溶液（200 g/L） 准确称取 20 g 连二亚硫酸钠，用水溶解后定容至 100 mL。此溶液用前配制，保存在冰水浴中，4 小时内有效。

4. 荧光分光光度计操作规程

（1）开机　首先接通氙灯开关，点燃氙灯，再接通仪器开关。仪器进入自检状态。

（2）预热　开机预热20分钟后才能进行测定工作。

（3）置入样品以及样品定位　将已经装入样品的石英荧光比色皿四面擦净后放入样品室内试样槽中。

（4）调整波长　在当前波长值的附近寻找最大值。

（5）调整灵敏度　目的是使测试样品的显示值在适当数值。

（6）样品测定　首先测量空白样品及标准溶液的荧光强度，最后测量样品的荧光强度。

（7）关机　测试完毕后，先关闭仪器开关，再关闭氙灯电源。

四、实训内容

1. 标准曲线的制作　分别精确吸取维生素 B_2 标准使用液 0.3、0.6、0.9、1.25、2.5、5.0、10.0、20.0 mL（相当于 0.3、0.6、0.9、1.25、2.5、5.0、10.0、20.0 μg 维生素 B_2）按上述步骤操作。于激发光波长 440 nm，发射光波长 525 nm，按浓度由低到高测量标准管的荧光值。待标准管的荧光值测量后，在各管的剩余液（约 5～7 mL）中加 0.1 mL 20% 连二亚硫酸钠溶液，立即混匀，在 20 秒内测出各管的荧光值，作各自的空白值。

2. 试样测定

（1）试样的水解　取样品约 500 g，用组织捣碎机充分打匀均质，分装入洁净棕色磨口瓶中，密封，并做好标记，避光存放备用。

称取 2～10 g（精确至 0.01 g，约含 10～200 μg 维生素 B_2）均质后的试样于 100 mL 具塞锥形瓶中，加入 0.1 mol/L 的盐酸溶液 60 mL，充分摇匀，塞好瓶塞。将锥形瓶放入高压灭菌锅内，在 121 ℃ 条件下保持 30 分钟，冷却至室温后取出。用氢氧化钠溶液调 pH 至 6.0～6.5。

（2）试样的酶解　加入 2 mL 混合酶溶液，摇匀后，置于 37 ℃ 培养箱或恒温水浴锅中过夜酶解。

（3）过滤　将上述酶解液转移至 100 mL 容量瓶中，加水定容至刻度，用干滤纸过滤备用。此提取液在 4 ℃ 冰箱中可保存一周。

注意：操作过程应避免强光照射。

（4）氧化去杂质　取一定体积的试样提取液（约含 1～10 μg 维生素 B_2）及维生素 B_2 标准使用溶液分别置于 20 mL 的带盖刻度试管中，加水至 15 mL。各管加 0.5 mL 冰乙酸，混匀。加 30 g/L 高锰酸钾溶液 0.5 mL，摇匀，放置 2 分钟，使氧化去杂质。滴加 3% 过氧化氢溶液数滴，直至高锰酸钾的颜色褪去。剧烈振摇试管，使多余的氧气逸出。

（5）过柱与洗脱　吸附柱下端垫上一小团脱脂棉，取硅镁吸附剂约 1 g 用湿法装入柱，高度约 5 cm（占柱长 1/2～2/3），勿使柱内产生气泡，调节流速约为 60 滴/分钟。

将全部氧化后的样液及标准液通过吸附柱后，用约 20 mL 热水淋洗样液中的杂质。然后用 5 mL 洗脱液将试样中维生素 B_2 洗脱至 10 mL 容量瓶中，再用 3～4 mL 水洗吸附柱，洗脱液合并至容量瓶中，并用水定容至刻度，混匀后待测定。

（6）测定　同前面"标准曲线的制作"，自"于激发光波长 440 nm"起，依法操作，测量试样管的荧光值及其空白值。

3. 数据处理方法

（1）作图法　由样品管的荧光强度在标准曲线上查到样品管中维生素 B_2 的含量（见标准曲线）c_x。

（2）回归方程法　用最小二乘法求出标准溶液的回归方程式。

$$F = a + bc$$

样品的维生素 B_2 的含量 w 计算如下。

$$w = \frac{c_x \times D \times 100}{1000}$$

式中，w 为试样中维生素 B_2（以核黄素计）的含量，mg/100 g；D 为稀释倍数；100 为换算为 100 g 样品中含量的换算系数；1000 为将浓度单位 $\mu g/100$ g 换算为 mg/100 g 的换算系数。

五、实训记录及数据处理

1. 标准曲线的绘制：维生素 B_2 标准溶液浓度：1 $\mu g/mL$。

激发波长 λ_{ex} = ＿＿＿ nm　　　荧光发射波长 λ_{em} = ＿＿＿ nm

V (mL)	0.30	0.60	0.90	1.25	2.50	5.00	10.00	20.00
维生素 B_2 质量（μg）	0.30	0.60	0.90	1.25	2.50	5.00	10.00	20.00
待测液荧光强度（F）								
加入连二亚硫酸钠溶液后的荧光强度（F）								

以维生素 B_2 质量（μg）为横坐标，荧光强度（F）为纵坐标作图。可采用 EXCEL 处理。

2. 未知液的配制。

稀释次数	吸取体积（mL）	稀释后体积（mL）	稀释倍数
1			

3. 未知物含量的测定。

平行测定次数	1	2	3
待测液荧光强度（F）			
加入连二亚硫酸钠溶液后的荧光强度（F）			
查得质量 c_x（μg）			
原始试液中维生素 B_2 含量 w（mg/100 g）			
原始试液中维生素 B_2 平均含量（mg/100 g）			

六、思考题

1. 维生素 B_2 在 pH 6~7 时荧光强度最强，本实验为何在酸性溶液中测定？

2. 如何减小本实验误差？

扫码"学一学"

实训十一 原子荧光分光光度法测定食品中总汞含量

一、实训目的

1. 掌握 原子荧光分光光度法测定汞的原理、数据的处理。

2. 熟悉 原子荧光分光光度计的结构及操作。

3. 了解 原子荧光分光光度计的保养维护知识。

二、基本原理

试样经酸加热消解后，在酸性介质中，试样中汞被硼氢化钾（钠）还原成原子态汞，由载气（氩气）带入原子化器中，在汞空心阴极灯照射下，基态汞原子被激发至高能态，去激发回到基态时，发射出特征波长的荧光，其荧光强度与汞的含量成正比。与标准系列比较，求得样品中汞的含量。

三、仪器与试剂准备

1. 仪器 原子荧光光谱仪，分析天平（感量为 0.1 mg 和 1 mg），压力消解器，恒温干燥箱，超声波水浴箱，容量瓶（25、50、100 mL），刻度吸管（1、10 mL），吸耳球，洗瓶，镜头纸等。

2. 试剂 硝酸，氢氧化钾，硼氢化钾，重铬酸钾，高氯酸，标准品氯化汞（$HgCl_2$，纯度≥99%）等。

3. 试液制备

（1）硝酸溶液（1:9） 量取 50 mL 硝酸，缓缓加入 450 mL 水中。

（2）硝酸溶液（5:95） 量取 5 mL 硝酸，缓缓加入 95 mL 水中。

（3）氢氧化钾溶液（5 g/L） 称取 5.0 g 氢氧化钾，纯水溶解并定容至 1000 mL，混匀。

（4）硼氢化钾溶液（5 g/L） 称取硼氢化钾 5.0 g，用 5 g/L 氢氧化钾溶液溶解并定容至 1000 mL，混匀。现用现配。

（5）重铬酸钾的硝酸溶液（0.5 g/L） 称取 0.05 g 重铬酸钾溶于 100 mL 硝酸溶液（5:95）中。

（6）硝酸–高氯酸混合溶液（5:1） 量取 500 mL 硝酸，100 mL 高氯酸混匀。

（7）汞标准贮备液（1.00 mg/mL） 准确称取 0.1354 g 经干燥过的氯化汞，用重铬酸钾的硝酸溶液（0.5 g/L）溶解并转移至 100 mL 容量瓶中，稀释至刻度，混匀。或购买经国家认证并授予标准物质证书的标准溶液物质。于 4 ℃冰箱中避光保存，可保存 2 年。

（8）汞标准中间液（10 μg/mL） 吸取 1.00 mL 汞标准贮备液（1.00 mg/mL）于 100 mL 容量瓶中，用重铬酸钾的硝酸溶液（0.5 g/L）稀释至刻度，混匀。于 4 ℃冰箱中避光保存，可保存2年。

（9）汞标准使用液（50 ng/mL）　吸取0.50 mL汞标准中间液（10 μg/mL）于100 mL容量瓶中，用重铬酸钾的硝酸溶液（0.5 g/L）稀释至刻度，混匀。现用现配。

4. 原子荧光分光光度计操作规程

（1）打开灯室盖，将待测元素的空心阴极灯插头插入灯座，检查各路泵管是否连接正常。

（2）开启气瓶，使次级压力为0.2～0.3 MPa之间。

（3）检查电路是否正常后，按主机、计算机顺序开启电源进入软件操作系统。

（4）用调光灯、灯位调节按钮调节灯位，然后将原子化器调到适当高度（推荐8 mm）。

（5）设置相应测量条件，进行测量。

（6）打开原子化器室前门，用注射器或滴管打入少量水保持水封用鼠标单击"运行"菜单中"点火"项，点燃点火炉丝，预热30分钟。

（7）准备标准系列及样品，按软件操作进行测量。

（8）测试结束后，在空白溶液杯和还原剂容器内加入蒸馏水，运行仪器清洗管道。

（9）退出软件系统，关闭计算机、主机电源。关闭载气，松开压块，放松泵管。

四、实训内容

1. 标准曲线制作　分别吸取50 ng/mL汞标准使用液0.00、0.20、0.50、1.00、1.50、2.00、2.50 mL，置50 mL容量瓶中，分别用硝酸溶液（1∶9）稀释至刻度，混匀。

2. 试样溶液制备　称取经粉碎混匀过40目筛的粮食或豆类干样0.2～1.0 g（精确到0.001 g），置于消解内罐中，加5 mL硝酸，混匀后放置过夜。盖好内盖，旋紧不锈钢外套，放入恒温干燥箱，升温至140～160℃保持4～5小时，在箱内自然冷至室温，然后缓慢旋松不锈钢外套，将消解内罐取出，用少量水冲洗内盖，放在控温电热板或超声波水浴箱中，于80℃或超声波脱气2～5分钟赶去棕色气体。取出消解内罐，将消化液转移至25 mL容量瓶中，用少量水分3次洗涤内罐，洗涤液合并于容量瓶中并定容至刻度，混匀备用。同时做试剂空白试验。

3. 标准系列溶液及样品测定

（1）仪器参考条件　光电倍增管负高压：240 V，汞空心阴极灯电流，30 mA；原子化器温度：300℃，高度8.0 mm；氩气流速：载气500 mL/min，屏蔽气1000 mL/min；测量方式：标准曲线法；读数方式：峰面积，读数延迟时间：1.0秒，读数时间：10.0秒；硼氢化钾溶液加液时间8.0秒；标准溶液或试样溶液加液体积2 mL。

（2）测定　连续用硝酸溶液（1∶9）进样，待读数稳定之后，转入标准系列测量，绘制标准曲线。转入试样测量，先用硝酸-水溶液进样，使读数基本回零，再分别测定试样空白和试样消化液，测不同的试样前都应清洗进样器。

4. 数据处理方法

（1）作图法　由样品管的荧光强度在标准曲线上查到样品管中汞的含量（见标准曲线）c_x。

（2）回归方程法　用最小二乘法求出标准溶液的回归方程式。

$$F = a + bc$$

根据测得的样品的荧光强度代入公式，计算出样品中汞的含量 c_x。

$$w = \frac{(c - c_0) \times V \times 1000}{m \times 1000 \times 1000}$$

式中，w 为试样中汞的含量，mg/kg；c 为测定样液中汞含量，ng/mL；c_0 为空白液中汞含量，ng/mL；V 为试液消化液定容总体积，mL；1000 为换算系数；m 为试样质量，g。

五、实训记录及数据处理

样品名称		检测项目	
检测日期		检测依据	GB 5009.17—2014《食品安全国家标准 食品中总汞及有机汞的测定》
仪器条件	波长： 汞空心阴极灯电流： 屏蔽气流速：	光电倍增管负高压： 载气流速：	
样品平行测定次数	1	2	3
被测液荧光强度（F）			
空白液中汞含量 c_0（ng/mL）			
被测液中汞含量 c（ng/mL）			
样品中汞含量 w（mg/kg）			
平均值（mg/kg）			
相对平均偏差（%）			
标准曲线　浓度（ng/mL）			
标准曲线　荧光强度（F）			
标准曲线　回归方程			

六、思考题

1. 硼氢化钠溶液如何配制？其作用是什么？

2. 原子荧光分光光度计与分子荧光分光光度计在结构上有什么差别？

（段春燕）

第七章　经典液相色谱法

第一节　色谱法概述

色谱法又称色层法、层析法，是一种利用物质的物理或物理化学性质对混合物进行分离、分析的方法。色谱法是俄国植物学家茨维特（M. Tsweet）于 1906 年创立。当时他在从事植物色素研究的时候，在直立的玻璃管中装入碳酸钙颗粒，从柱的顶端注入植物叶的石油醚提取液（含有植物色素），然后，用石油醚从上往下淋洗。植物叶中所含色素在碳酸钙颗粒上逐渐分离开来，形成几种不同颜色的色带，如图 7-1 所示。继续冲洗可分别接得各种颜色的色素，并可分别进行鉴定。茨维特将这种分离方法命名为色谱法。这里玻璃管称为色谱柱，其中碳酸钙颗粒是固定不动的一相称为固定相，石油醚是流动的一相，称为流动相。现在的色谱法早已不局限于色素的分离，不仅用于分离有色物质、更多地用于分离分析无色物质。色谱法自创立到现在经历了一个多世纪的发展，目前已经成为最重要的分离分析科学，是分析领域中最活跃、发展最快、应用最广的分析方法之一。色谱法广泛应用于许多领域，在食品行业中主要用于食品安全检测、营养素分析、质量监控等。

扫码"学一学"

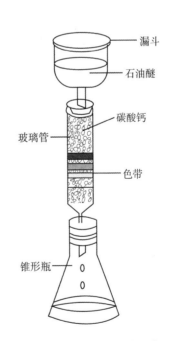

图 7-1　茨维特色谱实验示意图

色谱法与光谱法的主要区别是色谱法具有分离和在线分析的功能，而光谱法只具有分析功能。目前，色谱法是分离混合物的最有力手段，除分析外还被用来制备纯品；但对物质的定性方面不如光谱法。

一、色谱法分类

色谱法的分类有多种，从不同的角度分类，同一种色谱法可归属到不同的类别。

1. 按两相所处的状态分类 按流动相的状态，色谱法可以分为液相色谱法（LC）、气相色谱法（GC）和超临界流体色谱法（SFC）。

（1）**液相色谱法** 以液体为流动相的色谱法称为液相色谱法（LC）。包括液－固色谱（LSC）和液－液色谱（LLC）。M. Tsweet 用碳酸钙作固定相，用石油醚冲洗分离植物色素，属于液－固色谱。

（2）**气相色谱法** 以气体为流动相的色谱法称为气相色谱法（GC）。包括气－固色谱（GSC）和气－液色谱（GLC）。

（3）**超临界流体色谱** 是以超临界流体做流动相的色谱方法，是 20 世纪 80 年代发展和完善起来的一种新技术。

2. 按分离原理分类 色谱法中，固定相的物理化学性质（如溶解度、吸附能力、离子交换、亲和力等）对分离起着决定性作用。按分离原理的不同，色谱法可分为吸附色谱法（adsorption chromatography）、分配色谱法（distribution chromatography，DC）、离子交换色谱法（ion exchange chromatography，IEC）、凝胶色谱法又称为分子排阻色谱法（molecular exclusion chromatography，MEC）、亲和色谱法（affinity chromatography）等。

3. 按操作形式分类 色谱法按操作形式分类可以分为柱色谱和平面色谱。柱色谱是固定相装在柱管（如玻璃柱、不锈钢柱）中制成色谱柱，色谱分离过程在色谱柱内完成的色谱法。平面色谱包括纸色谱（paper chromatography，PC）和薄层色谱（TLC）。纸色谱是在滤纸上进行色谱分离的方法，以滤纸作载体，吸附在滤纸上的水作固定相，流动相为与水不相混溶的有机溶剂，从分离原理讲一般属于分配色谱。薄层色谱是将吸附剂涂在玻璃板或塑料板或铝基片上制成薄层作固定相，在此薄层上进行色谱分离分析的方法。关于薄层色谱本章第三节详细介绍。

二、色谱分离过程及基本术语

（一）色谱分离过程

具备相对运动的两相是实现色谱操作的基本条件，固定相固定不动，流动相携带试样向前移动。当试样中的组分随流动相经过固定相时，与固定相发生作用，由于组分结构和性质的不同，各组分与固定相作用的类型、强度也不同，所以不同组分在固定相中停留的时间也不同，或不同组分随流动相移动的速度不等，由此产生差速迁移而被分离。

（二）基本术语

1. 色谱图 试样被流动相冲洗，经色谱柱分离后到达检测器所产生的响应信号对洗脱时间的关系曲线称为色谱流出曲线，又称为色谱图，如图 7-2 所示。色谱图中一般以检测信号（mV）为纵坐标，流出时间（分钟或秒）为横坐标。

2. 基线 当操作条件稳定后，没有样品，仅有流动相通过时，检测器响应信号的记录值称为基线。稳定的基线是一条直线，即图 7-2 中的 O-O' 线。

3. 基线漂移 基线随时间定向的缓慢变化。

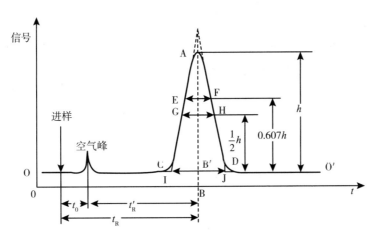

图 7 - 2　色谱流出曲线

4. 噪声　由未知的偶然因素引起的基线起伏现象。

5. 色谱峰　色谱流出曲线的突出部分称为色谱峰，如图 7 - 2 中的 CAD。如完全分离，每个色谱峰代表一种组分，而信号的强度（色谱峰的大小）一般和样品组分的含量（质量或浓度）成正比。因此，根据色谱峰的位置可以定性分析；根据色谱峰的大小可以定量分析。

正常的峰形应该是对称的，呈正态分布。不正常色谱峰有拖尾峰、前延峰、分叉峰、馒头峰等，色谱峰的对称程度可用拖尾因子（T）衡量。

$$T = \frac{W_{0.05h}}{2d_1} \tag{7 - 1}$$

式中，$W_{0.05h}$ 为 0.05 倍峰高处的峰宽；d_1 为峰顶点在 0.05 倍峰高处横坐标平行线的投影点至峰前沿与此平行线交点的距离。T 值在 0.95 ~ 1.05 之间的色谱峰为正常峰，$T > 1.05$ 为拖尾峰，$T < 0.95$ 为前延峰。

6. 峰高　峰高（h）指峰顶点到基线的垂直距离，如图 7 - 2 中的 AB′间的距离 h。

7. 峰宽　峰宽（W）即峰底宽度，是指由峰两边拐点作切线与基线相交的截距，也称基线宽度，如图 7 - 2 中的 IJ 之间的距离。

8. 半峰宽　半峰宽（$W_{h/2}$ 或 $W_{1/2}$）是指色谱峰峰高一半处的宽度，如图 7 - 2 中的 GH 之间的距离。

9. 标准偏差　标准偏差（σ）是指 0.607 倍峰高处色谱峰宽度的一半，如图 7 - 2 中的 EF 为 2σ。

10. 峰面积　是指组分的流出曲线与基线所包围的面积。

11. 保留时间　保留时间（t_R）是指组分从进样开始到出现色谱峰最大值所需要的时间。

12. 死时间　死时间（t_0）指不被固定相滞留的组分，从进样开始到出现色谱峰最大值所需的时间。也可以理解是流动相通过色谱柱的时间。在 GC 中指空气峰的保留时间；在 HPLC 中是指溶剂峰的保留时间。

13. 调整保留时间　调整保留时间（t_R'）是指样品组分被固定相滞留的时间，即保留时间与死时间的差值。

$$t'_R = t_R - t_0 \qquad (7-2)$$

14. 死体积 死体积（V_0）是指不被固定相滞留的组分（如空气）从进样开始到出现色谱峰最大值所需的流动相体积。或者是从进样器至检测器出口未被固定相占有空间的总体积。

15. 分配系数 分配系数（K）是指在一定条件下，分配达平衡后，组分在固定相与流动相中的浓度之比。K与组分、固定相、流动相的性质及温度等有关。

$$K = \frac{\text{组分在固定相中的浓度}}{\text{组分在流动相中的浓度}} = \frac{c_s}{c_m} \qquad (7-3)$$

式中，c_s为组分在固定相中的浓度；c_m为组分在流动相中的浓度。

16. 容量因子 容量因子（capacity factor，k）又称分配比、容量比、质量分配系数等，是指在一定条件下，分配达平衡后，组分在固定相中的量与在流动相中的量之比。

$$k = \frac{\text{组分在固定相中的量}}{\text{组分在流动相中的量}} = \frac{m_s}{m_m} \qquad (7-4)$$

式中，m_s为组分在固定相中的量（质量、体积或物质的量）；m_m为组分在流动相中的量（质量、体积或物质的量）。

17. 选择因子 相邻两组分调整保留值之比称为选择因子（α），也称为相对保留值，以α表示。α数值的大小反映了色谱柱对难分离物质混合物的分离选择性，α越大，相邻两组分色谱峰相距越远，色谱柱的分离选择性越高。当α接近或等于1时，说明相邻两组分色谱峰重叠未能分开。

$$\alpha = \frac{t'_{R_2}}{t'_{R_1}} = \frac{V'_{R_2}}{V'_{R_1}} \qquad (7-5)$$

从色谱流出曲线可以看到色谱峰的数目代表样品中单组分的最少个数。峰宽（W）、半峰宽（$W_{1/2}$）、标准偏差（σ）是区域宽度，反映了色谱柱的分离效能，其值越小柱效越高。保留时间（t_R）、调整保留时间（t'_R）等是色谱定性的依据。色谱峰高或峰面积是定量的依据。

第二节　经典柱色谱法

 **案例讨论**

案例： 采用分子荧光分光光度法测定食品中维生素 B_2 时，样品成分复杂，需进行前处理，其中一步是用高锰酸钾溶液氧化去杂质后的试样溶液再过柱与洗脱：取硅镁吸附剂约 1 g 用湿法装入柱，占柱长 1/2 ~ 2/3（约 5 cm）为宜（吸附柱下端用一小团脱脂棉垫上），勿使柱内产生气泡，调节流速约为 60 滴/分钟。样液通过吸附柱后，用约 20 mL 热水淋洗，然后用 5 mL 丙酮 – 冰乙酸 – 水溶液（5：2：9，V/V）将试样中维生素 B_2 洗脱至 10 mL 容量瓶中后再测定。

问题： 1. 上述样品前处理用什么方法除去杂质？这里的固定相是什么？

2. 洗脱的原理是什么？

3. 什么是湿法装柱？

扫码"学一学"

以液体为流动相的色谱称为液相色谱法。根据操作形式的不同，液相色谱法可以分为柱色谱法和平面色谱法。在液相色谱中，按照固定相的规格、流动相的驱动力、柱效和分离周期的不同，又分为经典液相色谱法和现代色谱法。经典液相色谱按分离原理可以分为吸附色谱、分配色谱、凝胶色谱（又称分子排阻色谱或空间排阻色谱）、离子交换色谱。本节主要讨论液-固吸附柱色谱法和凝胶柱色谱法。

一、液-固吸附柱色谱

1. 分离原理 吸附剂装在管状柱内，用液体流动相进行洗脱的色谱法称为液-固吸附柱色谱法。吸附色谱法是利用吸附剂对样品中不同组分的吸附能力不同来达到分离的目的。吸附剂是一些多孔性微粒状物质，表面有许多吸附活性中心。对不同极性组分具有不同的吸附能力。溶剂分子（S）和被测组分分子（X）对固定相的吸附表面有竞争作用。当只有纯溶剂流经色谱柱时，色谱柱的吸附剂表面全被溶剂分子所吸附（$S_{固相}$）。当进样以后，样品溶解在溶剂中，则随流动相进入色谱柱中，被测组分分子（$X_{液相}$）从吸附剂表面置换溶剂分子数（n），使这一部分溶剂分子进入液相（$S_{液相}$），可表示为：

$$X_{液相} + nS_{固相} \rightleftharpoons X_{固相} + nS_{液相}$$

吸附能力可用吸附平衡常数 K 衡量。通常极性较强的物质其 K 值较大，易被吸附剂所吸附，随流动相向前移动的速率慢，保留时间较长，后流出色谱柱。反之，K 值较小，保留时间较短，先流出色谱柱。

2. 吸附剂 吸附剂吸附能力的大小，一是取决于吸附中心（吸附点位）的多少，二是取决于吸附中心与被吸附物形成氢键能力的大小。吸附活性中心越多，形成氢键能力越强，吸附剂的吸附能力越强。常用的吸附剂主要有硅胶、氧化铝和聚酰胺等。

（1）硅胶 硅胶（$SiO_2 \cdot xH_2O$）是具有硅氧交联结构，表面具有许多硅醇基（—Si—OH）的多孔性微粒。由于硅羟基能与极性化合物或不饱和化合物形成氢键而使硅胶具有吸附能力，也称吸附活性。硅胶吸附活性与其含水量有关，含水量越多，活性越弱。一般根据含水量可以把硅胶的活性分为五个活度等级，如表7-1所示。吸附剂含水量越大，活度级数越大，活性越小，吸附能力越弱。硅胶表面的羟基能与水结合成水合硅羟基（—Si—OH·H_2O）而使其失去活性，丧失吸附能力，此过程称为失活或脱活。将硅胶在110℃左右加热时，硅胶表面吸附的水能可逆地被除去，使其吸附能力增强，此过程称为活化。采用活化或失活的方法可以控制吸附剂的活性。

表 7-1 硅胶和氧化铝的活性与含水量的关系

硅胶含水量（%）	活度级	活性	氧化铝含水量（%）
0	Ⅰ	大	0
5	Ⅱ	↓	3
15	Ⅲ		6
25	Ⅳ		10
38	Ⅴ	小	15

硅胶具有微酸性，适用于分离酸性和中性物质，如有机酸、氨基酸、甾体、萜类等。

（2）氧化铝　氧化铝是一种吸附力较硅胶稍强的吸附剂，具有分离能力强、活性可以控制等优点。氧化铝吸附活性也与其含水量有关，其吸附活性与含水量的关系见表7-1。色谱用的氧化铝有碱性、中性和酸性三种。一般情况下中性氧化铝使用最多。

碱性氧化铝（pH 9~10）适用于碱性（如生物碱）和中性化合物的分离，对酸性物质则难分离。酸性氧化铝（pH 4~5），适用于分离酸性化合物，如酸性色素、某些氨基酸以及对酸稳定的中性物质。中性氧化铝（pH 7.5）适用于分离生物碱、挥发油、萜类、甾体以及在酸碱中不稳定的苷类、酯、内酯等化合物。凡是在酸性、碱性氧化铝上能分离的化合物中性氧化铝也都能分离。

（3）聚酰胺　聚酰胺是一类化学纤维素原料，由酰胺聚合而成的高分子化合物。主要通过酰胺基与酚、酸、硝基、醌类化合物形成氢键而产生吸附作用。主要适于分离含羟基的天然产物（如黄酮类、蒽醌类、鞣质类等）、酸类、硝基类等化合物。色谱用聚酰胺粉是白色多孔的非晶形粉末，不溶于水和一般的有机溶剂，易溶于浓无机酸、酚、甲酸。

除上述三种主要的吸附剂外，硅藻土、硅酸镁、大孔吸附树脂、活性炭、二氧化锰、玻璃粉、天然纤维等也可作为吸附剂。

3. 流动相　吸附色谱的洗脱过程是流动相分子与组分分子竞争占据吸附剂表面活性中心的过程。极性强的流动相分子占据吸附中心的能力强，容易将试样分子从活性中心置换，具有强的洗脱作用，使组分吸附常数 K 值小，保留时间短。极性弱的流动相竞争占据活性中心的能力弱，洗脱作用弱，使组分吸附常数 K 值大，保留时间长。常用流动相极性递增的次序：石油醚＜环己烷＜四氯化碳＜苯＜甲苯＜乙醚＜三氯甲烷＜醋酸乙酯＜正丁醇＜丙酮＜乙醇＜甲醇＜水。

4. 色谱条件的选择　在选择吸附色谱的色谱条件时必须同时考虑到试样的结构与性质、吸附剂的活性和流动相的极性这三种因素。

（1）被测物质的结构与性质　非极性化合物，如饱和碳氢化合物，一般不被吸附或吸附不牢。当其结构中取代一个基团后，极性增加。常见官能团的极性由小到大的顺序：烷烃＜烯烃＜醚类＜硝基化合物（—NO_2）＜酯类（—COOR）＜酮类（C═O）＜醛类（—CHO）＜硫醇（—SH）＜胺类（—NH_2）＜酰胺（—NHCO）＜醇类＜酚类＜羧酸类。

判断物质极性大小的规律如下：母核相同，分子中官能团极性越大或极性官能团越多，整个分子极性越大；分子中双键越多，共轭双键越多，吸附力越强；分子中取代基的空间排列对吸附性能也有影响，如同一母核中羟基处于能形成分子内氢键位置时，其吸附力低于不能形成氢键的化合物。

（2）吸附剂活性　活性按从大到小排序为Ⅰ级＞Ⅱ级＞Ⅲ级＞Ⅳ级＞Ⅴ级。

分离极性小的物质，选用吸附活性较大的吸附剂；反之，分离极性大的物质，应选用吸附活性较小的吸附剂。

（3）流动相极性　一般根据"相似相溶"的原则选择流动相。分离极性大的物质应选用极性大的溶剂作为流动相，分离极性小的物质应选用极性小的溶剂作为流动相。

在选择色谱分离条件时，应从被分离物质结构性质、吸附剂活性、流动相极性等三方面因素综合考虑。一般情况下，用硅胶、氧化铝时，若被测组分极性较强，应选用吸附性能较弱的吸附剂，用极性较强的洗脱剂；如被测组分极性较弱，则应选择吸附性较强的吸附剂和极性较弱的洗脱剂。被分离物质性质、吸附剂活性、流动相极性选择原则如图7-3所示。一般被分离物质常优先确定，主要是选择吸附剂的活性和流动相的极性，最佳方案总是通过实验来确定。为了得到极性适当的流动相，在实际工作中常采用多元混合流动相。

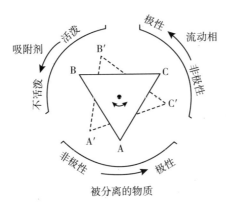

图7-3 被分离物质、吸附剂和流动相的关系

用聚酰胺为吸附剂时，一般采用以水为主的混合溶剂为流动相，如不同配比的醇-水、丙酮-水、氨水-二甲基甲酰胺混合溶液等视具体试样组分而定。甲酰胺、二甲基甲酰胺洗脱能力最强，丙酮、甲醇及乙醇次之，水的洗脱能力最弱。

5. 吸附柱色谱操作技术 色谱柱为内径均匀、下端（带或不带活塞）缩口的硬质玻璃管，下端口或活塞上部铺垫适量棉花或玻璃纤维，管内装入吸附剂。吸附剂粒径一般为70~150 μm，应尽可能大小均匀，以保证良好的分离效果。吸附柱色谱操作技术主要包括吸附剂的填装、加样、洗脱、收集和检测等五个步骤。

（1）吸附剂的填装 选择合适的色谱柱，柱的长度与直径比一般为（10~20）∶1。将洗净干燥的色谱柱垂直固定在铁架台上。如果色谱柱下端没有砂芯横隔，则取一小团脱脂棉，用玻璃棒将其推到柱底部，在上面平铺一层0.5~1.0 cm厚的洗过干燥的石英砂，有助于分离时色层边缘整齐，加强分离效果。色谱柱的填装要求均匀，不得有气泡，分为干法和湿法。①干法：将吸附剂经玻璃漏斗慢慢均匀地一次加入色谱柱，中间不要间断，轻轻敲击色谱柱管壁使其填充均匀，并在吸附剂上面加少许脱脂棉，然后打开色谱柱下端活塞，沿管壁缓缓加入洗脱剂，使吸附剂中的空气全部排出，待柱内吸附剂全部湿润且不再下沉为止，整根色谱柱应呈半透明状。若色谱柱本身不带活塞，可在色谱柱下端出口处连接活塞，加入适量的洗脱剂，旋开活塞使洗脱剂缓缓滴出，然后自管顶缓缓加入吸附剂，使其均匀地润湿下沉，在管内形成松紧适度的吸附层。装柱完毕，关闭活塞。操作过程中应保持有充分的洗脱剂留在吸附层的上面。②湿法：将吸附剂与洗脱剂混合，搅拌除去空气泡，徐徐倾入色谱柱中，打开柱子下端活塞，在柱子下端放一个洁净干燥的锥形瓶，接收洗脱剂。然后加入洗脱剂将附着在管壁的吸附剂洗下，使色谱柱面平整。

（2）加样 加样也分干法和湿法两种。干法加样：如样品在常用溶剂中不溶，可将样品与适量的吸附剂在乳钵中研磨混匀后加入；或将样品溶于适当的溶剂中，与少量吸附剂混匀，再使溶剂挥发去尽使呈松散状，加在已制备好的色谱柱上面。湿法加样：待色谱柱中洗脱剂放至液面和吸附剂表面相平时，关闭活塞。用少量初始洗脱剂溶解样品，再沿管壁缓缓加入样品溶液，注意勿使吸附剂翻起（也可以在吸附剂表面放入一张面积相当的滤纸），待样品溶液全部转移至色谱柱中后，打开下端活塞，使液体缓缓流至液面与吸附剂面相平。

（3）洗脱　除另有规定外，通常按洗脱剂洗脱能力大小递增变换洗脱剂的品种和比例，分段收集流出液。操作过程中，应保持在吸附层的上面有一定量的洗脱剂，防止断层或旁流。要控制洗脱剂的流速，流速过快，达不到吸附平衡，影响分离效果；流速过慢，洗脱时间太长。一般洗脱剂流出速度为每分钟 5 ~ 10 滴。如洗脱剂下移速度太慢时，可以适当加压或用水泵减压，以加快洗脱速度。

（4）收集　收集流出液可以采用等份收集（也可用自动收集器）或者变换洗脱剂收集。变换洗脱剂收集通常收集至流出液中所含成分显著减少或不再含有时，再改变洗脱剂的品种和比例。

（5）检测　对收集的样品采用适宜方法（如分光光度法、薄层色谱法等）进行检测。如果为单一成分，可回收溶剂，得到组分。如果仍为混合物，可以再用其他方法进一步分离。

二、凝胶柱色谱

1. 基本原理　凝胶色谱又称为凝胶柱色谱法、分子排阻色谱法或空间排阻色谱法。是根据被分离组分的分子尺寸大小进行分离的一种液相柱色谱法。主要用于蛋白质、高聚物分子和其他大分子的分离。凝胶色谱的固定相为化学惰性的多孔性物质，多为凝胶，凝胶是一种多孔性的高分子聚合体，表面惰性，含有许多大小不同的孔穴或立体网状结构。

凝胶色谱的作用机理如下：当试样随流动相在凝胶外部间隙及凝胶孔穴中流动时，分子尺寸大的不能渗透到凝胶孔穴中去（称为排阻），较快地随流动相移动；中等大小的组分分子，能选择性地渗透进部分孔穴中去，移动稍慢；分子尺寸小的，则渗透到凝胶内部孔穴中，移动慢。分子越小渗透进孔穴越深，移动越慢。这样，样品中各组分按分子大小先后流出色谱柱。凝胶色谱法的分离机制是根据分子的尺寸大小与凝胶孔穴大小的关系进行分离，与流动相的性质无关，因此，凝胶色谱法具有一些突出的特点。试样峰全部在溶剂的保留时间前出峰，各组分在色谱柱中停留的时间短，色谱峰的扩展比其他色谱分离方法小得多，因此，凝胶色谱的峰形一般较窄，有利于检测。

2. 固定相及流动相的选择　固定相凝胶是含有大量液体（一般是水）的柔软而富有弹性的物质，是一种经过交联而具有立体网状结构的多聚体。商品凝胶是干燥的颗粒性物质，只有这些颗粒性物质吸收大量液体溶胀后才能称为凝胶。凝胶网眼大小可由制备时添加不同比例的交联剂控制，交联度大的孔穴小，吸水少，膨胀小，用于小分子物质分离；交联度小的孔穴大，吸水多，膨胀大，用于大分子物质分离。固定相凝胶按耐压程度的不同分为软质凝胶、半硬质凝胶和硬质凝胶三种。

（1）软质凝胶　如葡聚糖凝胶、琼脂凝胶、聚丙烯酰胺等，常用固定相有机凝胶。这种凝胶承受压力很小，只适于在常压、低流速下使用。宜采用水相作为流动相，分离溶于水的样品。

（2）半硬质凝胶　有机凝胶，如苯乙烯 - 二乙烯苯交联共聚物凝胶是应用最多的凝胶，宜用有机溶剂作流动相。特点是能耐较高压力，容量中等，具有压缩性，可填充紧密，柱分离效能较高。

（3）硬质凝胶　具有一定孔径范围的多孔性凝胶，如多孔硅胶、多孔玻璃珠等。宜用水和有机溶剂作流动相。硬质凝胶是无机凝胶，惰性、稳定性好，渗透性好，可耐高压，孔径尺寸固定，容易填充均匀，但不易装紧，柱效不高。

三、经典柱色谱法的应用

柱色谱是经典的有机物分离技术，操作简单，分离被检组分与杂质不会发生乳化，主要用于食品药品的分离纯化，经柱色谱分离收集的洗脱液可供制备供试品溶液，进行定性定量分析。下面举例"胡萝卜素的分离提取"。

胡萝卜是传统蔬菜和食用天然胡萝卜素的重要来源。β-胡萝卜素是500多种类胡萝卜素的一种，是橘黄色脂溶性化合物，是一种重要的食用天然色素和营养强化剂，易溶于许多有机溶剂，如石油醚-乙酸乙酯、三氯甲烷。几乎不溶于丙二醇、甘油、酸、碱和水。β-胡萝卜素是一种非常安全的、无任何毒副作用的营养元素，具有解毒作用。是维护人体健康不可缺少的营养素。在抗癌、预防心血管疾病、白内障及抗氧化方面有显著的功能，可预防因老化引起的多种退化性疾病。另外，β-胡萝卜素在食品工业中的应用也日益广泛。

提取方法：溶剂选择丙酮-石油醚溶液（1:1，V/V）。然后将活化后的氧化镁（或者氧化铝或者层析硅胶）作为固定相装在一金属或玻璃柱中，装填高度为10 cm，用石油醚浸润。取2 mL类胡萝卜素提取液上柱，用石油醚淋洗试样。类胡萝卜素与非类胡萝卜素逐渐分离，类胡萝卜素移动速度快，先流出色谱柱，非类胡萝卜素后流出色谱柱。用锥形瓶收集洗脱液，得到纯化后的类胡萝卜素。曾有学者在提取金盏菊花中的类胡萝卜素过程中，采用氧化镁、氧化铝和层析硅胶三种玻璃层析柱，以石油醚浸润，类胡萝卜素粗提液通过层析柱后，将洗脱液用薄层色谱法评价三种填充料的纯化效果，数据显示氧化镁纯化效果最优。

柱色谱法一般用于类胡萝卜素的粗提取，对单体颗粒以及直径大小要求不严格，目前此种方法在国内外应用比较广泛。

第三节 薄层色谱法

薄层色谱法（TLC），或称薄层层析，将固定相均匀涂布在表面光滑的平板上，形成薄层，以合适的溶剂为流动相，在此薄层上对混合样品进行分离、鉴定和定量的一种层析分离技术。按分离原理分类，薄层色谱法可以分为吸附、分配、离子交换、空间排阻薄层色谱法等。以吸附薄层色谱法最常用，本节主要介绍吸附薄层色谱法。

一、分离原理

吸附薄层色谱法所用的固定相为固体吸附剂，流动相通常为不同极性的溶剂，称为展开剂。由于固体吸附剂对不同极性组分具有不同吸附能力，展开剂流过固定相的过程中对不同极性组分也具有不同的溶解能力，使各组分在两相中的分配情况不同，即分配系数 K 不同，最终达到分离的目的。如将含有 AB 组分（B 组分极性大于 A 组分）的混合溶液点于薄层板的一端，在密闭的容器中，将点样端浸入展开剂中（注意：不能没入原点），借助于薄层板上吸附剂的毛细管作用，展开剂携带被分离组分向前移动，这一过程称为展开。展开时，各组分不断被吸附剂所吸附，又不断被展开剂所溶解而解吸，在吸附剂与展开

扫码"学一学"

剂之间连续不断地发生吸附、解吸附、再吸附、再解吸附，极性较大的组分吸附力较大，分配系数 K 较大，随展开剂移动较慢；反之，极性较小的组分吸附力较小，分配系数 K 较小，随展开剂移动较快，产生差速移动得到分离。经过一段时间，当展开剂前沿到达预定位置后，取出薄层板，极性不同的组分可在薄层板上形成彼此分离的斑点。如图 7 - 4 所示。

试样展开后各组分斑点在薄层板上的位置常用比移值（R_f）表示。分离效果常用 R_f、相对比移值（R_s）和分离度（R）表示。

1. 比移值 R_f 表示原点中心至组分斑点中心的距离与原点中心至溶剂前沿的距离之比。也可以说是组分迁移的距离与展开剂迁移的距离之比。如图 7 - 5 所示。比移值的计算公式为：

$$R_f = \frac{d_x}{d} \tag{7-6}$$

式中，d_x 为组分的移动距离；d 为展开剂的移动距离。

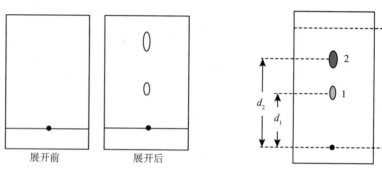

图 7 - 4　薄层色谱分离图　　　　图 7 - 5　R_f 值计算示意图

R_f 与 K 有关，即与组分性质（溶解度）以及薄层板和展开剂的性质有关。色谱条件一定，R_f 只与组分性质有关，是一常数，是薄层色谱基本定性参数，说明组分的色谱保留行为。

（1）R_f 与 K 有关。K 增大，R_f 减小。

（2）薄层板一定，对于极性组分：展开剂极性增大，R_f 增大（容易洗脱）；展开剂极性减小，R_f 减小（不容易洗脱）。

（3）R_f 范围：$0 \leqslant R_f \leqslant 1$，即组分迁移距离小于等于展开剂迁移距离。若 $R_f = 0$，表明组分被吸附剂强烈吸附，没有随展开剂移动，仍停留在原点。试样中各组分的 R_f 相差越大，表明分离得越开，分离效果越好。实验证明，在薄层色谱法中，组分 R_f 最佳范围是 0.3 ~ 0.5，可用范围是 0.2 ~ 0.8，相邻两组分 R_f 的差值应在 0.05 以上。

2. 相对比移值 由于影响 R_f 的因素很多，要在不同实验室不同实验人员之间进行 R_f 值的比较是很困难的，采用相对比移值（R_s）的重现性和可比性均较 R_f 好。R_s 是样品斑点的 R_f 与标准对照物的 R_f 的比值。也即原点至样品斑点中心的距离与原点至标准对照物斑点中心的距离之比。相对比移值可以消除系统误差，大大提高重现性和可靠性。其计算示意见图 7 - 6。

R_s 的计算公式为：

$$R_s = \frac{R_{f(i)}}{R_{f(s)}} = \frac{d_i}{d_s} \qquad (7-7)$$

式中，d_i、d_s 分别为样品和标准对照物的展开距离。

计算相对比移值时，需要注意：①参考物与被测组分在完全相同条件下展开；②参考物可以是后加入样品中的纯物质，也可是样品中的某一已知组分；③R_s 与组分、参考物性质及色谱条件有关，是平面色谱中的重要分离参数。R_s 与 R_f 不同，可以大于或小于 1。

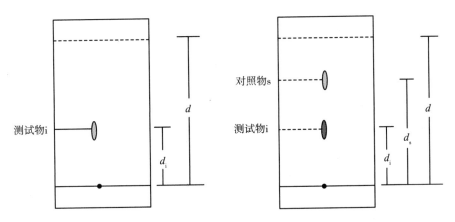

图 7-6　相对比移值计算示意图

3. 分离度 R 又称分辨率，是衡量薄层色谱分离效果的重要指标，是指相邻两斑点中心距离与两斑点平均径向宽度的比值。在薄层色谱扫描仪图中，R 等于相邻色谱峰尖间的距离与两色谱峰峰宽均值之比。R 越大，表明相邻两组分分离效果越好。一般说，当 $R >$ 1.0 时，相邻两斑点完全分离（图 7-7）。

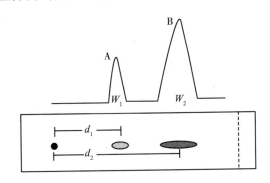

图 7-7　分离度计算示意图

R 的计算公式为：

$$R = \frac{2(d_2 - d_1)}{W_1 + W_2} \qquad (7-8)$$

式中，d_2 为相邻两峰中后一峰与原点的距离；d_1 为相邻两峰中前一峰与原点的距离；W_1 及 W_2 为相邻两峰各自的峰宽。

拓展阅读

薄层色谱中的系统适用性试验

按各品种项下要求对实验条件进行系统适用性试验，即用供试品和标准物质对实验条件进行试验和调整，应符合规定的要求。系统适用性试验主要是为了确定分析使用的色谱系统是有效的、适用的。薄层色谱系统适用性试验主要指标有比移值、分离度、检出限、相对标准偏差。

（1）比移值　一般要求各斑点的比移值（R_f）以在 0.2～0.8 之间为宜。

（2）检出限　系指限量检查或杂质检查时，供试品溶液中被测物质能被检出的最低浓度或量。一般采用已知浓度的供试品溶液或对照标准溶液，与稀释若干倍的自身对照标准溶液在规定的色谱条件下，在同一薄层板上点样、展开、检视，后者显清晰可辨斑点的浓度或量作为检出限。

（3）分离度（或称分离效能）　鉴别时，供试品与标准物质色谱中的斑点均应清晰分离。当薄层色谱扫描法用于限量检查和含量测定时，要求定量峰与相邻峰之间有较好的分离度，分离度应大于 1.0。

（4）相对标准偏差　薄层扫描含量测定时，同一供试品溶液在同一薄层板上平行点样的待测组分的峰面积测量值的相对标准偏差应不大于 5.0%；需显色后测定或者异板的相对标准偏差应不大于 10.0%。

二、吸附薄层色谱中的吸附剂和展开剂

1. 吸附剂　吸附薄层色谱法常用的吸附剂有硅胶、氧化铝、聚酰胺、微晶纤维素、硅藻土等。硅胶主要有硅胶 H、硅胶 G、硅胶 GF_{254}、硅胶 HF_{254} 等。硅胶 H 是不含黏合剂的硅胶；硅胶 G 是含黏合剂煅石膏的硅胶；硅胶 GF_{254} 是含黏合剂煅石膏和无机荧光剂的硅胶，在 254 nm 紫外光处呈现黄绿色荧光背景。

选择固定相时主要根据样品的性质如极性、酸碱性和溶解度。硅胶为微酸性，适合于酸性、中性物质的分离；一般碱性氧化铝适合于碱性、中性物质的分离；聚酰胺含有酰胺基，适合于酚类、醇类化合物的分离；纤维素含有羟基，适合于亲水性物质的分离。

色谱使用的吸附剂都是经过特殊处理的专用试剂，要求一定的形状与粒度范围，普通薄层板一般选用颗粒粒径为 10～40 μm 的吸附剂。吸附剂还必须具有一定的活度，活度太高和过低都不能使混合物各组分得到有效的分离。不同的薄层板活化方法不同。硅胶采用 105～110 ℃活化 0.5 小时，氧化铝一般采用 150 ℃烘箱活化 2 小时，聚酰胺一般 80 ℃活化 1 小时；薄层板活化后置于干燥器中备用。

2. 展开剂　在吸附薄层色谱法中，根据相似相溶原理选择合适的展开剂。展开剂一般应采用试验的方法，在一块薄层板上进行试验。展开剂选择要使绝大部分样品的 R_f 值位于 0.2～0.8 之间并达到较好的分离，与此对应的是展开剂要有适当的强度和组成。展开剂强度越大，组分 R_f 值越大，但很可能降低分离能力。当一种溶剂不能很好地展开各组分时，常选择混合溶剂作为展开剂。

氧化铝和硅胶薄层色谱法使用的展开剂一般以亲脂性溶剂为主,加一定比例的极性有机溶剂。被分离物质的亲脂性越强,所需展开剂的亲脂性也相应增强。在分离酸性或碱性化合物时,需要少量酸或碱(如冰醋酸、甲酸、二乙胺、氨水、吡啶),以防止产生拖尾现象。聚酰胺薄层色谱常用展开剂为不同比例的乙醇 – 水及三氯甲烷 – 甲醇。表7 – 2列举薄层色谱法分离各类物质常用的展开剂。

表7 – 2　薄层色谱法分离各类物质常用的展开剂

被分离物质	吸附剂	展开剂
氨基酸	硅胶G	(1) 70%乙醇(或96%乙醇) – 20%氨水(4:1) (2) 正丁醇 – 乙酸 – 水(6:2:2) (3) 酚 – 水(3:1, *m/m*) (4) 正丙醇 – 水(1:1) (5) 三氯甲烷 – 甲醇 – 17%氨水(2:2:1)
	氧化铝	正丁醇 – 乙醇 – 水(6:4:4)
	纤维素	(1) 正丁醇 – 乙酸 – 水(4:1:5) (2) 吡啶 – 丁酮 – 水(15:70:15) (3) 正丙醇 – 水(7:3) (4) 甲醇 – 水 – 吡啶(80:20:4)
多肽	硅胶G	(1) 三氯甲烷 – 丙酮(9:1) (2) 环己烷 – 乙酸乙酯(9:1) (3) 三氯甲烷 – 甲醇(9:1) (4) 丁醇饱和的0.1% NH₄OH
水溶性B族维生素	硅胶G	乙酸 – 丙酮 – 甲醇 – 苯(1:1:4:14)
	氧化铝	甲醇、四氯化碳、石油醚
脂溶性B族维生素	硅胶G	(1) 石油醚 – 乙醚 – 乙酸(90:10:1) (2) 丙酮 – 己烷 – 甲醇(50:135:13)
核苷酸	硅胶G	(1) 正丁醇饱和液 (2) 异丙酮 – 浓氨水 – 水(6:3:1) (3) 正丁醇 – 乙酸 – 水(5:2:3) (4) 正丁醇 – 丙酮 – 冰醋酸 – 5%氨水 – 水(3.5:2.5:1.5:1.5:1.0)
脂肪酸	硅胶G、硅藻土	(1) 石油醚 – 乙醚 – 乙酸(70:30:1) (2) 乙酸 – 甲腈(1:1)
脂肪类	硅胶G	(1) 石油醚(沸点60~90℃) – 苯(95:5) (2) 石油醚 – 乙醚(92:8) (3) 四氯化碳 (4) 三氯甲烷 (5) 石油醚 – 乙醚 – 冰醋酸(90:10:1)
糖类	硅胶G、0.33 mol/L硼酸	(1) 苯 – 冰醋酸 – 甲醇(1:1:3) (2) 正丁醇 – 丙酮 – 水(4:5:1) (3) 三氯甲烷 – 丙酮 – 冰醋酸(6:3:1) (4) 正丁醇 – 乙酸乙酯 – 水(7:2:1)
	硅藻土	(1) 乙酸乙酯 – 异丙醇 – 水(65.0:23.5:11.5) (2) 苯 – 冰醋酸 – 甲醇(1:1:3) (3) 甲基乙基丙酮 – 冰醋酸 – 甲醇(3:1:1)

三、基本操作

(一)薄层板的制备

实际应用中薄层板有自制薄层板和市售薄层板。

1. 自制薄层板　吸附剂的载板是指表面光滑、平整清洁的玻璃板、塑料片和金属箔。

最常用的是玻璃板，规格有 5 cm×20 cm、10 cm×10 cm、10 cm×15 cm、10 cm×20 cm 或 20 cm×20 cm 等，厚度一般为 2 mm。使用前一般将玻璃板泡在饱和碳酸钠溶液中数小时，以除去玻璃表面的油污，然后用清水充分清洗，再用蒸馏水或去离子水冲洗，洗净后玻璃板表面应不附水珠，晾干备用。

薄层板的制备方法有两种：干法铺板和湿法铺板。

（1）干法铺板　多为软板，主要用于氧化铝薄层板的制备。干法制板一般用氧化铝作吸附剂，涂层时不加水，将氧化铝倒在玻璃板上，取一根直径均匀的玻璃棒，将两头用胶布缠好，在玻璃板上滚压，把吸附剂均匀地铺在玻璃板上。这种方法简便，展开快，但是样品斑点易扩散，制成的薄板不易保存。

（2）湿法铺板　可用于硅胶、聚酰胺、氧化铝等薄层板的制备，但最常用的是硅胶硬板。为使铺成的硅胶板牢固，要加入黏合剂，用硫酸钙为黏合剂铺成的板为硅胶 G 板，用羧甲基纤维素（carboxy methyl cellulose，CMC）钠（简称 CMC – Na）为黏合剂铺成的板为硅胶 CMC 板。

硅胶 G 板：加硅胶质量 5%、10% 或 15% 的硫酸钙，与硅胶混匀，得到硅胶 G5、G10 与 G15；用硅胶 G 和蒸馏水按 1：（3～4）的比例调成糊状，倒一定量的浆糊于玻璃板上，铺匀，在空气中晾干，于 105 ℃活化 1～2 小时，薄层厚度为 0.25 mm 左右。一般情况下薄层越薄，分离效果越好。

硅胶 CMC 板：取硅胶加适量 0.2%～0.5% CMC 水溶液（1 g 硅胶约加入 3 mL CMC 水溶液），在研钵中沿同一方向研磨均匀，除去表面的气泡，置玻璃板上使涂布均匀，或倒入涂布器中，在玻璃板上平稳地移动涂布器进行涂布，控制铺板厚度在 0.25 mm 左右，取出涂好的薄层板放在水平台上于室温下晾干，在 105 ℃活化 30 分钟，立即置于干燥器中备用。使用前检查其均匀度，可通过透射光或反射光检视，表面应均匀、平整、无麻点、无破损及污染。

2. 市售薄层板　市售薄层板有普通薄层板和高效薄层板。高效薄层板固定相粒径 5～7 μm。薄层板临用前一般应在 105 ℃活化 30 分钟。聚酰胺薄膜不需要活化。铝基片薄层板可根据需要剪裁，但须注意裁剪后的薄层板底边的硅胶层不得破损。如在存放期间受空气中的杂质污染，使用前可用甲醇、甲醇与二氯甲烷的混合溶剂在展开容器中上行展开预洗，取出，晾干，在 110 ℃活化后置于干燥器中备用。

（二）点样

点样，即将样品溶液点加到薄层板上。常用的点样方式有手动、自动两种。手动点样一般采用定量毛细管或微量注射器，自动点样采用自动点样仪。

点样前，首先要将试样配制成适宜浓度的溶液（试样溶液浓度一般 0.01%～0.1%）。溶解试样的溶剂一般用乙醇、丙酮等挥发性有机溶剂，点样后溶剂能迅速挥发，减少色斑的扩散。对于水溶性样品，可采用先用少量水使其溶解，再用乙醇或甲醇稀释定容。用适宜点样器在薄层板的起始线上点样，一般为圆点状或窄细的条带状。点样基线距底边 10～20 mm（高效薄层板一般为 8～10 mm）。圆点状直径一般不大于 4 mm（高效薄层板一般不大于 2 mm），条带状宽度一般为 5～10 mm（高效薄层板一般为 4～8 mm）。点间（条带间）距离可视斑点扩散情况以相邻斑点互不干扰为宜，一般约 10 mm。普通薄层板的点样量最

扫码"看一看"

好在 10 μL 以下，高效薄层板在 5 μL 以下。每次点样后，使其自然干燥或用电吹风机吹干，只有干后才能点第二次。在空气中点样时间以不超过 10 分钟为宜。接触点样时，应注意勿损伤薄层表面，不得出现凹点，不可刺出空洞。

（三）展开

展开操作需要在密闭的容器中进行，根据薄层板的大小，选择不同的层析缸。层析缸应配有严密的盖子，底部应平整光滑，或有双槽，侧面应便于观察。

展开前，首先配好展开剂，如果用 5 cm×15 cm 的薄板，需要展开剂 10～20 mL，如果用 2.5 cm×7.0 cm 的薄板，只需要 2～5 mL 展开剂。将展开剂倒入层析缸，放置一段时间（一般为 15～30 分钟）预饱和，待层析缸被展开剂饱和后，再迅速将薄层板放入，浸入展开剂的深度为距薄层板底边 0.5～1.0 cm（注意：切勿将样点浸入展开剂中），密闭，展开即开始，这样可防止产生边缘效应（同一物质在同一薄层板上出现中间部分的 R_f 值比边缘的 R_f 值小）。展开至规定距离，一般普通薄层板 8～15 cm，高效薄层板 5～8 cm。取出薄板，划出溶剂前沿线，晾干，待检测。

展开方式可以分为以下三类。

（1）上行展开法和下行展开法　最常用的是上行展开，就是使展开剂从下往上爬行展开：将点加样品后的薄层板，置入盛有适当展开剂的层析缸，浸入展开剂的深度为距薄层底边 0.5～1.0 cm。下行展开是使展开剂由上往下流动。由于受重力作用，下行展开移动速度快，所以展开时间比上行法快一些。具体操作是将展开剂放在上位槽中，借助滤纸的毛细管作用转移到薄层上，从而达到分离的效果。

（2）单次展开法和多次展开法　用展开剂对薄层展开一次，称为单次展开。若展开分离效果不好时，可把薄层板自层析缸中取出，吹去展开剂，重新放入装有另一种展开剂的层析缸中进行第二次展开。可以使薄层顶端与外界敞通，以便当展开剂走到薄层的顶端尽头处，可以连续不断地向外界挥发使展开连续进行，以有利于 R_f 很小的组分得以分离。

（3）单向展开法和双向展开法　上面介绍的都是单向展开，也可取方形薄层板进行双向展开，即先向一个方向展开，取出，待展开剂完全挥发后，将薄层板转动 90°，再用原展开剂或另一种展开剂进行展开。

（四）显色定位

有色物质斑点可以在自然条件下直接观察，用铅笔画出样品斑点位置；无色物质斑点可以用荧光或试剂显示。无色物质常用的显色方法有以下几种。

1. 紫外线显色法　常用紫外线有两种：254 nm 和 365 nm。有些化学成分在紫外灯下会产生荧光或暗色斑点，可直接找出斑点位置。对于在紫外灯下自身不产生颜色但有双键的化合物可用掺有荧光素的硅胶（GF$_{254}$ 或 HF$_{254}$）铺板，展开后在紫外灯下观察，板面为亮绿色，化合物为暗色斑点。

2. 喷雾显色法　每类化合物都有特定的显色剂，展开完毕，进行喷雾显色，多数在日光灯下可找到斑点。注意氧化铝软板在展开后，取出立即画出前沿，趁湿喷雾显色。如果干后显色，吸附剂会被吹散。表 7-3 列举了各类物质常用的显色剂。

表 7 – 3　各类物质常用的显色剂

化合物类型	常用显色剂
氨基酸类	茚三酮溶液：0.2～0.3 g 茚三酮溶于 95 mL 乙醇中，再加入 5 mL 2,4 二甲基吡啶
脂肪类	5% 磷钼酸 – 乙醇溶液；三氯化锑或五氯化锑 – 三氯甲烷液；0.05% 罗丹明 B 溶液
糖类	2 g 二苯胺溶于 2 mL 苯胺、10 mL 80% 磷酸和 100 mL 丙酮液
酸类	0.3% 溴甲酚绿溶于 80% 乙醇中，每 100 mL 加入 30% 氢氧化钠溶液 3 滴
醛酮类	邻联茴香胺 – 乙醇溶液
酚类	5% 三氯化铁溶于甲醇溶液（1：1）中
脂类	7% 盐酸羟胺水溶液与 12% 氢氧化钾 – 甲醇溶液等体积混合，喷于滤纸上将薄层在 30～40 ℃接触 10～15 分钟，取下滤纸，喷洒 5% 三氯化铁（溶于 0.5 mol/L HCl 中）于纸上

3. 碘蒸气显色法　将薄层板放在充满碘蒸气的密闭容器中显色，许多物质能与碘蒸气产生棕色斑点，而且碘会挥发，样品可回收。

4. 生物显痕迹法　抗生素等生物活性物质可用生物显迹法进行。取一张滤纸，用适当的缓冲溶液浸湿，覆盖在薄层上，上面用另一块玻璃压住。10～15 分钟后取出滤纸，然后立即覆盖在接有实验菌种的琼脂平板上，在适当温度下，经一段时间培养后，即可显出抑菌圈。

（五）定性定量分析

1. 定性分析　定性鉴别主要依据待测组分的 R_f，因影响 R_f 因素很多，所以常采用已知标准物质作对照，将试样溶液与对照品溶液在同一薄层板上点样、展开、显色，试样斑点 R_f 与对照品斑点 R_f 应一致。也可以采用相对比移值参考文献数据进行定性。

2. 定量分析　薄层色谱定量方法有目视法、斑点洗脱法和薄层扫描法。目视法是将一系列已知浓度的对照品溶液与试样溶液点在同一块薄层板上展开显色后，目视观察比较试样斑点与对照品斑点的颜色深浅或面积，估计出被测组分的近似含量。薄层扫描法是采用薄层扫描仪在薄层板上对斑点扫描定量，精密度和准确度有所提高。

四、薄层色谱法的应用

薄层色谱法是一种微量、快速、简便、分离效果较理想的方法，一般用于摸索柱色谱法的条件，即寻找分离某种混合物进行柱色谱分离时所用的填充剂及洗脱剂；此外用于鉴定化合物或检查化合物的纯度；还可直接用于混合物的分离。此外，薄层色谱法可用薄层扫描仪扫描定量，对物质进行定量分析。

（一）食品营养强化剂醋酸视黄酯（醋酸维生素 A）的鉴别

称取相当于 15 000 IU 维生素 A 的醋酸维生素 A，加石油醚 5 mL 溶解，作为试样溶液。另取醋酸维生素 A 对照品同样制成浓度相同的对照品溶液，进行薄层色谱分析。分别取试样溶液、对照品溶液各 5 μL，分别点于同一硅胶 G 薄层板，以环己烷 – 乙醚混合液（12：1，V/V）作为展开剂。当展开剂的最前端上升到距离点样原点约 10 cm 时，停止展开，晾干，均匀喷洒 25% 三氯化锑的三氯甲烷溶液，试样溶液和标准品溶液应显示相同的蓝色主斑点且 R_f 值相同。

（二）干姜的薄层色谱鉴定

取本品粉末 2 g，加乙醇 20 mL，超声波处理 20 分钟，滤过，滤液蒸干，残渣加甲醇 1 mL 使溶解，作为供试品溶液。另取干姜对照品 2 g，同法制成对照品溶液。吸取上述两种溶液各 4 μL，分别点于同一以 CMC - Na 为黏合剂的硅胶 G 薄层板上，以环己烷 - 乙醚溶液（1：1）为展开剂，展开，取出，晾干，喷以香草醛硫酸试液，在 105 ℃ 加热至斑点显色清晰。供试品色谱中在与对照品色谱相应的位置上，显现相同颜色的斑点。

（三）罐头食品中 EDTA 残留量的测定

称取 2.000 g（或 2.0 mL）试样于 25 mL 容量瓶中，加水 20 mL 在超声波下提取 5 分钟后，加 2.50 mL 的三氯化铁溶液，用水定容。混匀后通过 0.45 μm 滤膜，清液立即供薄层色谱展开测定。分别取 EDTA - Fe 标准溶液和样品溶液各 1 μL，分别点于同一硅胶 G 薄层板上。以甲醇溶液（20：80）（内含有 20 mmol/L 四丁基溴化铵，0.03 mol/L 醋酸钠缓冲溶液，pH 4）为展开剂，上行展开 10 cm 后取出，挥去溶剂后，在紫外灯下观察 EDTA - Fe 的 R_f 值。然后扫描色谱图并记录峰面积。供试品中 EDTA - Fe 的峰面积不得大于标准品的峰面积。

本章小结

1. **主要名词和术语** 色谱图，基线，基线漂移，噪声，色谱峰，峰高，峰宽，半峰宽，峰面积，保留时间，死时间，调整保留时间，死体积，分配系数，分配比，选择因子，失活，活化比移值，相对比移值，分离度。

2. **经典柱色谱法** 液 - 固吸附柱色谱法是吸附剂装在管状柱内，用液体流动相进行洗脱的色谱法，是利用吸附剂对样品中不同组分的吸附能力不同来达到分离的目的。常用的吸附剂有硅胶、氧化铝、聚酰胺和大孔吸附树脂等。操作技术主要包括吸附剂的填装、加样、洗脱、收集等步骤。凝胶色谱又称为凝胶柱色谱法、分子排阻色谱法或空间排阻色谱法。是根据被分离组分的分子尺寸大小进行分离的一种液相柱色谱法。

3. **薄层色谱法** 组分 R_f 最佳范围是 0.3~0.5，可用范围是 0.2~0.8，相邻两组分 R_f 的差值应在 0.05 以上。基本操作有薄层板的制备、点样、展开、显色定位、定性定量分析。

? 思考题

1. 色谱法有哪些类型？色谱法的特点有哪些？

2. 简述吸附柱色谱操作步骤。如何填充吸附色谱柱？

3. 薄层色谱法的操作要点是什么？

4. 薄层色谱法中如何选择吸附剂和展开剂？

5. 某样品和标准品经过薄层色谱展开后，样品斑点中心距原点 9.0 cm，标准品斑点中心距原点 7.5 cm，展开剂前沿距原点 15 cm，试求样品及标准品的 R_f 值和 R_s 值。

扫码"练一练"

扫码"学一学"

实训十二　柱色谱法分离混合染料

一、实训目的

1. 掌握　柱层析分离混合物的操作方法。

2. 熟悉　柱色谱分离原理，准确判断样品组分先后被洗脱的顺序。

3. 了解　茨维特经典吸附柱层析的分离过程。

二、基本原理

硅胶是极性吸附剂，对极性大的成分吸附能力强，对极性小的成分吸附能力弱，由于苏丹黄和苏丹红两种染料的极性不同，所以被吸附的作用力不同，当用四氯化碳洗脱时，它们的迁移速度不同，从而得以分离。

三、仪器与试剂准备

1. 仪器　色谱柱（1.0 cm × 30 cm）、铁架台（带蝴蝶夹）、硅胶（柱层析用，中性70 ~ 100 目）、漏斗、玻璃棒、烧杯、量筒、玻璃珠、小药勺。

2. 试剂　四氯化碳（重蒸馏）、苏丹黄、苏丹红。

3. 试液制备

（1）染料　取苏丹黄、苏丹红各 20 mg，分别溶于 10 mL 纯的无水苯中，加入适量石油醚定容至 50 mL。

（2）混合染料　苏丹黄染料与苏丹红染料 1∶1 混合。

四、实训内容

1. 装柱　取层析柱一支，下端填塞少量棉花，将硅胶倒入层析柱中（可使硅胶经漏斗成一细流慢慢地加入管内，中间不应停顿）约 15 cm，在桌面轻轻敲击使柱中硅胶均匀分布，在铁架台上固定好。

2. 上样　取少量硅胶，加混合染料 1 mL，充分搅拌至溶剂全部挥干。上到柱顶端约 2 ~ 3 mm，轻敲至上表面平坦。

3. 洗脱　用四氯化碳冲洗，控制流速至出现两条色带。

4. 收集　用干净的锥形瓶两个，分别收集不同颜色的流出液。

五、实训记录及数据处理

1. 数据记录。

项目	硅胶用量（g）	柱规格（直径 cm × 柱长 cm）	洗脱剂用量（mL）	收集液 1 体积（mL）	收集液 2 体积（mL）
数值					

2. 画出样品柱色谱分离示意图。

六、注意事项

1. 硅胶顶端和样品顶端都要轻敲至上表面平坦，否则色带不平整，分离不理想。

2. 洗脱剂液面始终要高出样品面约 4 cm。

七、思考题

1. 简述柱色谱法的原理。

2. 本实验可否采用湿法装柱、湿法加样？

实训十三　薄层色谱法鉴定果汁中的糖

扫码"学一学"

一、实训目的

1. 掌握　薄层板的制备技术、比移值和分离度的计算方法。

2. 熟悉　薄层色谱法鉴定果汁中糖的原理；薄层色谱的操作步骤。

3. 了解　样品制备技术。

二、基本原理

硅胶是吸附剂，适用于酸性和中性物质的分离，在一定条件下，硅胶对各种糖分的吸附能力不同。同时，选择适当的展开剂，利用各种糖分的分配系数的差异，从而达到分离。显色后，根据相同的物质在相同的条件下，应具有相同的颜色和比移值进行定性，鉴定果汁中的糖分。

三、仪器与试剂准备

1. 仪器　层析缸，烘箱，玻璃板（10 cm×20 cm），铅笔，直尺，定量毛细管，刻度吸管（10 mL），吹风机，喷雾器，常速离心机及离心管，研钵，新鲜果汁。

2. 试剂　硅胶 G，丙酮，苯胺，二苯胺，磷酸，无水乙醇，鼠李糖，乳糖，葡萄糖醛酸，木糖，果糖，葡萄糖，异丙醇，CMC-Na。

3. 试液制备

（1）展开剂　丙酮溶液（9∶1）。

（2）显色剂　苯胺-二苯胺磷酸，临用时配制。取 2 g 二苯胺、2 mL 苯胺、85% 磷酸 20 mL，与 200 mL 丙酮混溶。

（3）标准糖溶液　取鼠李糖、乳糖、葡萄糖醛酸、木糖、果糖、葡萄糖，分别溶于 10% 异丙醇中，使其浓度为 10 mg/mL。

四、实训内容

1. 制作薄层板　用 0.5% 的 CMC-Na 将硅胶 G 调成浆状（1 g 硅胶约加入 3 mL 黏合剂），立即倒入干净的玻璃板上铺成约 0.25 mm 厚的薄层，在空气中干燥，使用前在 105 ℃

烘箱中烘烤30分钟使其活化。

2. 提取果汁　取新鲜水果在研钵中或榨汁机中榨取果汁，离心5分钟除去残渣，取1 mL果汁加3 mL乙醇，用3000 r/min的速度离心30分钟，取清液。

3. 点样　在薄层一端约2 cm处用铅笔画一横线，用毛细管将新鲜果汁及标准糖液分别点在薄层板上，每个样品点3~4次，每次点样后用冷风吹干或间隔一定时间让其自然干燥。一般斑点直径大于2 mm，不宜超过5 mm，底边距基线1.0~2.0 cm，点间距离为1 cm左右，样点与玻璃边缘距离至少1 cm。

4. 展开　在层析缸内倒入展开剂（深1 cm左右），把点过样的薄板放入层析缸内密闭进行展开。一般展开距离为8~15 cm。展开达规定距离，取出薄层板，立即用铅笔画出溶剂前沿线。然后用冷风吹干（注意不能把薄层板吹坏）。

5. 显色　在通风橱中，在薄层板上喷雾显色剂，随即在100 ℃条件下烘烤10~20分钟，注意观察各种糖的颜色和计算果汁中各种糖的R_f值，并以此鉴定果汁中的糖分。

五、实训记录及数据处理

1. 画出薄层色谱示意图。

2. 计算出果汁中所含糖的R_f。根据薄层色谱结果，判断果汁中是否含有鼠李糖、乳糖、葡萄糖醛酸、木糖、果糖和葡萄糖。

六、注意事项

薄层板放入展开缸时，展开剂不能没过点样原点。

七、思考题

1. 怎样防止边缘效应的产生？
2. 影响斑点R_f值的因素有哪些？

（唐　超　苏敬红）

第八章　气相色谱法

☞ **案例讨论**

案例：据报道，2018 年 7 月，湖北全省共完成食品安全监督抽检 32 大类食品 16 735 批次，分别按照相关食品安全国家标准及产品明示标准等进行检验，共发现不合格样品 443 批次，总体样品不合格率 2.65%。其中农药残留超标 14 批次，农药残留超标为甲胺磷、毒死蜱、水胺硫磷、氟虫腈、氧乐果、腐霉利。

问题： 1. 食品中农药残留的检测有何意义？

2. 通常采用什么方法检测？

3. 如果你是一名食品检验员，如何检测食品中的农药残留量？

气相色谱法（GC）是以气体作流动相的一种柱色谱法。1941 年英国生物化学家马丁（Martin）和辛格（Synge）在研究液 – 液分配色谱的基础上首次提出用气体作流动相，并在 1952 年第一次用气相色谱法分离测定复杂混合物，还提出了气相色谱法的塔板理论。1956 年荷兰学者范第姆特（Van Deemter）提出气相色谱法的速率理论，奠定了色谱法研究的理论基础。随后，毛细管色谱柱问世，高灵敏度、高选择性检测器在气相色谱法中应用，使气相色谱法获得了迅速发展，目前已成为分析化学中极为重要的分离分析方法之一，广泛用于食品安全、石油化工、医药卫生、环境监测等领域。气相色谱的主要特点如下。

（1）分析速度快　一般的样品分析只需几分钟，某些快速分析甚至只需几秒钟即可完成。

（2）分离效率高　理论塔板数可高至 20 万。

（3）选择性好　能分离分析性质极为相近的化合物。如可分离分析恒沸混合物、沸点相近的物质、同位素、顺式与反式异构体、旋光异构体等。

（4）灵敏度高　使用高灵敏度的检测器可以检测出 $10^{-13} \sim 10^{-11}$ g/s（或 g/mL）物质，适合于痕量分析，如检测农副产品、中药中的农药残留量、药品中残留有机溶剂等。

（5）样品用量少　通常气体样品用量为几毫升，液体样品用量为几微升或几十微升。

（6）应用范围广　可以分析气体，也可以分析易挥发的液体或固体。可以分析有机物，也可以分析部分无机物。据统计，在全部三百多万种有机物中，能用气相色谱法直接分析的约占 20%。

不过，气相色谱法也有其局限性，不能直接分析相对分子质量大、极性强、难挥发和热不稳定的物质以及定性困难是气相色谱法的弱点。

第一节　气相色谱法的基本原理

一、分离原理

气相色谱法按分离原理可分为气－固吸附色谱法和气－液分配色谱法。以固体吸附剂作为固定相的气相色谱法称为气－固吸附色谱法；由一薄层液体或聚合物附着在一层惰性的固体载体（担体）表面形成固定液为固定相的气相色谱法称为气－液分配色谱法。固定相装在由玻璃或金属制成的一根空心管柱内（称为色谱柱）。

1. 气－固吸附色谱法　以固体吸附剂作固定相在较低温度下进行气相色谱分离时，主要机理是吸附色谱。根据固定相对各组分吸附能力的差异进行分离，被固定相强烈吸附的组分，保留时间长，后流出色谱柱；被微弱吸附的组分，保留时间短，先流出色谱柱。如用二乙烯苯－乙基乙烯苯型高分子小球测定乙醇含量时，即为气－固吸附色谱。在固定相上乙醇被强烈吸附，保留时间长，后出峰，水仅微弱吸附，先出峰。

2. 气－液分配色谱法　固定相是在化学惰性的固体微粒（担体）表面，涂上一层高沸点的有机化合物液膜。这种高沸点的有机化合物称为固定液。当用液体固定相进行气相色谱分离时，其主要机理是分配色谱。分配系数大的组分，随流动相移动慢，保留时间长，后流出色谱柱；分配系数小的组分，随流动相移动快，保留时间短，先流出色谱柱。由于样品中各组分在两相中分配系数的不同，随流动相移动的速度不同，最终达到分离。例如，一个试样中含 A、B 两个组分，已知 B 组分在固定相中的分配系数大于 A，即 $K_B > K_A$，其分离过程如图 8-1 所示。

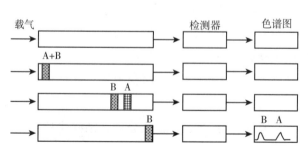

图 8-1　样品在色谱柱内分离示意图

当试样进入色谱柱时，组分 A、B 混合在一起，由于组分 B 在固定相中的溶解能力比 A

扫码"学一学"

大，因此组分 B 的移动速度小于 A，经过多次反复分配后，分配系数较小的组分 A 先流出色谱柱，而分配系数较大的组分 B 则后出色谱柱，最终样品中 A、B 得以分离。

二、塔板理论

（一）理论塔板高度和理论塔板数

塔板理论是色谱过程热力学半经验理论。1952 年，最早由马丁和辛格提出。该理论将色谱柱比作精馏塔，设想成由许多小段（塔板）组成。在每一小段内，　部分空间为固定相占据，另一部分空间充满流动相。组分随流动相进入色谱柱后，就在两相间进行分配。并假定在每一小段内组分可以很快地在两相中达到分配平衡。这样一个小段称作一个理论塔板，其高度（H）简称板高。经过多次分配平衡，分配系数小的组分，先流出色谱柱，分配系数大的组分后流出色谱柱。根据该理论，色谱柱由多个塔板组成，数量通常用 n 表示。因此，即使组分分配系数只有微小差异，不同组分经过多个塔板后，仍然可以获得好的分离效果。当塔板数 n 较少时，组分在柱内分配平衡的次数较少，色谱流出曲线呈峰形，但不对称；当塔板数 $n > 50$ 时，峰形接近正态分布。根据呈正态分布的色谱流出曲线可以导出理论塔板数 n 与保留时间和半峰宽的关系，如式 8 - 1。用理论塔板数 n 评价色谱柱的柱效。

$$n = 5.54\left(\frac{t_R}{W_{1/2}}\right)^2 = 16\left(\frac{t_R}{W}\right)^2 \qquad (8-1)$$

式中，t_R 为组分的保留时间；W 为峰宽；$W_{1/2}$ 为半峰宽。注意：计算 n 时 t_R、W、$W_{1/2}$ 均需以同样单位表示（时间或距离）。

色谱柱长（L）与理论塔板数（n）的比值称为理论塔板高度（H），即 $H = L/n$。由此可见，当色谱柱长 L 固定时，n 值越大，或 H 值越小，色谱峰越窄，分离能力越强，柱效能越高。n 和 H 可以等效地用来描述色谱柱柱效。

（二）有效塔板高度和有效塔板数

如果将调整保留时间代替保留时间代入式 8 - 1 得到有效塔板数，如式 8 - 2。相应有效塔板高度的计算如式 8 - 3。

$$n_{有效} = 5.54\left(\frac{t'_R}{W_{1/2}}\right)^2 = 16\left(\frac{t'_R}{W}\right)^2 \qquad (8-2)$$

$$H_{有效} = \frac{L}{n_{有效}} \qquad (8-3)$$

式中，t'_R 为组分的调整保留时间；W 为峰宽；$W_{1/2}$ 为半峰宽。扣除与分配平衡无关的死时间（或死体积）后，即消除色谱柱中死体积对柱效的影响后，有效塔板数、有效塔板高度更能反映色谱柱柱效。

需要特别指出的是：①同一根色谱柱用不同组分计算的有效塔板数有差别，因此用有效塔板数和有效塔板高度衡量柱效能时，应指明测定物质；②柱效不能表示被分离组分的实际分离效果，当两组分的分配系数（或容量因子）相同时，无论该色谱柱的理论塔板数多大，都无法分离；③塔板理论无法解释同一色谱柱在不同的载气流速下柱效不同的实验结果，也无法指出影响柱效的因素及提高柱效的途径。

三、速率理论

1956 年荷兰学者范第姆特（Van Deemter）等在研究气－液色谱时，提出了色谱过程动力学理论－速率理论。他们吸收了塔板理论中板高的概念，并充分考虑了组分在两相间的扩散和传质过程，提出了速率方程，也称范第姆特方程式，如式 8－4。

$$H = A + B/u + Cu \tag{8-4}$$

式中，H 为理论塔板高度；u 为载气的线速度，cm/s；A 为涡流扩散项；B 为分子扩散系数；C 为传质阻力系数。从式 8－4 可知，当 u 一定时，A、B、C 均减小时，柱效增加；反之，色谱峰变宽，柱效降低。

速率理论的要点如下：①组分分子在柱内运行的多路径与涡流扩散、浓度梯度所造成的分子扩散、传质阻力使两相间的分配平衡不能瞬间达到，填充不均匀、柱温等因素是造成色谱峰展宽、柱效下降的主要原因。②通过选择适当的固定相粒度、载气种类及流速、液膜厚度可提高柱效。③速率理论为色谱分离和操作条件选择提供了理论指导。阐明了流速和柱温对柱效及分离的影响。④各种因素相互制约，如载气流速增大，分子扩散项的影响减小，使柱效提高，但同时传质阻力项的影响增大，又使柱效下降；柱温升高，有利于传质，但又加剧了分子扩散的影响，选择最佳条件，才能使柱效达到最高。

四、分离度

色谱分离中的四种情况如图 8－2 所示：①柱效较高，组分分配系数相差较大，完全分离；②分配系数相差不是很大，柱效较高，峰较窄，基本上完全分离；③柱效较低，虽分配系数相差较大，但分离效果并不好；④分配系数相差小，柱效低，分离效果更差。

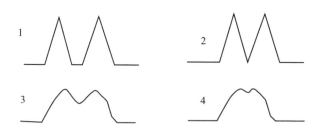

图 8－2　色谱峰分离的不同情况

衡量色谱峰彼此分离的程度常用分离度，作为柱的总分离效能指标。分离度又称分辨率，用 R 表示，是指相邻两组分色谱峰的保留时间之差与两组分平均峰宽的比值。计算见式 8－5：

$$R = \frac{2(t_{R_2} - t_{R_1})}{W_1 + W_2} \tag{8-5}$$

式中，t_{R_2}为相邻两峰中后峰的保留时间；t_{R_1}为相邻两峰中前峰的保留时间；W_1、W_2为相邻两峰的峰宽。

当$R<1.0$时，两峰有部分重叠，两个组分分离不开；$R=1.0$时，两个色谱峰分离程度只达到98%，说明两组分尚未完全分离开；$R=1.5$时，分离程度可达99.7%。分离度越大，色谱柱的分离效率越高，两个峰分离得越好。除另有规定外，用气相色谱法分离时，通常要求$R>1.5$。

课堂互动

已知色谱图上有两种组分的色谱峰分离度$R<1.0$，如何增大R值，使之$R>1.5$，以便于两种物质的定量分析？

令$W_{b(2)}=W_{b(1)}=W_b$（相邻两峰的峰底宽近似相等），引入相对保留值和理论塔板数，分离度可导出式8-6；有效塔板数n，见公式8-7。

$$R = \frac{2(t_{R_2}-t_{R_1})}{W_{b(2)}+W_{b(1)}} = \frac{t'_{R_2}-t'_{R_1}}{W_b} = \frac{(t'_{R_2}/t'_{R_1}-1)\times t'_{R_1}}{W_b}$$

$$= \frac{\alpha_{21}-1}{t'_{R_2}/t'_{R_1}} \times \frac{t'_{R_2}}{W_b} = \frac{\alpha_{21}-1}{\alpha_{21}}\sqrt{\frac{n_{有效}}{16}} \tag{8-6}$$

$$n_{有效} = 16R^2\left(\frac{\alpha_{21}}{\alpha_{21}-1}\right)^2 \tag{8-7}$$

其中α_{21}为选择因子，即相邻两峰调整保留时间之比。

第二节　气相色谱仪

一、气相色谱仪的基本结构

气相色谱仪由六大系统组成：气路系统、进样系统、分离系统、检测系统、温度控制系统以及信号记录和数据处理系统（图8-3）。

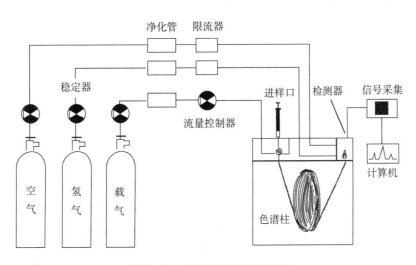

图8-3　气相色谱仪基本结构

（一）气路系统

气相色谱仪的气路系统是一个密闭的气流连续运行系统。从气源出来的气体需经减压阀、

扫码"学一学"

稳压阀、稳流阀（载气）、调流阀（辅助气）、气体净化器、气体流速控制和测量装置，然后进入色谱柱，由检测器排出，形成气路系统。整个系统保持密封，不得有气体泄漏。

1. 气源　常用的载气有氮气和氢气，也有用氦气、氩气，通常由钢瓶或气体发生器提供。对载气的要求是化学惰性、不与试样及固定相反应、纯净。载气的选择除了要求考虑对柱效的影响外，还要与分析对象和所用的检测器匹配。

（1）氢气　氢气用作载气时，其纯度要求在 99.99% 以上。氢气具有相对分子质量小、热导率大、黏度小等特点，常用作热导检测器（thermal conductivity detector，TCD）的载气；在氢火焰离子化检测器（flame ionization detector，FID）中，它是必用的燃气。在毛细管分流进样中，为了提高载气的线速度，也用氢气作载气，用氮气尾吹、空气助燃的方法。氢气易燃易爆，使用时应注意安全。

（2）氮气　氮气用作载气时，其纯度要求在 99.99% 以上。氮气具有相对分子质量较大、扩散系数小，使柱效较高，除热导检测器外，在使用其他检测器时多用氮气作载气。

无论使用何种载气都要求是高纯（99.99%）气体。一般载气进入色谱系统前都需要净化。

2. 净化器　净化器的作用主要是去除气体中水分、烃、氧等杂质。存在气源管路及气瓶中的水分、烃、氧会产生噪声、额外峰和基线"毛刺"，尤其对特殊检测器如电子捕获检测器（electron capture detector，ECD）影响更为显著。通常水分存在于气体容器的表面和气体管路内，它不仅会影响组分的分离，还会使固定相降解，缩短柱的寿命。氧的破坏作用最严重，即使很微量的氧也会破坏毛细管柱及极性填充柱。特殊检测器如 ECD 对电负性较强组分的脱除要求很高，其载气和吹扫气中的氧含量必须低于 0.2 μL/L，否则检测器会出现基流太低无法运行。

净化器，又称捕集器。普通的净化器是一根金属或有机玻璃管，其中装净化剂，并连接在气路上。净化剂有硅胶、分子筛（常见的有 3A、4A、5A、10X、13X）、活性炭、催化剂等，按需选择。除去水分可以选用硅胶净化器串联 4A 或 5A 分子筛净化器，除去烃类杂质，可选用活性炭或分子筛，除去氧气可以用含催化剂的净化器。

净化器中的填料需定期更换。净化器中所用的硅胶、分子筛、活性炭等填料可重新活化后使用。重新装填净化器时，其进出口必须用玻璃棉或烧结不锈钢堵好，以防止净化剂的粉末吹入气相色谱仪的气路系统，损害阀件的性能和色谱柱性能。常用吸附剂再生方法如表 8-1。

表 8-1　常用吸附剂再生方法

吸附剂	活化处理方法
活性炭	160 ℃烘烤 2 小时后冷至室温装净化器
硅胶	140 ℃烘烤至全部变天蓝色后冷至室温装净化器
分子筛	500 ℃烘烤 4 小时，冷却至 200 ℃左右放入干燥器内冷至室温后快速装净化器，或 350 ℃通无水的 N$_2$ 2 小时，冷却至室温快速装净化器

3. 阀件系统　为了提供稳定压力和流量，从气源出来的气需经减压阀、稳压阀、稳流阀（载气）、调流阀（辅助气）。一般稳压阀和稳流阀的进出口压力差不应低于 0.05 MPa。先进的气相色谱仪，安装有电子气路控制（electronic gas path control，EPC）可对气体流量

压力进行精确控制，可以提高色谱定性、定量的精度和准确度。

毛细管柱在进柱前有一路载气分流气路，避免色谱柱过载；柱后进检测器前有一路尾吹，以减少柱后死体积。分流的大小及稳定性直接影响定量的结果，尾吹气及其他辅助气（如 FID 中的空气）的大小及稳定性不仅影响检测器性能，而且还会影响柱后谱带的展宽。

（二）进样系统

进样系统包括进样器和汽化室两部分。进样系统的作用是引入试样并使试样瞬间汽化，然后快速定量地转入到色谱柱中。进样量、进样时间的长短、试样的汽化速度等都会影响色谱柱的分离以及分析结果的准确性和重现性。

1. 进样器 进样器有手动和自动两种。液体样品的进样一般采用尖头微量注射器，常用规格有 0.5、1、5、10 μL 和 50 μL。

2. 汽化室 为了使样品在汽化室中瞬间汽化而不分解，要求汽化室密封性好，体积小，热容量大，对样品无催化效应，即不使样品分解。常用金属块制成汽化室、外套设有加热块。为消除金属表面的催化作用，在汽化室内有石英或玻璃衬管，便于清洗。衬管有分流和不分流之分。进样口类型主要有以下几种：①分流/不分流进样口（SSI）；②隔垫吹扫填充柱进样口（PPI）；③冷柱头进样口；④程序升温汽化进样口（PTV）；⑤顶空进样；⑥固相微萃取进样。

（三）分离系统

分离系统由色谱柱和柱箱组成，色谱柱是色谱仪的核心部件。色谱柱主要有两类：填充柱和毛细管柱。

1. 填充柱 通常用不锈钢或硬质玻璃制成 U 型和螺旋型管，内装固定相，一般内径为 2 ~ 4 mm，长 1 ~ 5 m，以 2 m 最常用。填充柱制备简单，可供选用的载体、固定液、吸附剂种类多，具有广泛的选择性，可以解决各种分离分析问题；缺点是柱渗透性较小，传质阻力大，不能用过长的柱，分离效率较低。

2. 毛细管柱 又称空心柱，分为涂壁、多孔层和载体涂层空心柱。毛细管柱材质为玻璃或石英。内径一般为 0.1 ~ 0.5 mm，长度 15 ~ 300 m，通常弯成螺旋状。常用的毛细管柱是涂壁空心柱（wall coated open tubular column，WCOT）和载体涂层毛细管柱（support coated open tubular column，SCOT）。涂壁空心柱的内壁直接涂渍固定液；载体涂层毛细管柱是在毛细管内壁黏上一层载体，再将固定液涂在载体上的毛细管柱。毛细管柱具有渗透性好（载气流动阻力小），传质快，可使用长的色谱柱，柱效高（总理论塔板数可达 10 万 ~ 30 万），分析速度快等优点。但柱容量小，允许进样量小，制备方法较复杂，价格较贵。

（四）检测系统

检测系统主要是指检测器，是色谱仪的"眼睛"。检测器的作用是将经色谱柱分离后的各组分的浓度（或量）转换成易被测量的电信号。优良的检测器应灵敏度高，检出限低，死体积小，响应迅速，选择性好，线性范围宽和稳定性好。

1. 检测器性能指标

（1）灵敏度 灵敏度（sensitivity，S）又称响应值或应答值，是指单位数量的物质进入检测器所产生信号的大小。$S = \Delta R/\Delta C$，当一定浓度或一定质量的组分进入检测器，产生一定的响应信号（R）。以进样量 C（单位：mg/mL 或 g/s）对响应信号（R）作图得到一条通过原点的直线。直线的斜率就是检测器的灵敏度。

对于浓度型检测器，ΔR 单位取 mV，ΔC 取 mg/mL，灵敏度 S 的单位是 mV·mL/mg，即每 1 mL 载气中有 1 mg 样品在检测器上产生的信号值。对于质量型检测器，ΔC 单位取 g/s，灵敏度 S 的单位是 mV·s/g。即每秒钟 1 g 组分进入检测器后产生的信号值。在实际工作中，通常从色谱图上测量峰的面积计算检测器的灵敏度。不同的检测器，计算灵敏度的公式不同。

（2）检测限　检测限（D）又称检出限、敏感度。检测限是指产生一个能可靠地被检出的分析信号所需要物质的最小浓度或含量。一般定义为：检测器恰能产生二倍于噪声信号（$2R_N$）时，单位时间载气引入检测器中该组分的质量或单位体积载气中所含的该组分的最小样品量。

浓度型检测器，检出限 $D_c = 2R_N/S$，D_c 的物理意义指每 1 mL 载气中含有恰好能产生二倍噪声信号的溶质毫克数。质量型检测器，检出限 $D_m = 2R_N/S$，D_m 的物理意义指每秒通过检测器恰好能产生二倍噪声信号的溶质克数。无论哪种检测器，检出限都与灵敏度成反比，与噪声信号成正比。检测限不仅决定于灵敏度，而且受限于噪声，所以它是衡量检测器性能的综合指标。

（3）最小检测量　最小检测量（$Q_{最小}$）是指产生二倍噪声峰高时，所需进入色谱柱的最小物质量。最小检测量和检出限是两个不同的概念。检出限只用来衡量检测器的性能；而最小检测量不仅与检测器性能有关，还与色谱柱效及操作条件有关。$Q_{最小} = 1.065 W_{1/2} D$，可见，与检测器检出限成正比，且色谱峰半峰宽越小，$Q_{最小}$ 越小。

（4）线性范围　线性范围是指检测器响应信号与待测组分浓度或质量呈直线关系的范围。通常以检测器呈线性响应时的最大与最小进样量之比，或最大允许进样量（浓度）与最小检测量（浓度）之比。线性范围越大，越有利于准确定量。

（5）响应时间　响应时间是指进入检测器的某一组分的输出信号达到其真值的 63% 所需的时间。一般小于 1 秒。

2. 气相色谱常用检测器　检测器有五十多种，常用的检测器有热导检测器（TCD）、氢火焰离子化检测器（FID）、电子捕获检测器（ECD）、火焰光度检测器（flame photometric detector，FPD）、热离子检测器（thermal ion detector，TID）等。检测器按原理分为浓度型和质量型两种。浓度型检测器测量的是载气中组分浓度的瞬间变化，即检测器的响应值正比于组分的浓度，如 TCD、ECD；质量型检测器测量的是载气中组分进入检测器的质量流速变化，即检测器的响应信号正比于单位时间内组分进入检测器的质量，如 FID 和 FPD。常用检测器性能及适用范围见表 8 – 2。

表 8 – 2　气相色谱中常用检测器

检测器种类	检出限	线性范围	适用范围
热导检测器（TCD）	10^{-8} g/mL	10^4	所有化合物
氢火焰离子化检测器（FID）	10^{-13} g/s	10^7	含碳有机物
电子捕获检测器（ECD）	5×10^{-14} g/mL	5×10^4	含卤及氧、氮化合物
火焰光度检测器（FPD）	3×10^{-13} g/s	10^5	硫、磷化合物
热离子检测器（TID）	10^{-15} g/s	10^5	有机氮、有机磷化合物

（1）热导检测器　又称热导池或热丝检热器，其结构简单，灵敏度适宜，稳定性较好，不破坏样品，线性范围较宽。适用于无机气体和有机物，它既可做常量分析，也可做微量分析。最小检测量 $\mu g/mL$ 数量级，操作也比较简单，它是目前应用相当广泛的一种检测器。

热导池由池体和热敏元件构成。池体用铜块或不锈钢制成；池体内装两根电阻完全相等的钨丝或铼丝热敏元件，构成参比池和测量池。热导检测器检测原理是基于不同的物质有不同的热导系数。载气中组分的变化，引起热敏电阻丝上温度的变化，温度的变化再引起电阻的变化，根据电阻值变化绘制色谱曲线。

使用注意事项：在灵敏度符合要求的条件下，桥电流尽可能选择低电流，一般桥电流控制在 $100\sim200$ mA；检测器的温度应等于或略高于柱温，以防组分在检测器内冷凝；为避免热丝烧断或氧化，接通电源之前要先通载气，工作完毕后要先停电源，再关载气；TCD 为浓度型检测器，在进样量一定时，色谱峰的峰面积与载气流速成反比，以峰面积定量应保持载气流速恒定。

（2）氢火焰离子化检测器　含碳有机物组分流经检测器时，在氢火焰中燃烧，产生化学电离。在电场作用下，正负离子向相反电极定向移动，正离子被收集到负极，产生离子流，转化成电信号经放大显示记录下来。

氢火焰离子化检测器是痕量有机物色谱分析的主要检测器，它的主要特点是灵敏度高，比热导检测器的灵敏度约高 10^3 倍，检出限低，响应快，线性范围宽，可达 10^7，操作比较简单，因此它是目前最常用的检测器之一。其主要缺点是仅对含碳有机物有响应，不能检测惰性气体、水、一氧化碳、二氧化碳、氮的氧化物、硫化氢等物质，检测时样品受到破坏。

使用注意事项：检测器离子头绝缘要好，金属离子头外壳要接地；使用温度应大于 $100\,^\circ\text{C}$；离子头内的喷嘴和收集极在使用一段时间后要定期清洗；FID 为质量型检测器，在进样量一定时，峰高与载气流速成正比，因此用峰高定量时，应控制流速恒定。

（3）电子捕获检测器　电子捕获检测器是目前气相色谱中常用的一种高灵敏度、高选择性检测器。它只对电负性（亲电子）物质有响应，且电负性越强，灵敏度越高，而对非电负性物质则没有响应或响应很小。

电子捕获检测器以 ^{63}Ni 或 ^3H 作放射源，当载气（如 N_2）通过检测器时，因受放射源放射粒子激发而电离，产生一定数量的电子和正离子，在一定强度电场作用下形成一个背景电流（基流）。电负性组分进入检测器时捕捉电子，生成带负电的分子离子并与载气电离产生的正离子复合成中性化合物，从而基流减小，产生负信号形成倒峰。信号强度与组分浓度呈一定关系。

电子捕获检测器可对卤化物、含磷、硫、氧的化合物、硝基化合物等电负性物质都有很高的灵敏度，其检出限量可达 $10^{-14}g/mL$。所以电子捕获检测器已广泛用于农药残留、食品卫生、环境保护监测、医学、生物和有机合成等方面的分析检测。

使用注意事项：用超纯氮气或氩气作载气，最好纯度在 99.999% 以上。若载气中含有氧、水等会使基流大大降低，灵敏度降低；当样品浓度大时，应当稀释后再进样，试剂要除水。开机时，要先通载气 $5\sim10$ 分钟再升温。ECD 有放射源，检测器出口一定要用管道接到室外，最好接到通风出口。

（4）火焰光度检测器　也叫硫磷检测器，是高选择性和高灵敏度的检测器。可用于有机磷、有机硫农药残留检测，目前主要用于环境污染和生物化学等领域中。

（5）热离子检测器　是专门测定有机氮和有机磷的选择性检测器，故又称氮磷检测器（NPD），属于质量型检测器。

（五）温度控制系统

温度是气相色谱法最重要的操作条件，它直接影响柱的选择性和分离效能，并影响检测器的灵敏度和稳定性等。由于汽化室、色谱柱和检测器工作时对温度各有不同的要求，因此应用恒温器对温度分别控制。有的色谱仪将检测器与色谱柱放在同一恒温箱中。温度控制是否准确，升、降温速度是否快速是气相色谱仪的最重要指标之一。

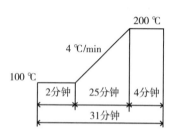

图 8-4　程序升温示意图

控温方式分为恒温和程序升温两种。程序升温可分为线性程序升温和非线性程序升温，前者更普遍。线性程序升温，即随时间线性变化的升温方式，可分为一阶线性程序升温和 N 阶线性程序升温。对于每阶程序升温，都包含初温、程序升温速率、终温以及不同温度下的保持时间四个基本参数，如图 8-4 所示。程序升温可以使低沸点组分和高沸点组分在色谱柱中都有适宜的保留、色谱峰分布均匀且峰形对称，具有改善分离、使峰形变窄、检测限下降及节省时间等优点。相比恒温来说，程序升温能够使后面出峰的高沸点物质加快出峰，减小扩散，而对于前面组分也会有较大的保留，利于分离。沸点范围很宽的混合物，一般采用程序升温法。

（六）信号记录和数据处理系统

信号记录和数据处理由计算机工作站完成。是一种能自动记录由检测器输出的电信号的装置。根据色谱图，在人工辅助下，最后由计算机完成定性、定量工作。

二、气相色谱仪的分析过程

由高压钢瓶或气体发生器提供载气，经减压、净化、流量调节、流速计量后，以稳定的压力、恒定的流速连续流过汽化室、色谱柱、检测器，最后放空。在进样口注入试样瞬间汽化，汽化后的试样被载气带入色谱柱中进行分离。分离后的各组分随载气依次进入检测器。检测器将组分的浓度（或质量）变化转化为电信号，经放大后，由记录仪记录下来，即得色谱图。如图 8-5 所示。

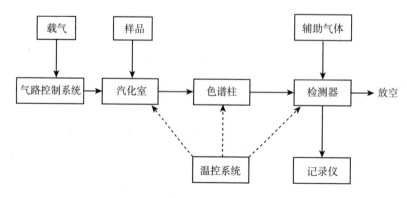

图 8-5　气相色谱分析过程示意图

三、气相色谱仪的使用及注意事项

（一）仪器的性能检定

根据 JJG 700—2016《气相色谱仪检定规程》，气相色谱仪需要在外观、气路系统、载气流速稳定性、柱箱温度稳定性、程序升温重复性、基线噪声、基线漂移、检测限、定性重复性、定量重复性等几个方面进行检定，以评价和维护仪器的稳定性和准确性。

1. 基线噪声和基线漂移　基线平衡后，记录基线 30 分钟，其中噪声最大波峰的峰高所对应的信号值为仪器基线噪声；基线偏离起始点最大的响应信号值为仪器基线漂移。

2. 检测限　JJG 700—2016 规定了不同检测器有相应的检测限。例如 FID 根据进样系统选择使用液体或气体标准物质中的一种进行检定。下面介绍使用液体标准物质检定：按 FID 性能检定的条件（柱箱温度 160 ℃ 左右、汽化室温度 230 ℃ 左右、检测室温度 230 ℃ 左右），使仪器处于最佳运行状态，待基线稳定后，用微量注射器注入 1 ~ 2 μL 浓度为 10 ~ 1000 ng/μL 的正十六烷 – 异辛烷溶液，连续进样 7 次，计算正十六烷峰面积的算术平均值。检测限计算：

$$D_{FID} = 2Nm/A \qquad (8-8)$$

式中，D_{FID} 为 FID 检测限，g/s；N 为基线噪声，A（mV）；m 为正十六烷的进样量，g；A 为正十六烷峰面积的算术平均值，A·s（或 mV·s）。

基线噪声、基线漂移、检测限等指标是评价气相色谱性能的常用指标。

（二）气相色谱仪的操作

1. 气相色谱仪简单操作流程

（1）逆时针方向开启载气钢瓶阀门，使减压阀上高压压力表指示出高压钢瓶内贮气压力。

（2）顺时针方向旋转减压调节螺杆，使低压压力表指示到要求的压力值。用检漏液检查柱连接处，不得漏气。

（3）开启主机电源总开关。打开与气相色谱仪连接的电脑，并运行气相色谱仪工作软件，待工作站软件与仪器连接并自检通过后，进行下一步。

（4）在气相色谱仪工作软件里分别设定载气流量、检测器温度、进样口的温度，柱箱的初始温度及升温程序等色谱参数。设定完后，各区温度开始朝设定值上升，当温度达到设定值时，设备准备就绪。开启氢气钢瓶总阀、空气压缩机总阀（或打开氢气/空气发生器开关），同载气操作。

（5）用玻片置检测器气体出口处检查，应有水雾，表明点火。查看仪器基线是否平稳，待基线平直后，即可进样采集图谱。

（6）试样谱图采集完毕后，关闭检测器电源，关闭燃气，再停止加热，待色谱柱、进样口的温度降至 40 ℃ 以下时，依次关闭色谱仪电源开关，计算机电源，最后关闭载气减压阀及总阀。

（7）登记仪器使用情况，做好实验室的整理和清洁工作，并检查好安全后，方可离开实验室。

（8）数据处理。

2. 测试条件的设定　根据化合物的性质选择色谱柱。一般情况下，极性化合物选择极性柱，非极性化合物选择非极性柱。色谱柱柱温的设定要同时兼顾高低沸点或熔点化合物，对于宽沸程的混合物一般采用程序升温法。有标准检测方法的可以依照标准检测方法设定检测条件，没有标准检测方法可参考类似化合物的检测方法。

3. 注意事项

（1）操作过程中，一定要先通载气再加热，以防损坏检测器。

（2）在使用微量注射器取样时要注意不可将注射器的针芯完全拔出，以防损坏注射器。

（3）检测器温度不能低于进样口温度，否则会污染检测器。进样口温度应高于柱温的最高值，同时化合物在此温度下不分解。

（4）含酸、碱、盐、水、金属离子的化合物不能分析，要经过处理方可进行。

（5）注射器取样前用溶剂反复洗净，将针筒抽干，再用待分析的样品洗 2~5 次以避免样品间的相互干扰；所取样品要避免带有气泡以保证进样重现性。

（6）检测结束后，最后关闭载气。

四、气相色谱仪的安装要求和保养维护

（一）安装要求

1. 环境温度应为 5~35 ℃，相对湿度要求在 20%~85%。

2. 室内应无腐蚀性气体，离仪器及气瓶 3 m 以内不得有电炉和火种。

3. 室内不应有足以影响仪器正常工作的强磁场和放射源。

4. 电源电压应为（220±10）V，频率为 50 Hz。使用稳压器时，其功率必须大于使用功率的 1.5 倍。

5. 仪器电缆线的接插件应紧密配合，接地良好。

6. 气源采用气瓶时，气瓶不宜放在室内，放室外必须防太阳直射和雨淋。

（二）保养维护

1. 保证汽化室密封垫的气密性　进样口的硅橡胶垫的寿命与汽化室的温度有关，一般可以用数十次，硅橡胶垫漏气时会引起基线的波动，分析的重现性变差。注射器穿刺过多，可使硅橡胶垫碎屑进入汽化室，高温时会影响基线的稳定，或者形成鬼峰。因此需经常更换密封垫和经常检查汽化室的气密性。

2. 经常清洗汽化室或衬管　由于长期使用，汽化室和衬管内常聚集大量的高沸点物质，如遇某次分析高沸点物质时就会逸出多余的峰，给分析带来影响，因此要经常用有机溶剂清洗汽化室和衬管。汽化室的清洗方法：卸掉色谱柱，在加热和通气的情况下，由进样口注入无水乙醇或丙酮，反复几次，最后加热通气干燥。

3. 气路系统经常检漏　在使用过程中如发现灵敏度降低、保留时间延长、出现波浪状的基线等，应检漏，尤其是氢气气路更应该经常性检漏，以免发生危险。试漏液最好使用十二烷基硫酸钠的稀溶液，不可用碱性较强的普通肥皂水，以免腐蚀零件。

4. 色谱柱的保养 用后及时冲洗，不用时两端密塞好保存；柱子老化时，不要接检测器。

5. 检测器定期清洗 不同的检测器需要根据仪器说明书选用不同的清洗方法；各操作温度未平衡前，要关闭氢气、空气源。

第三节 定性定量方法及其应用

扫码"学一学"

色谱法分离能力强，定性却很难。因为色谱信息少，响应信号与组分分子结构缺乏典型的对应关系，故不能鉴定未知的新的化合物，只能通过比对已知的标准物，鉴定已知的化合物。

一、定性分析

（一）保留值定性

1. 纯样定性 依据是色谱条件严格不变时，任一组分都有一定的保留值。利用保留值定性的可靠性与分离度有关。例如峰很多，靠的很近，用保留时间定性不准，则可以选用叠加法，试样中加入纯样看哪个峰增加。对于一根柱子上有相同保留时间的组分可采用双柱定性。其中一根极性柱，一根非极性柱。若两根柱上的未知物保留时间与标准物都吻合，则定性的准确性会成倍增加。

2. 相对保留值定性 相对保留值是指两组分调整保留时间之比值，又称为选择因子。相对保留值只受固定相和温度的影响，通用性较好。测定组分和参照物的保留值，计算组分与参照物的相对保留值再与相应文献值比较进行定性。

（二）选择性检测器定性

选择性检测器只对某类或某几类化合物有响应，因此，可以利用这一特点对未知物进行类别的定性。例如，FID 对有机物响应，对某些无机物不产生信号（水、硫化氢）；ECD 对电负性强的物质有响应；FPD 对 S、P 化合物信号响应强。

（三）色谱联用技术

将色谱仪和定性能力强的质谱仪（MS）、红外光谱仪（FT – IR）、核磁共振（NMR）等联用，可解决色谱技术中的定性问题。

二、定量分析

气相色谱定量分析的任务是确定样品中各组分的百分含量。定量的依据是：在一定操作条件下，试样中组分的含量与其峰面积（或峰高）成正比。

（一）定量校正因子

1. 绝对校正因子和相对校正因子 色谱定量分析是基于被测物质的量与其峰面积（或峰高）成正比关系。但是由于同一检测器对不同物质具有不同的响应值，当相同质量的不同物质通过检测器时，产生的峰面积（或峰高）不一定相等。所以不能用峰面积直接计算物质的含量。为了使检测器产生的响应信号能真实地反映物质的含量，需要引入"定量校正因子"对响应值进行校正。定量校正因子有两种：绝对校正因子（f_i）和相对校正因子（f_i'）。

绝对校正因子（f_i），即单位峰面积所相当的物质的量。根据被测组分的计量单位不同，校正因子可分为质量校正因子（f_{im}）、摩尔校正因子（f_{iM}）和体积校正因子（f_{iV}），以质量校正因子最为常用。绝对校正因子主要由检测器的灵敏度所决定，并与组分和流动相性质及操作条件有关，很难准确测量。在定量分析中常用相对校正因子。

2. 相对校正因子的测定　相对校正因子，即某一组分与标准物质的绝对校正因子的比值。其作用是把混合物中不同组分的峰面积（或峰高）校正成相当于某一标准物质的峰面积（或峰高），然后通过校正的峰面积（或峰高）计算各组分的百分含量。准确称取已知准确含量的被测组分 i 和标准物质 s 配制成已知准确浓度的混合样品溶液，在规定色谱条件下，取一定体积的样品溶液进样，分别测量被测组分峰面积 A_i（或峰高 h_i）和标准溶液的峰面积 A_s（或峰高 h_s），按照式 8 – 9 计算相对质量校正因子（f_m）。

$$f_m = \frac{f_{im}'}{f_{sm}'} = \frac{A_s m_i}{A_i m_s} \quad \text{或者} \quad f_m = \frac{f_{im}'}{f_{sm}'} = \frac{h_s m_i}{h_i m_s} \qquad (8-9)$$

注意事项：①相对校正因子与待测物、标准物质和检测器类型有关，与操作条件（进样量）无关。②不同检测器常用的标准物质不同，热导检测器常用苯作标准物质，氢焰离子化检测器则常用正庚烷作标准物质。③以氢气和氦气作载气测的校正因子可通用，以氮气作载气测的校正因子与两者差别大。

（二）常用定量方法

根据检测工作对数据要求的精准程度，GC 定量分析中主要使用以下三种方法：归一化法、内标法、外标法。这些定量方法各有其优缺点，在不同情况下要选择不同的方法，灵活应用。

1. 归一化法　若试样中含有 n 个组分，且各组分均流出色谱峰，试样中所有组分含量之和定为 100%，则其中某个组分 i 的质量分数可按式 8 – 10 计算得出：

$$w_i = \frac{f_i A_i}{\sum_{i=1}^{n} f_i A_i} \times 100\% \qquad (8-10)$$

式中，w_i 为待测组分质量分数；f_i 为待测组分校正因子；A_i 为待测组分峰面积。必须先知道各组分的校正因子。若对同系物（校正因子近似相等）进行定量分析，则可不用校正因子，用峰面积归一化法计算含量，如式 8 – 11。

$$w_i = \frac{A_i}{\sum_{i=1}^{n} A_i} \times 100\% \qquad (8-11)$$

该方法通常用于粗略考察样品中的各出峰成分含量。该方法操作简便，定量较准确；是一种相对测量法，操作条件（如进样量、流速等）变化对测定结果影响小。但所有组分必须在一个分析周期内流出色谱峰；归一化法不适合微量组分的测定。有下列情况之一不能使用归一化法：样品中某些组分不能流出色谱柱；样品中某些组分在检测器上无信号；样品中某些组分在柱内分解。

2. 外标法　用待测组分的纯品作对照物质，单独进样，以对照物质和样品中待测组分峰面积相比较进行定量的方法称为外标法。此法可分为外标一点法和标准曲线法等。

优点：快速简便，只要待测组分出峰且完全分离即可定量。缺点：属绝对法，要求进样量准确，操作条件保持稳定。另外，一次只能测定一个组分。对于多组分的测定，需要多个组分的标准样品，测定多次。

（1）外标一点法　又称单点校正法。配制一个与被测组分含量 w_i 接近的标准样品 w_s，定量进样标准样品测得峰面积 A_s，得到过原点的直线；再进同样体积的待测样品，测得峰面积 A_i，按式 8 – 12 计算待测组分的含量。见图 8 – 6 外标一点法示意。

$$w_i = \frac{A_i}{A_s} \times w_s \tag{8 – 12}$$

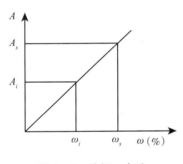

图 8 – 6　外标一点法

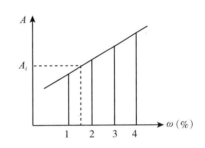

图 8 – 7　标准曲线法

（2）标准曲线法　又称多点校正法。是用待测组分的标准物质配制一系列浓度的溶液进行色谱分析，确定标准曲线，求出斜率、截距。在完全相同的条件下，准确进样与标准物质溶液相同体积的样品溶液，根据待测组分的峰面积，从标准曲线上查出其浓度，或用回归方程计算。见图 8 – 7 标准曲线法。

3. 内标法　内标法是在准确称量的样品（m）中加入一定量（m_s）的某种纯物质作为内标物，根据样品中待测组分和内标物的质量比及其相应峰面积之比，即可求出待测组分在样品中的质量分数。如式 8 – 13。

$$\frac{m_i}{m_s} = \frac{f_i A_i}{f_s A_s} \tag{8 – 13}$$

待测组分在样品中的质量分数，如式 8 – 14。

$$w_i = \frac{m_i}{m} \times 100\% = \frac{f_i A_i}{f_s A_s} \cdot \frac{m_s}{m} \times 100\% \tag{8 – 14}$$

对内标物要求：①内标物须为原样品中不含的组分；②内标物为高纯度标准物质，或含量已知的物质；③内标物色谱峰位应在被测组分峰位附近，或几个被测组分色谱峰的中间，并与这些组分的色谱峰完全分离（一般 $R > 1.5$）；④加入的量应恰当，其峰面积与被测组分的峰面积不能相差太大。

内标法的优点是定量准确，因为该法是用待测组分和内标物的峰面积的相对值进行计算，所以不要求严格控制进样量和操作条件，试样中含有不出峰的组分时也能使用。其缺点是每次分析都要准确称取或量取试样和内标物的量，比较费时；找合适内标物困难，要有内标物纯样；要有已知校正因子。

为了减少称量和测定校正因子可采用内标标准曲线法——简化内标法：配制一系列不同浓度的待测组分 i 标准溶液，并都加入相同量的内标物 s，进样分析，测量组分 i 和内标物 s 的峰面积 A_i 和 A_s，以 A_i/A_s 比值对标准溶液浓度 c_i（或质量 m_i）作图或求线性回归方程；样品溶液中加入与标准溶液中相同量的内标物 s，进样分析，测得样品中组分 i 和内标物 s 的峰面积 A_i' 和 A_s'，由 A_i'/A_s' 比值即可从标准曲线上查得待测组分的浓度（或质量）；也可由代入回归方程求出待测组分的浓度（或质量）。

三、应用实例

参照 GB/T 5009.262—2016《食品安全国家标准 食品中溶剂残留量的测定》测定植物油中的溶剂残留量。

1. 原理 样品中存在的残留溶剂在密闭容器内扩散到气相中，经过一定时间后可达到气相/液相间浓度的动态平衡，用顶空气相色谱法检测上层气相中残留溶剂的含量，即可计算出待测样品中溶剂残留的实际含量。

2. 仪器参考条件 顶空进样器条件：平衡时间 30 分钟；平衡温度 60 ℃；平衡时振荡器转速 250 r/min；进样体积 500 μL。色谱柱：含 5% 苯基的甲基聚硅氧烷的毛细管柱，柱长 30 m，内径 0.25 mm，膜厚 0.25 μm；色谱柱温度程序：50 ℃保持 3 分钟，1 ℃/min 升温至 55 ℃保持 3 分钟，30 ℃/min 升温至 200 ℃保持 3 分钟；进样口温度：250 ℃；检测器温度：300 ℃；进样模式：分流模式，分流比 100∶1；载气氮气流速：1 mL/min；氢气流速：25 mL/min；空气流速：300 mL/min。

3. 试剂配制 正庚烷标准工作液：在 10 mL 容量瓶中准确加入 1 mL 正庚烷（纯度≥99%）后，再迅速加入 N, N – 二甲基乙酰胺（纯度≥99%），并定容至刻度。

4. 标准品 溶剂残留标准品"六号溶剂"溶液，浓度为 10 mg/mL，溶剂为 N, N – 二甲基乙酰胺。或经国家认证并授予标准物质证书的其他溶剂残留检测用标准物质。

5. 标准溶液配制 基体植物油和被检测样品同一种属，经过脱臭、脱色等精炼工序得到的精制植物油或在室温下经超声波脱气的植物油，基体植物油溶剂残留量应低于检出限。

称量 5.0 g（精确到 0.01 g）基体植物油 6 份于 20 mL 顶空进样瓶中。向每份基体植物油中迅速加入 5 μL 正庚烷标准工作液作为内标（即内标含量 68 mg/kg），用手轻微摇匀后，再用微量注射器迅速加入 0、5、10、25、50、100 μL 的六号溶剂标准品，密封后，得到浓度分别为 0、10、20、50、100、200 mg/kg 的基体植物油标准溶液。保持顶空进样瓶直立，并在水平桌面上做快速的圆周转动，使物质充分混合。转动过程中基体植物油不能接触到密封垫，如果有接触，需重新配制。

6. 试样配制 植物油样品制备：称取植物油样品 5 g（精确至 0.01 g）于 20 mL 顶空进样瓶中，向植物油样品中迅速加入 5 μL 正庚烷标准工作液作为内标，用手轻微摇匀后密封。保持顶空进样瓶直立，待分析。制备过程中植物油样品不能接触到密封垫，如果有接触，需重新制备。

7. 标准曲线的制作 采用内标法定量。将配制好的标准溶液上机分析测得数据见表 8 – 3，以标准溶液浓度比为横坐标，标准溶液总峰面积与内标物峰面积之比为纵坐标绘制标准曲线。

8. 样品测定 将制备好的植物油上机分析后，测得其峰面积见表 8-3，根据相应标准曲线，计算出试样中溶剂残留的含量。

$$X = c \tag{8-15}$$

式中，X 为试样中溶剂残留的含量，mg/kg；c 由标准曲线得到的试样中溶剂残留的含量，mg/kg。计算结果保留三位有效数字。

数据处理结果见表 8-3。

表 8-3 食用油溶剂残留检测记录表

进样	六号溶剂标准样品					试样
加入量（mg/kg）	0	10	20	50	100	待检
峰面积 A_i（六号溶剂）	0	351 478	712 569	1 724 639	3 412 569	612 578
峰面积 A_s（正庚烷）	351 455	352 156	351 988	351 056	352 569	352 084
A_i / A_s	0	0.9980	2.2044	4.9127	9.6791	1.7399
$A_i/A_s - c$	回归方程：$y = 0.0962x + 0.0968$ $R^2 = 0.9992$					
检测结果	17.08 mg/kg					

拓展阅读

气相色谱的发展动向

1. 仪器方面的最新进展 自动化程度进一步提高，特别是电子程序压力流量控制系统（EPC）技术已作为基本配置在气相色谱仪上安装，从而为色谱条件的再现、优化和自动化提供了更可靠更完善的支持。色谱仪器上的许多功能进一步得到开发和改进，如大体积进样技术，液体样品的进样量可达 500 μL；检测器灵敏度进一步提高；工作站功能日益强大，可以实现数据自动处理。

色谱柱高选择性固定液不断得到应用。细内径毛细管色谱柱、耐高温毛细管色谱柱应用越来越广泛，扩展了气相色谱的应用范围，大大提高了分析速度。

2. 全二维气相色谱 全二维气相色谱技术（GC-GC）是近年来出现并飞速发展的气相色谱新技术，样品在第一根色谱柱上按沸点进行分离后，通过一个调制聚焦器，进入第二根细内径快速色谱柱，按极性进行二次分离，色谱分辨率进一步提高。

本章小结

1. 气相色谱的基本原理

（1）分离原理 分为气-固吸附色谱法和气-液分配色谱法。

（2）塔板理论　理论塔板高度和理论塔板数、有效塔板高度和有效塔板数。

（3）速率理论　$H = A + u/B + Cu$

（4）分离度　分离度（R）又称分辨率，是指相邻两峰的保留时间之差与两组分平均峰宽的比值。通常以 $R > 1.5$ 作为相邻两峰分离开来的标志。

2. 气相色谱仪组成　由六大系统组成：气路系统、进样系统、分离系统、检测系统、温度控制系统以及信号记录和数据处理系统。常用检测器有热导检测器（TCD）、电子捕获检测器（ECD）、氢火焰离子化检测器（FID）、火焰光度检测器（FPD）、热离子检测器（TID）。

3. 定性和定量分析方法　常以保留值定性。绝对校正因子（f_i），即是单位峰面积所相当的物质量。相对校正因子（f_i'），即某一组分与标准物质的绝对校正因子的比值。常用的定量方法有归一化法、内标法、外标法。

🅿️ 思考题

1. 简要说明气相色谱分析的基本原理。

2. 气相色谱仪的基本设备包括哪几部分？

3. 在一定条件下，两个组分的调整保留时间分别为 19.175 秒和 19.443 秒，要达到完全分离，即 $R = 1.5$。计算需要多少块有效塔板。若填充柱的塔板高度为 0.1 cm，柱长是多少？

4. 分析某废水中有机组分，取水样 500 mL 以有机溶剂分次萃取，最后定容至 25 mL 供色谱分析用。今进样 5 μL 测得峰高为 75.0 mm，标准液峰高 69.0 mm，标准溶液质量浓度 20 mg/L，试求水样中被测组分的含量（mg/L）。

5. 有一明确含四种物质的样品，根据下面气相色谱测得的数据，计算四种组分百分含量。

（1）校正因子的测定　准确配制苯（基准物）与组分甲、乙、丙及丁的纯品混合溶液，其质量分别为 0.594、0.653、0.879、0.923 g 及 0.985 g。吸取混合溶液 0.2 μL，进样三次，测得平均峰面积分别为 121、165、194、265 及 181。

（2）样品中各组分含量的测定　在相同实验条件下，取该样品 0.2 μL，进样三次，测得组分甲、乙、丙及丁的平均峰面积分别是 172、185、219 及 192。

扫码"练一练"

📝 实训十四　气相色谱法测定白酒中甲醇含量

一、实训目的

1. 掌握　内标法测定待测组分的含量。

2. 熟悉　气相色谱仪的基本结构和操作方法。

3. 了解　气相色谱仪的保养维护知识。

扫码"学一学"

二、基本原理

参考 GB 5009.266—2016《食品安全国家标准 食品中甲醇的测定》采用聚乙二醇石英毛细管柱为固定相，氢火焰离子化检测器，气相色谱法测定白酒中的甲醇含量。蒸馏酒加入内标叔戊醇，经气相色谱分离，甲醇、乙醇、叔戊醇按照极性由小至大顺序流出色谱柱。方法检出限为 7.5 mg/L，定量限为 25 mg/L。

三、仪器与试剂准备

1. 仪器 气相色谱仪（配氢火焰离子化检测器），气体发生器（氮气、氢气、空气），分析天平（万分之一），容量瓶（25、100 mL），刻度吸管（5、10 mL），进样器。

2. 试剂 超纯水，乙醇（色谱纯），甲醇标准品（纯度≥99%），叔戊醇标准品（纯度≥99%）。

3. 试液制备

（1）乙醇溶液（40%，*V/V*） 量取 40 mL 乙醇，用水定容至 100 mL，混匀。

（2）叔戊醇标准溶液（20 g/L） 准确称取 2.0 g（精确至 0.001 g）叔戊醇至 100 mL 容量瓶中，用乙醇溶液定容至 100 mL，混匀，0~4℃低温冰箱密封保存。

（3）甲醇标准贮备液（5 g/L） 准确称取 0.5 g（精确至 0.001 g）甲醇至 100 mL 容量瓶中，用乙醇溶液定容至刻度，混匀，0~4℃低温冰箱密封保存。

（4）甲醇系列标准工作液 分别吸取 0.5、1.0、2.0、4.0、5.0 mL 甲醇标准贮备液，于 5 个 25 mL 容量瓶中，用乙醇溶液定容至刻度，依次配制成甲醇含量为 100、200、400、800、1000 mg/L 系列标准溶液，现配现用。

4. 色谱条件 色谱柱：聚乙二醇石英毛细管柱，柱长 60 m，内径 0.25 mm，膜厚 0.25 μm，或等效柱；色谱柱温度：初温 40℃，保持 1 分钟，以 4.0℃/min 升到 130℃，以 20℃/min 升到 200℃，保持 5 分钟；检测器温度：250℃；进样口温度：250℃；载气流量：1.0 mL/min；进样量：1.0 μL；分流比：20:1。

四、实训内容

1. 试样制备 吸取试样白酒（蒸馏酒）10.0 mL 于试管中，加入 0.10 mL 叔戊醇标准溶液，混匀，备用。当试样颜色较深时，需要将样品中不挥发物质蒸馏去除，收集蒸馏液并用二级水定容恢复至原有体积（详见 GB 5009.266—2016）。

2. 标准曲线的制作 分别吸取 10 mL 甲醇系列标准工作液于 5 个试管中，然后加入 0.10 mL 叔戊醇标准溶液，混匀，测定甲醇和内标叔戊醇色谱峰面积，以甲醇系列标准工作液的浓度为横坐标，以甲醇和叔戊醇色谱峰面积的比值为纵坐标，绘制标准曲线。

3. 试样测定 吸取试样溶液 1.0 μL 注入气相色谱仪，以保留时间定性，同时记录甲醇和叔戊醇色谱峰面积的比值，根据标准曲线得到待测液中甲醇的浓度。试样中甲醇的含量计算：

$$X = c$$

式中，X 为试样中甲醇的含量，mg/L；c 由标准曲线查到的试样中甲醇的含量，mg/L。计算结果保留三位有效数字。

五、实验记录与数据处理

样品名称					检测项目		
检测方法					检测依据	GB 5009.266—2016	
检测时间					检测地点		
色谱条件	色谱柱： 检测器： 气体流量：				载气： 进样量： 柱温：		
进样	甲醇标准样品						试样
加入量（mg/L）	100	200	400	800	1000		
甲醇峰面积 A_i							
叔戊醇峰面积 A_s							
A_i/A_s							
$A_i/A_s - c$	回归方程：						
检测结果（mg/L）							

六、思考题

1. 在配制系列浓度的甲醇标样过程中，加入甲醇时为何要用天平称量，配成系列质量浓度，而不用体积浓度。

2. 用外标一点法测定白酒中甲醇含量，如何测定。测定结果和本实验内标法测定结果哪个更准确，为什么？

（赵 强）

第九章　高效液相色谱法

📘 知识目标

1. **掌握**　化学键合相色谱法、离子色谱法的原理；高效液相色谱定性和定量分析方法。
2. **熟悉**　高效液相色谱法的主要类型；高效液相色谱仪的基本结构、操作方法及注意事项。
3. **了解**　应用实例；高效液相色谱仪的保养维护与常见故障的排除。

📋 能力目标

1. 掌握运用高效液相色谱法进行样品组分的定性定量分析。
2. 学会高效液相色谱仪操作；会对高效液相色谱仪进行保养维护。

👉 **案例讨论**

　　案例："瘦肉精"是 β－肾上腺受体激动剂类化合物的俗称，包括盐酸克伦特罗、莱克多巴胺和沙丁胺醇等十几种物质。将其添加于饲料中，可大大减少食用动物的脂肪、增加瘦肉，缩短动物的生长期，从而降低成本。科学研究表明，食用含有"瘦肉精"的肉会对人体产生危害，常见有恶心、头晕、四肢无力、手颤等中毒症状，长期食用则有可能导致染色体畸变，诱发恶性肿瘤。虽然世界各国纷纷制定法规严禁盐酸克伦特罗和莱克多巴胺用于畜禽养殖，但因利益驱使，其非法使用的报道还在不断出现。如何高效快速地检测出瘦肉精成分，成为其有效监管的重要环节。

　　问题：1. 检测瘦肉精残留的技术有哪些？
　　　　　　2. HPLC 测定瘦肉精残留量的原理和方法是什么？

扫码"看一看"

　　高效液相色谱法（HPLC）是 20 世纪 60 年代末期发展起来的，在经典液相色谱的基础上，引入气相色谱的理论和实验技术，以高压液体作流动相，采用高效固定相和高灵敏度检测器发展而成的现代液相色谱分离分析方法。它具有分析速度快、分离效率高、选择性好、灵敏度高的特点，目前已广泛应用于食品、医药、化工、生化、石油、环境监测等领域。

1. 相对经典液相色谱法的优势

　　（1）高效　使用了颗粒极细（一般为 10 μm 以下）、规则均匀的固定相和均匀填充技术，传质阻抗小，柱效高、分离效率高，理论塔板数可达 10^4 或 10^5。

　　（2）高速　使用高压泵输送流动相，采用梯度洗脱装置，完成一次分析一般只需几分钟到几十分钟，比经典液相色谱法快得多。

　　（3）高灵敏度　紫外、荧光、蒸发光散射、电化学、质谱等高灵敏度检测器的使用，灵敏度大大提高，如紫外检测器最小检测限可达 10^{-9} g，荧光检测器最小检测限

可达 10^{-12} g。

（4）高度自动化　计算机的应用，使 HPLC 不仅能自动处理数据、绘图和打印分析结果，而且还可以自动控制色谱条件，使色谱系统自始至终都在最佳状态下工作，成为全自动化的仪器。

2. 相对气相色谱法的优势

（1）应用范围广　HPLC 只要求样品能制成溶液，不需要汽化，可用于沸点高、相对分子质量大、热稳定性差的有机化合物及各种离子的分离分析，如氨基酸、蛋白质、生物碱、核酸、甾体、维生素、抗生素等。

（2）流动相可选择范围广　它可用多种不同性质的溶剂作流动相，流动相对分离的选择性影响大，因此对于性质和结构类似的物质分离的可能性比气相色谱法更大。

（3）分离环境普遍　一般只需在室温下进行分离，不需要高柱温。

第一节　高效液相色谱法的主要类型和基本原理

一、高效液相色谱法的主要类型

高效液相色谱法的分类与经典液相色谱法的分类基本相同。按固定相的聚集状态可分为液－固色谱法、液－液色谱法两大类。按分离机制可分为吸附色谱法、分配色谱法、凝胶色谱法、离子色谱法、化学键合相色谱法、亲和色谱法、电色谱法、胶束色谱法、手性色谱法等十余种方法，其中以化学键合相色谱法最常用。

二、化学键合相色谱法

化学键合相色谱法（bonded phase chromatography，BPC）由液－液色谱法发展而来，是采用化学键合相作固定相的液相色谱法。将固定相共价结合在载体颗粒上，克服了分配色谱中由于固定相在流动相中有微量溶解，及流动相通过色谱柱时的机械冲击，使固定相不断损失，色谱柱的性质逐渐改变等缺点。

（一）化学键合相

化学键合相是利用化学反应通过共价键将有机分子键合在载体表面，形成均一、牢固的单分子薄层而构成的固定相，是目前使用最广泛的一种固定相。通常，化学键合相的载体是硅胶，硅胶表面有硅醇基（Si—OH），它能与有机分子反应，获得各种不同性能的化学键合相。化学键合相一般分为三类。

1. 非极性键合相　是指硅胶表面键合了非极性有机基团（烃基硅烷）的固定相。常见烃基有辛烷基、十六烷基、十八烷基、苯基等，其中以十八烷基硅烷键合相（octadecyl silane，简称 ODS 或 C_{18}）应用最广泛。ODS 是由十八烷基氯硅烷与硅胶表面的硅醇基反应制得，其键合反应如下：

$$\equiv Si-OH + Cl-\underset{\underset{R_2}{|}}{\overset{\overset{R_1}{|}}{Si}}-C_{18}H_{37} \xrightarrow{-HCl} \equiv Si-O-\underset{\underset{R_2}{|}}{\overset{\overset{R_1}{|}}{Si}}-C_{18}H_{37}$$

2. 极性键合相 是指硅胶表面键合了极性有机基团的固定相。常见的极性有机基团有氰基、氨基、硝基、醚基、二羟基等。

3. 离子型键合相 是指键合了可交换离子基团的固定相。常用的阳离子交换基团有磺酸基、羧酸基，阴离子交换基团有季胺基、氨基等。

化学键合固定相具有如下优点。①柱效高：传质速度比一般液体固定相快；②稳定性好：耐溶剂冲洗，耐高温，无固定液流失，从而提高了色谱柱的稳定性和使用寿命；③重现性好：固定液不会溶于流动相，有利于梯度洗脱；④应用范围广：改变键合有机分子的结构和基团的类型，能灵活地改变分离的选择性，适用于分离几乎所有类型的化合物；且能用各种溶剂作流动相。

（二）流动相

流动相通常是一些有机溶剂、水、缓冲液等，其作用是携带样品前进，给样品提供一个合适的分配比。流动相常采用二元或多元组合溶剂系统。对流动相的基本要求如下。

（1）作流动相的溶剂要求纯度高，是 HPLC 级的。要求选用色谱纯有机溶剂或高纯水。

（2）流动相与固定相不互溶，也不发生化学反应，不会引起柱效损失。

（3）流动相对试样应有适宜的溶解度，防止产生沉淀并在柱中沉积。

（4）溶剂的黏度要小，否则传质阻力大，柱效降低。

（5）流动相应与检测器匹配。采用紫外末端波长检测时，首选乙腈－水系统。

（6）流动相使用前应脱气。

（三）分离原理

化学键合相色谱法所用流动相的极性必须与键合固定相显著不同，根据流动相和固定相的相对极性不同分为正相键合相色谱法（normal bonded phase chromatography，NBPC）和反相键合相色谱法（reversed bonded phase chromatography，RBPC）。流动相极性小于固定相极性称为正相色谱（NPC）；反之，流动相极性大于固定相极性称为反相色谱（RPC）。

1. 正相键合相色谱法 正相键合相色谱法中常用的固定相是极性较大的氨基、氰基、二羟基等化学键合相。流动相则是疏水性的非极性或弱极性溶剂，如正己烷、环己烷、戊烷；可加入适当的调节剂如乙醇、四氢呋喃、三氯甲烷等调节洗脱强度。氰基键合相的分离选择性与硅胶相似，但其极性比硅胶弱，在其流动相及其他条件相同时，同一组分在氰基柱上的保留比在硅胶柱上弱。许多需用硅胶分离的可用氰基键合相完成。

本法适用于分析氨基酸类、胺类、酚类及羟基类等极性至中等极性化合物，如脂溶性维生素、甾族、芳香醇、芳香胺、有机氯农药等。极性键合相的分离选择性决定于键合相种类、流动相强度及样品性质。在正相键合相色谱法中组分的保留和分离规律如下：极性大的组分容量因子大，保留时间长，后流出色谱柱；极性小的组分容量因子小，保留时间短，先流出色谱柱。流动相极性增大，洗脱能力增强，组分的容量因子减小，保留时间减小；反之容量因子增大，保留时间增大。

2. 反相键合相色谱法 反相键合相色谱法中常用的固定相是非极性的十八烷基（C_{18}）、辛烷基（C_8）以及二甲基硅烷等化学键合固定相；有时也用弱极性或中等极性的键合固定相。流动相是以水作基础溶剂，再加入一定量与水混溶的极性调节剂，如甲醇、乙腈、四氢呋喃等，或者酸、碱等，根据分离需要，改变洗脱剂的组成及含量，以调节极性和洗脱能力。其中最典型的色谱系统是以十八烷基硅烷键合硅胶作固定相，甲醇－水、乙腈－水作流动相。本法应用最广泛，适于分离非极性至中等极性的分子型化合物。极性大的组分容量因子小，保留时间短先出柱，极性小的组分容量因子大，保留时间长后出柱。

三、离子色谱法

离子色谱法（ion chromatography，IC）可分离离子或离子型化合物，但一些常见的无机离子在紫外－可见光区无吸收或吸收很弱，紫外检测器不适用；离子交换色谱法的洗脱液为电解质，电导率高，故也难以用电导检测器进行检测；离子分离时采用高浓度的酸或碱作为洗脱液，对管路及柱子腐蚀较大。由于上述原因，离子色谱法一直发展缓慢。1975年斯莫尔（H. Small）首先提出将离子交换色谱与电导检测器结合分析测定各种离子的方法，并称之为离子色谱法。从此，离子色谱作为分离分析各种离子化合物的有用工具，发展十分迅速。离子色谱法可用于分离无机和有机阴、阳离子，以及氨基酸、糖类和DNA、RNA水解产物等。

（一）固定相与流动相

1. 固定相　离子色谱的固定相实际上是离子交换剂，是离子交换基团键合在基质上构成的。固定相的基质主要包括有机聚合物基质和无机基质（硅胶、氧化铝使用较多）两大类。有机聚合物基质应用较广，是目前商品化离子色谱柱的主要填料。有机聚合物基质能够耐受很宽的pH范围（一般为pH 0～14），可用强碱或强酸作为淋洗液。用强碱或强酸作淋洗液时，可使中性条件下不易解离的化合物（如糖类、氨基酸、有机和无机弱酸等）转变成阴离子或阳离子，从而可用阴离子或阳离子交换分离。在普通的离子色谱法中，通常使用的是硅胶基质的柱填料，适宜在pH 2～8的范围内使用。硅胶基质的固定相与有机聚合物基质的固定相相比，具有更好的化学稳定性、机械强度大、渗透性好、优良可控的物理结构、专一的表面化学反应等优点，色谱性能更好，所以近年来硅胶固定相有了很快的发展。

按离子交换基团的性质将离子交换剂分为阳离子交换剂和阴离子交换剂。前者用于分离碱性化合物，后者分离酸性化合物，对于两性试样如蛋白质、氨基酸等，可通过调节流动相的pH，使其以阴离子或阳离子形式存在，然后进行分离。常见阴、阳离子交换剂类型见表9－1。

表9－1　常见离子交换剂的类型

类型	符号	交换基团
强酸性阳离子交换剂	SCX	磺酸基（—SO$_3$H）
弱酸性阳离子交换剂	WCX	羧基（—COOH）
强碱性阴离子交换剂	SAX	季胺基［—N$^+$（CH$_3$）$_3$］
弱碱性阴离子交换剂	WAX	伯胺基、仲胺基、叔胺基（—NH$_2$、—NHR、—NR$_2$）

2. 流动相　离子色谱法大多采用水缓冲溶液作为流动相，也可用甲醇、乙醇等有机溶剂与水缓冲溶液混合使用，以改善试样的溶解度。可通过改变流动相中盐离子的种类、浓度、pH等，控制试样中各离子的分配比k大小，提高分离的选择性。

（二）分离原理

离子色谱法分为两类，即抑制型（双柱）和非抑制型（单柱）离子色谱法。抑制型离子色谱法是开发最早、应用最广的离子色谱法，该法使用两根离子交换柱，一根为分离柱，填有低交换容量的阴离子交换剂；另一根为抑制柱，填有高交换容量的阳离子交换剂（称为阴离子抑制柱），两者串联在一起。分析阴离子时，以 $Na_2CO_3/NaHCO_3$ 或 $NaOH$ 稀溶液为洗脱液，在两柱上反应如下：

分离柱中：交换反应　　$R^+OH^- + NaX \longrightarrow R^+X^- + NaOH$

　　　　　洗脱反应　　$R^+X^- + NaOH \longrightarrow R^+OH^- + NaX$

抑制柱中：与组分的反应　　$R^-H^+ + NaX \longrightarrow R^-Na^+ + HX$

　　　　　与洗脱液的反应　　$R^-H^+ + NaOH \longrightarrow R^-Na^+ + H_2O$

通过抑制柱后，洗脱液成为电导率很低的水，消除了本底电导，被测离子 X^- 成为游离酸，具有较大的电导，易被检测出。抑制柱的交换容量有限，随着使用时间增加，逐渐失效，需定期再生，恢复其抑制能力。

非抑制型离子色谱法使用更低交换容量的固定相，常使用浓度很低、电导率很低的流动相，如 $0.1 \sim 1.0$ mmol/L 的苯甲酸、邻苯二甲酸或它们的盐溶液。由于本底电导较低，试样离子被洗脱后可直接被电导检测器所检测。

拓展阅读

超高效液相色谱法

2004 年，世界上第一台商品化的超高效液相色谱（ultra performance liquid chromatography，UPLC）系统（Acquity，UPLC™）问世。超高效液相色谱法采用了小于 2 μm 的色谱柱填料，跟普通高效液相色谱法相比具有如下优点。①较高的分析速度：填料粒径的减小能提高最佳线速度而不影响柱效，同时也可以按比例缩短色谱柱的长度，从而提高分析速度。②较好的分离度：根据等度液相分离度方程，粒径的减少有利于分离度的增加。③较高的检测灵敏度：填料粒径的减小能使色谱峰变窄，信噪比增大，从而使灵敏度得到额外的提高。④能提高质谱离子化效率，减小基质效应：UPLC 系统达到最佳线速度时其流动相流速与质谱能承受的流速更加匹配，使离子化效率增加。此外，UPLC 的分离度比起传统 HPLC 有着很大的提高，它的色谱峰扩展很小，峰浓度很高，这样既有利于化合物的离子化，也有助于与基质杂质的分离，因此在一定程度上能降低基质效应，使重现性和灵敏度得到提高。超高效液相色谱法的应用使液相色谱的分离能力得到进一步的提高和扩展，极大地提高了分析工作的效率和质量，因而在食品添加剂、农药残留、兽药残留、食品非法添加物及生物毒素、药物分析、生物基质中药物的分析、中药质量控制等方面都有广泛的应用。

扫码"学一学"

第二节　高效液相色谱仪

高效液相色谱仪由高压输液系统、进样系统、分离系统、检测系统、色谱数据处理系统等五大部分组成。其结构示意图如图 9 - 1。

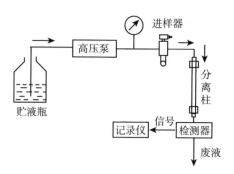

图 9 - 1　高效液相色谱仪结构示意图

一、高效液相色谱仪的基本结构

（一）输液系统

由于高效液相色谱所用的固定相颗粒极细，因此对流动相的阻力很大，为使流动相有较大的流速，必须配备高压输液系统。高压输液系统由贮液瓶、脱气装置、高压输液泵、流量控制装置、梯度洗脱装置组成。

1. 贮液瓶　用于盛放流动相的试剂瓶，应耐腐蚀，一般由玻璃、不锈钢或特种塑料制成。大部分是带盖的玻璃瓶，容积为 0.5 ~ 2.0 L。

2. 脱气装置　流动相溶液往往含有溶解的气体如氧气，使用前必须脱气，否则影响高压泵的正常工作并干扰检测器的检测，增加基线噪声，严重时造成分析灵敏度下降。常用的脱气方法有离线和在线脱气两种。离线脱气方法有：氦脱气法、搅拌抽真空法、超声波振荡脱气法和加热回流法。最常用抽真空法，其脱气效果仅次于氦脱气，如二者结合效果更佳。抽真空法要求贮液瓶壁较厚，最好加外套，防止破裂。超声波振荡脱气法只能除去 30% 的溶解气体。现在有些仪器上配备有在线脱气装置，多是在线真空脱气，是将流动相通过一段由多孔性合成树脂膜制成的输液管，该输液管外有真空容器，真空泵工作时，膜外侧被减压，相对分子质量小的氧气、氮气、二氧化碳就从膜内进入膜外而被脱除。

3. 高压输液泵　高压输液泵是高效液相色谱仪的关键部件之一，其功能是将贮液瓶中的流动相以高压形式连续稳定地送入液路系统。泵性能的好坏直接影响整个系统的质量和分析结果的可靠性。高压输液泵要求流量恒定、无脉动，有较大的压力调节范围，耐腐蚀，有较高的输出压力（15 ~ 30 MPa），密封性好，死体积小，便于更换溶剂和梯度洗脱，易于清洗和保养。常用的输液泵分为恒流泵和恒压泵两种。恒流泵是能输出恒定流量的泵，其流量与流动相黏度及柱渗透性无关，保留值的重复性好，基线稳定，能满足高精度分析和梯度洗脱要求。恒压泵是能保持输出压力恒定，流量则随系统阻力而变化，如果系统压力不发生变化，恒压泵就能提供恒定的流量。目前多采用恒流泵中的柱塞往复泵，其结构如图 9 - 2 所示。

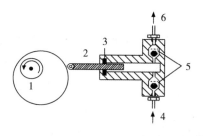

1. 偏心轮；2. 柱塞；3. 密封垫；
4. 流动相进口；5. 单向阀；6. 流动相出口

图 9 - 2　柱塞往复泵工作原理图

柱塞往复泵类似于具有单向阀的往复运动的小型注射器。通常由电动机带动凸轮（或偏心轮）转动，再由凸轮驱动活塞杆作往复运动，柱塞向后运动，出口单向阀关闭，入口单向阀打开，将流动相吸入缸体；柱塞向前运动，入口单向阀关闭，出口单向阀打开，流动相输出，流向色谱柱；柱塞前后往复运动，将流动相源源不断地输送到色谱柱中。改变电动机转速可以控制活塞的往复频率，调节流动相的流速。柱塞往复泵主要优点是：流量恒定，与流动相黏度和柱渗透性无关；死体积小，便于更换溶剂；流量控制装置简便；价格适中。其主要缺点是输出有脉冲，影响分离及检测效果，现多采用脉冲阻尼器或双柱塞恒流泵来克服。双柱塞恒流泵实际上是两台单柱塞往复泵并联或单联而成，一泵在从贮液瓶中抽取流动相时，另一泵就向色谱柱注入流动相，两个柱塞杆来回运动存在的时间差，正好弥补了流动相输出的脉动，达到平稳流速。

4. 流量控制装置 可消除柱压过高对分离造成的影响。

5. 梯度洗脱装置 HPLC 中洗脱方式有等度洗脱和梯度洗脱两种。等度洗脱是指在一个分析周期内，流动相组成保持恒定，适于组分数目少、性质差别不大的样品。梯度洗脱，也叫梯度淋洗，是指在一个分析周期内，按一定程序不断改变流动相的浓度配比，从而使一个复杂样品中的性质差异较大的组分得到较好的分离。梯度洗脱的优点是可以提高分离效果，缩短分析时间，提高检测灵敏度。但有时引起基线漂移，重现性变差。梯度洗脱适于分析组分数目多、性质差异较大的复杂样品。梯度洗脱装置分为两类。

（1）外梯度装置（又称低压梯度） 是通过比例电磁阀控制四种或四种以下溶剂组分按不同的比例输送到混合室在常压下混合，然后用高压输液泵将混合溶剂输入色谱柱，仅需一台泵即可。

（2）内梯度装置（又称高压梯度） 采用几台高压泵（流量可独立控制）分别将溶剂加压，按程序设定的流速比例输入混合室混合，然后以一定的流量输入色谱柱，需要用两台或两台以上泵。使用这种梯度装置可获得任何形式的梯度程序，易于自动化。但价格较高。

（二）进样系统

HPLC 的进样系统简称进样器，具有取样和进样功能，安装在色谱柱的进口处，作用是把分析试样有效地送入色谱柱。常用六通阀进样器和自动进样器。

1. 六通阀进样器 六通阀进样器多为手动进样器，一般带有 20 μL 定量环。六通阀进样器的工作原理：手柄位于取样（LOAD）位置时，流动相不经定量环管路流入色谱柱，样品经微量进样针从进样孔注射进定量环，定量环充满后，多余样品从放空孔排出；将手柄转动至进样（INJECT）位置时，进样阀与流动相流路接通，流动相冲洗定量环，推动样品进入色谱柱进行分析（图 9-3）。

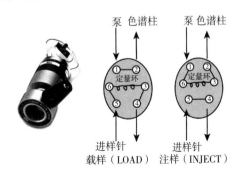

图 9-3 六通阀进样器及进样示意图

2. 自动进样器 除手动进样之外，还有各种形式的自动进样装置，由计算机自动控制定量阀，按预先编制好的程序进样，可自动完成几十或上百个样品的分析。其工作原理是由电机控制的注射器针头插入自动进样盘的样品瓶中，抽出所需样品量，自动进样器将针头移到阀的进样口，将样品压入样品环，然后转动阀使样品进入色谱柱。在进行大量样品的分析时，使用自动进样器操作可节省大量人力和时间。

（三）分离系统

高效液相色谱仪的分离系统主要包括色谱柱、恒温箱和连接管等部件。

色谱柱是液相色谱的心脏部件，由柱管、固定相填料、过滤片、垫圈等组成。如图9-4。柱管材料通常采用内壁抛光的不锈钢，使用前柱管先用三氯甲烷、甲醇、水依次清洗，再用50%的HNO_3在柱内滞留10分钟，形成钝化的氧化物涂层。色谱柱一般采用直形，按照主要用途分为分析型柱和制备型柱。常见有以下几种规格：①常规分析柱（常量柱），内径2~5 mm，柱长10~30 cm；②半微量柱，内径1.0~1.5 mm，柱长10~20 cm；③毛细管柱（又称微柱），内径0.1~1.0 mm，柱长30~75 cm；④实验室制备柱，内径20~40 mm，柱长10~30 cm；⑤生产制备柱内径可达几十厘米。

液相色谱柱的关键是制备出高效的填料，现多使用化学键合固定相作为填充剂，填料颗粒度5~10 μm，柱效以每米理论塔板数计大约70 000~80 000。反相色谱系统使用非极性填充剂，以十八烷基硅烷键合硅胶最为常用。正相色谱系统使用极性填充剂，常用的填充剂有硅胶等。色谱柱的填充技术也直接影响柱效的发挥。填充色谱柱的方法有干法和湿法两种，一般大颗粒（如外径>20 μm）的填料可以用干法填充；小粒径的填料宜用湿法填充。湿法填充也称作匀浆法，即用密度和填料相近的液体或混合液作为分散介质，用超声波处理此浆液，再用高压泵快速压入色谱柱管中，从而制备出高效的色谱柱。

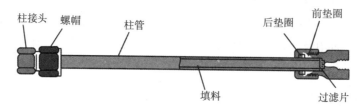

图9-4　色谱柱结构示意图

（四）检测系统

检测器是液相色谱仪的关键部件之一，其作用是将色谱洗脱液中组分的量（或浓度）转变成电信号。一个理想的检测器应具有灵敏度高、重现性好、响应快、线性范围宽、对流动相流量和温度波动不敏感、死体积小等特性。常用的检测器主要有紫外检测器、荧光检测器、示差折光检测器、蒸发光散射检测器和电化学检测器等。

1. 紫外检测器　紫外检测器（UV detector, UVD）是HPLC中应用最广泛的检测器。其特点是灵敏度较高，噪声低，线性范围宽，受流速和温度波动影响小，不破坏样品，适用于梯度洗脱。缺点是只能检测有紫外吸收的物质，流动相的选择受到一定限制，即流动相的截止波长应小于检测波长。

紫外检测器分为固定波长检测器、可变波长检测器和光电二极管阵列检测器。固定波长检测器常用汞灯的254 nm或280 nm为测量波长，检测在此波长下有吸收的有机物，现已少用。可变波长检测器（variable wavelength detector, VWD），结构与一般紫外-可见分光光度计基本相同，主要区别是流通池（流通池体积一般 5～10 μL）代替了吸收池，可根据被测组分的紫外吸收光谱选择检测波长。

光电二极管阵列检测器（diode array detector，DAD）是紫外检测器的一个重要进展，是目前高效液相色谱仪中性能最好的检测器。它的工作原理是采用光电二极管阵列作为检测元件，构成多通道并行工作，复合光透过流通池后，被组分选择性吸收而具有了组分的光谱特征，透过的复合光再由光栅分光，入射到阵列式接收器上使每个纳米光波的光强度转变成相应的电信号，得到时间、波长、吸光强度的三维色谱－光谱图，如图 9－5。色谱图用于定量，光谱图用于定性，并可判别色谱峰的纯度及分离状况。

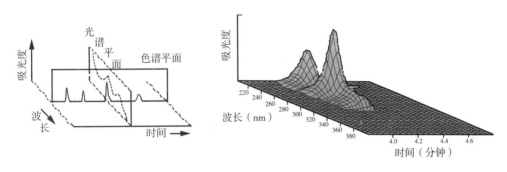

图 9－5　光电二极管阵列检测器三维色谱－光谱图

2. 荧光检测器　荧光检测器（fluorescence detector，FD）是一种高灵敏度、高选择性检测器。它是利用某些有机化合物在受到一定波长和强度的激发光照射后，发射出荧光来进行检测。适用于稠环芳烃、氨基酸、酶、维生素、色素、黄曲霉毒素等荧光物质的检测，荧光的强度与组分浓度成正比。荧光检测器的灵敏度比紫外检测器约高 2 个数量级，因此适合于痕量和超痕量分析，非荧光物质可通过与荧光试剂反应变成荧光物质后再进行检测，扩大了荧光检测器的应用范围。

3. 示差折光检测器　示差折光检测器（refractive index detector，RID）是基于连续测定柱后流出液折光率变化来测定样品的浓度。溶液的折光率是流动相及其所含各组分的折光率乘以各自的浓度之和。因此，溶有试样的流动相和纯流动相的折光率差值，可指示样品在流动相中的浓度。示差折光检测器是浓度通用型检测器，无紫外吸收、不发射荧光的物质，如糖类、脂肪、烷烃类都能检测，且不破坏样品。但灵敏度低，不适合于微量分析，对温度及流动相变化敏感，也不适于梯度洗脱。

4. 蒸发光散射检测器　蒸发光散射检测器（evaporative light－scattering detector，ELSD）是根据检测光散射程度而测定溶质浓度的检测器。色谱柱后流出物在通向检测器途中，被高速载气（氮气）喷成雾状液滴，再进入蒸发漂移管中，流动相不断蒸发，含溶质的雾状液滴形成不挥发的微小颗粒，被载气载带通过检测器。在检测器中，光被散射的程度取决于溶质颗粒的大小与数量。ELSD 是质量通用型检测器，具有比示差折光检测器更高的灵敏度，可用于梯度洗脱。适用于检测挥发性低于流动相的组分，主要用于检测糖类、高级脂肪酸、磷脂、维生素、甘油三酯及甾体等物质。注意：不能使用磷酸盐等不挥发性流动相。

5. 电化学检测器　电化学检测器（electrochemical detector，ECD）是根据电化学原理和物质的电化学性质进行检测的，主要用于离子色谱法，具有高灵敏度、高选择性，可用于梯度洗脱。常用电导型检测器，其原理是基于待测物在一些介质中电离后产生的电导变化来测量电离物质的含量。电导检测器的主要部件是电导池，其响应受温度影响较大，因此需要将电导池置于恒温箱中。另外，当 pH > 7 时，该检测器不够灵敏。

（五）色谱数据处理系统

高效液相色谱仪的数据采集和处理由计算机完成，利用色谱工作站采集、分析色谱数据和处理色谱图，给出保留时间、峰宽、峰高、峰面积、对称因子、容量因子、选择因子和分离度等色谱参数。

二、高效液相色谱仪的使用及注意事项

（一）仪器的性能检定

扫码"看一看"

高效液相色谱仪是高精密度的仪器，必须进行性能检定，性能检定的目的是表明仪器能正常工作，给出预期的分析结果。仪器安装后，必需经过检定，检定合格后方能投入使用；仪器使用者每隔 2 ~ 3 个月需进行一次仪器定期检定，并将结果记录备案；色谱仪经维修后，也要经过性能测试方能使用。

对液相色谱仪的检定，应按照 JJG 705—2014《液相色谱仪》的要求实施。本规程适用于配有紫外－可见光检测器、二极管阵列检测器、荧光检测器、蒸发光散射检测器和示差折光检测器的液相色谱仪的首次检定、后续检定和使用中检查。内容包括计量性能要求（输液系统、柱温箱、检测器、整机性能）、通用技术要求（仪器外观、仪器电路系统）、计量器具控制等。

（二）操作前准备

1. 配制足量的流动相　用高纯度的试剂配制流动相，必要时照紫外分光光度法进行溶剂检查，应符合要求；水应为新鲜制备的高纯水，可用超纯水器制得或用重蒸馏水。对规定 pH 的流动相，应使用精密 pH 计进行调节。配制好的流动相用适宜的 0.45 μm（或更小孔径）滤膜滤过，根据需要选择不同的滤膜，有机相滤膜一般用于过滤有机溶剂，过滤水溶液时流速低或滤不动。水相滤膜只能用于过滤水溶液，严禁用于有机溶剂，否则滤膜会被溶解。过滤后的流动相用前需要脱气。

2. 配制供试品溶液　按有关标准规定配制供试溶液。供试溶液在注入色谱仪前，一般应经 0.45 μm 适宜的滤膜滤过。必要时，在配制供试溶液前，样品需经提取净化，以免对色谱系统产生污染。

（三）操作方法

1. 开机前检查　检查仪器各部件的电源线、数据线和输液管道是否连接正常。

2. 色谱柱的安装　安装待测样品所需的色谱柱，注意色谱柱方向应与流动相的流向一致。打开柱温箱电源开关，设置柱温箱温度。

3. 开机　接通电源，开启电脑，依次开启系统控制器、泵、检测器等（参照各型号仪器说明），仪器自检，最后打开色谱工作站。

4. 管路排气泡　打开排气阀，设置高流速（一般 5 mL/min）启动"purge"键排气，观察出口处呈连续液流后，将流速逐步回零或停止冲洗，拧紧排气阀。

5. 建立检测方法　根据给定的分析参数，编辑检测方法，并保存方法文件。

6. 平衡系统　用检测方法规定的流动相冲洗系统，调流速至分析用值，对色谱系统进行平衡；用干燥滤纸的边缘检查各管路连接处，不得漏液；观察泵控制屏幕上的压力值，压力波动应不超过 1 MPa；观察基线变化。初始平衡时间一般约需 30 分钟。如为梯度洗脱，应在程序器上设置梯度程序，用初始比例的流动相对色谱柱进行平衡。

7. 进样与数据采集　系统平衡后，设置样品信息、数据文件的保存路径、进样体积等，开始进样，采集数据。进样操作（六通阀手动进样器）要点如下。

（1）把进样器手柄放在载样位置（LOAD）。

（2）用供试溶液清洗配套的注射器，再抽取适量，如用定量环（LOOP）载样，则注射器抽取量应不少于定量环容积的 5 倍；用微量注射器定容进样时，进样量不得多于环容积的 50%。在排除气泡后方能向进样器中注入供试溶液。

（3）把注射器的平头针直插至进样器的底部，注入供试溶液，除另有规定外，注射器不应取下。

（4）把手柄迅速转至注样位置（INJECT），定量环内供试溶液即被流动相带入流路。

8. 谱图处理　打开保存谱图所在的文件夹，打开图谱，查看色谱峰参数，进行数据处理，并打印数据报告。

（四）清洗和关机

1. 清洗管路　实验完毕先关检测器，立马清洗色谱柱。对有机溶剂和水的体系实验结束后，应用甲醇或乙腈的水溶液冲洗管路至少 20 分钟，再用甲醇或乙腈冲洗 30~60 分钟。若使用了缓冲盐流动相，应先用 5% 甲醇（或乙腈）水溶液冲洗管路 30 分钟，60% 甲醇（或乙腈）水溶液冲洗 30 分钟，95% 甲醇（或乙腈）水溶液平衡 30 分钟，再将整个系统保存在纯有机相中。

2. 关机　输液泵的流速逐渐减至 0 时，才可将稳压器与泵关闭，关闭联机软件。依次关闭系统控制器、检测器、泵和柱温箱开关。填写使用记录，内容包括日期、样品、色谱柱、流动相、柱压、使用小时数、仪器完好状态等。

（五）注意事项

1. 色谱柱须轻拿轻放，长时间不用应冲洗干净，应用甲醇等置换后拆下两头封紧保存。

2. 注意各种色谱柱使用的 pH 范围及压力限。一般硅胶键合固定相 pH 范围为 2~8，应在规定的范围内选择流动相。使用高 pH 流动相时，在泵与进样器之间连接一硅胶短柱，以饱和流动相，保护分析柱，并尽可能缩短在高 pH 条件下的使用时间，用后立即冲洗。

3. 色谱柱安装前要确认柱接头及管路是否匹配，避免因不匹配造成漏液。连接管路应尽可能使用内径较小、长度较短的管线，以减少死体积；安装时柱箭头方向要与流动相的流向一致；对分析较复杂的样品建议使用保护柱。

4. 新柱或被污染柱用适当溶剂冲洗时，应将其出口端与检测器脱开，避免污染。

5. 使用的流动相应与仪器系统的原保存溶剂能互溶，如不互溶，则先取下上次的色谱柱，用异丙醇溶液过渡，进样器和检测器的流通池也注入异丙醇进行冲洗，完毕后，接上本次使用的色谱柱，换上相应的流动相。

6. 梯度洗脱时，注意溶剂的密度和黏度影响混合后流动相的组成；检测器可用 UVD、

FD，但不能用 RID。

7. 进样前，色谱柱应用流动相充分冲洗平衡。

8. 严格控制进样量，以免柱容量超负荷，影响分离。

9. 各色谱柱的使用应予登记，以方便选择和更新。

三、仪器的安装要求、保养维护与常见故障排除

（一）仪器的安装要求

1. 实验室应清洁无尘，无易燃、易爆和腐蚀性气体，通风良好。

2. 高效液相色谱仪一般要求室温在 15～30 ℃之间，日温变化不超过 3 ℃（对示差折光检测器则不超过 2 ℃），室内相对湿度应控制在 20%～85%。

3. 仪器应平稳地放在工作台上，周围无强烈机械振动和电磁干扰源，仪器接地良好。电源电压为（220 ±22）V，频率为（50 ±0.5）Hz。

因此，安放高效液相色谱仪的房间要干净、通风、防尘、温湿度适宜，最好是恒温恒湿，远离电磁干扰和高振动的设备。

（二）仪器的保养维护

1. 高压泵的维护

（1）分析检测结束后，及时冲洗泵中缓冲溶液；把泵浸在无缓冲液的溶液中或有机溶剂中。

（2）泵工作时要防止贮液瓶内流动相用完，否则空泵运转会磨损柱塞、缸体或密封环，产生漏液。

（3）泵的工作压力不能超过最高压力值，否则会使高压密封环变形，产生漏液。

（4）及时更换泵的密封垫圈。

2. 进样器的维护

（1）每次分析结束后应及时冲洗进样阀，防止样品和缓冲盐残留在进样阀中，通常可用水冲洗，或先用能溶解样品的有机溶剂冲洗，再用水冲洗。

（2）转动进样器阀芯时不能太慢或停留在中间位置，否则会使流动相受阻，泵内压力剧增，此时再转到进样位置，过高的压力会使泵头损坏。

（3）严禁使用气相色谱的尖头针进样。

3. 色谱柱的维护

（1）避免压力、温度的急剧变化和任何机械振动；泵上要装压力限制器。

（2）所用溶剂腐蚀性不能太强；流动相 pH >7 时用大粒度同一种填料作预柱。

（3）加在线过滤器以免微粒在柱头沉降。柱头加烧结不锈钢滤片，需要时加保护柱；保护柱应经常更换。

（4）每次检测结束后要用适当的溶剂冲洗至基线平衡。严禁将缓冲溶液留在柱内静置过夜或更长时间。

（5）保存色谱柱时，反相柱应将柱内充满甲醇或乙腈，柱接头拧紧，防止溶剂挥发。

4. 检测器的维护 保持检测器清洁，每天用后连同色谱柱一起冲洗；不定期用强溶剂反向冲洗检测池（拆开柱）；使用经脱气的流动相，防止空气泡卡在池内；检测器不用时

关闭。

5. 建立健全仪器档案　要由专业技术人员负责管理和使用液相色谱仪，分析前要检查仪器有无故障，分析时严格按使用说明进行操作。仪器使用后要及时、详细地记录仪器的使用状态和维修记录。

（三）常见故障的排除

1. 贮液瓶和脱气装置

（1）贮液瓶和脱气装置被污染　色谱图出现有规则的噪声及基线上升。可用稀硝酸冲洗；污染的流动相应废弃。

（2）流动相未充分脱气　噪声增加，色谱图出现毛刺。可进一步对流动相进行脱气处理。

（3）流动相供给不畅　检查贮液瓶中流动相的量；沉子是否沉到瓶底；贮液瓶盖子不能太紧；检查过滤器是否堵塞。

2. 高压泵

（1）泵不输送溶剂　检查泵与泵控制系统的连接；设置正确的压力限；检查压力传感器、排空阀、密封垫圈、溶剂比例阀或混合器是否出现故障。

（2）泵头泄露　检查泵柱塞及其密封垫圈是否磨损；泵头、阀进出口是否太松。

（3）流速不稳　检查溶剂是否脱气、贮液瓶位置的高低是否恰当；泵头有无气泡；溶剂比例阀或混合器是否出现故障。

（4）噪声　检查泵密封垫是否干化或不合适；泵柱塞密封垫是否硬化。

3. 进样器

（1）手动进样器　①进样口泄露：检查进样口、进样针规格；②进样困难：检查进样口是否阻塞或管路弯曲；检查进样针、旋转密封垫；③样品遗留：检查定量环的冲洗；进样针、进样口是否干净。

（2）自动进样器　①洗针系统泄露：检查接头与垫圈；更换流路阀、洗针泵；降低针头清洗溶剂瓶的位置；②流路系统泄露：检查接头、垫圈及进样针；更换密封垫、流路部件；检查进样针是否堵塞；③不进样：清洗自动进样器、进样器密封垫；检查是否样品中有颗粒堵塞针头；检查样品瓶中样品量；检查注射器或样品定量环装置中是否有气泡。

4. 色谱柱　柱损坏的标志：理论塔板数下降，峰形变坏、压力增加及保留时间变化。一般来说，进2000个样品后柱效下降50%。

（1）当理论塔板数急剧下降，有两种情况　①柱被污染：清洗色谱柱；②使用时间过长：柱再生或换柱。当柱的性能下降时可再生，再生的方法如下：正相柱依次用正己烷→异丙醇→二氯甲烷→甲醇冲洗，再以相反的顺序冲洗，保存在正己烷中；反相柱用水→甲醇→三氯甲烷→甲醇冲洗，或用热水（55 ℃）冲洗，再注射100 μL二甲基亚砜四次。

（2）峰形变坏　检查色谱柱是否平衡好、污染，管路内径是否正确；柱的性能是否下降及室温变化的影响。

（3）过滤片阻塞　换过滤头或倒冲柱。

（4）柱头塌陷　用同种填料加乙醇调成糊状补平柱头，压紧压平，可恢复80%以上。

5. 检测器

（1）检测器无响应　检查灯是否烧坏、检测器的参数设置是否正确；检测器与数据处理系统信号线的连接。

（2）检测器漏液　检查流通池密封垫；流通池是否阻塞或损坏。

6. 其他常见故障

其他常见故障及排除方法见表9－2。

表9－2　其他常见故障及排除方法

常见故障	可能的原因	排除方法
无压力	吸滤头堵塞	清洗或更换吸滤头
	吸入管连接口漏液	重新安装或更换管路密封螺丝
	入口、出口单向阀失灵	用超声波清洗或更换单向阀
	泵腔内有气体	用10 mL注射器抽出其中气体
	高压密封垫变形	更换高压密封垫
压力过高	管路堵塞	清洗或必要时更换
	手动进样器堵塞	检查进样器转子、定子及定量环，清洗或更新
	色谱柱污染	清洗或更换
	流动相使用不恰当	使用恰当的流动相
	泵流速设定太高	设定正确的流速
压力不稳	高压密封垫损坏	更换高压密封垫
	泵内或溶剂内有空气	进行排气或溶剂需脱气
	溶剂混合器故障	清洗或更换混合器
	系统漏液	检查漏液处，根据情况拧紧或更换装置
压力过低	泵内有气泡	拧松排气阀，进行抽气排气；溶剂脱气
	泵头漏液	更换高压密封垫
	系统漏液	检查漏液处，根据情况拧紧或更换装置
基线噪声大	电干扰（偶然噪声）	采用稳压电源，检查干扰来源
	系统内有气泡（尖锐峰）	流动相脱气
	污染（随机噪声）	清洗柱，净化样品，使用HPLC级试剂
	温度影响（柱温过高，检测器未加热）	选择合适柱温
	检测器灯连续噪声	更换氘灯
峰过小	紫外灯出现故障	维修紫外灯
	样品进样量不足	增加进样量
	流动相比例不对或流动相不对	选择合适比例的流动相
	定量环体积不正确	维修定量环
鬼峰	进样阀或管路被污染	用强溶剂清洗进样阀或管路
	样品中有未知物	处理样品
	流动相污染	清洗溶剂贮液瓶、溶剂入口过滤器，使用HPLC级试剂
	色谱柱污染	清洗或更换
	色谱柱未平衡	重新平衡色谱柱，用流动相作样品溶剂
保留时间缩短	流速增加	检查泵，重新设定流速
	样品超载	降低样品量
	柱填料流失	流动相pH保持在3~8，检查柱的方向
	温度增加	加柱温控制器、保持实验室温度恒定

续表

常见故障	可能的原因	排除方法
保留时间延长	流速下降	管路泄漏，更换泵密封圈，排除泵内气泡
	流动相组成变化	防止流动相蒸发或沉淀
	柱填料流失	流动相 pH 保持在 3~8，检查柱的方向
	温度降低	加柱温控制器、保持实验室温度恒定

第三节　定性定量方法及其应用

扫码"学一学"

高效液相色谱法主要用于复杂成分混合物的分离、定性与定量，其定性定量方法与气相色谱法相同。目前，该法已广泛应用于食品营养成分的检测，微量杂质的检查，食品添加剂中有效成分的分离、鉴定与含量测定，兽药残留、农药残留分析，有害物质检测，化合物稳定性试验，药理研究及临床检验等，是名副其实的高效微量分离、分析方法。

一、定性分析

应先进行系统适用性试验，证明该系统的理论板数、分离度和相对标准偏差均符合规定后，再进行定性、定量分析。

定性分析的任务是确定色谱图上各色谱峰代表什么物质，定性根据是每个峰的保留值。一定色谱条件下，每一种物质都有一个确定的保留值，即保留值是特征的。通常有已知对照品时，可在相同色谱条件下绘制色谱图。如果样品峰和对照品峰的保留值相同则可能为同一物质。为了确定是同一物质，尚需作进一步的确证试验。因为色谱定性能力差，常结合其他方法进行定性分析。

HPLC 定性分析方法可以分为色谱鉴定法和非色谱鉴定法两类。

1. 色谱鉴定法　色谱鉴定法的依据是相同的物质在相同的实验条件下具有相同的保留值。通常利用已知对照品与样品在相同色谱条件下绘制色谱图。对比样品峰和对照品峰的保留时间或者相对保留时间进行定性分析（可参阅气相色谱法）。

2. 与其他方法结合的定性分析法

（1）与质谱、红外光谱等仪器联用　对于未知物的定性分析，只靠保留时间不足以定性，还可结合化学鉴别反应，结合红外光谱、紫外光谱、质谱和核磁共振波谱等进行定性分析。

（2）与化学方法配合进行定性分析　某些带官能团的化合物可能与某些化学试剂发生化学反应而从样品中去除，比较反应前后两个样品的色谱图，就可认定哪些组分属于某类化合物。

二、定量分析

目前，HPLC 常用的定量分析方法主要有外标法（标准曲线法）、内标法和归一化法等三种，与气相色谱法的分析方法是一致的，本章不再赘述。

【示例 9-1】根据 GB 5009.82—2016《食品安全国家标准 食品中维生素 A、D、E 的测定》检测食品中的添加剂维生素 D_2 含量。试样经过皂化、提取、洗涤、浓缩制备成待测样品。色谱柱：C_{18} 柱（4.6 mm×250 mm，5 μm）；检测波长：265 nm，流动相为甲醇-水（95：5，V/V），经 0.45 μm 的滤膜过滤，超声波脱气，流量 1.0 mL/min。进行系统适用性试验时的数据如下表。

物质	t_R（分钟）	$W_{1/2}$（分钟）	W（分钟）
维生素 D_2 对照品	8.88	0.25	0.6
内标物维生素 D_3	5.74	0.6	1.2

取维生素 D_2 对照品 20.80 mg（98.0%），精密加入浓度为 1.044 mg/mL 的内标物（维生素 D_3）溶液 10.00 mL 溶解，取 20 μL 注入高效液相色谱仪，对照品峰面积为 481 763，内标物峰面积为 238 787，求维生素 D_2 的理论塔板数、维生素 D_2 与内标物的分离度和相对校正因子各为多少？再精密称取维生素 D_2 供试品 22.68 mg，内标物 28.00 mg，用高效液相色谱仪测得供试品峰面积为 5299，内标物峰面积为 644 911，计算供试品中维生素 D_2 的含量。

$$n = 5.54 \times \left(\frac{t_R}{W_{1/2}}\right)^2 = 5.54 \times \left(\frac{8.88}{0.25}\right)^2 = 6\,990$$

$$R = \frac{2(t_{R_2} - t_{R_1})}{W_1 + W_2} = \frac{2(8.88 - 5.74)}{0.6 + 1.2} = 3.49$$

$$f_m = \frac{f_i}{f_s} = \frac{A_s m_i}{A_i m_s} = \frac{238\,787 \times 20.80 \times 98.0\%}{481\,763 \times 1.044 \times 10.00} = 0.9678$$

$$w_i\% = \frac{m_i}{m} \times 100\% = \frac{f_m A_i m_s}{A_s m} \times 100\% = \frac{0.9678 \times 5\,299 \times 28.00}{644\,911 \times 22.68} \times 100\% = 0.982\%$$

三、高效液相色谱法在食品检测中的应用

（一）糕点糖果中糖精钠的测定

市场销售的商品糖精实际是易溶于水的邻苯甲酰磺酰亚胺的钠盐，简称糖精钠。糖精钠的甜度约为蔗糖的 300～550 倍，其十万分之一的水溶液即有甜味感，浓度高了以后还会出现苦味。20 世纪 70 年代，美国食品药品管理局对糖精钠动物实验发现有膀胱癌的可能，因而一度受到限制，但后来也有许多动物实验未证明糖精钠有致癌性。与发达国家相比，我国糖精使用量超出正常使用量的 14 倍。

目前，与糖精钠相关的国家安全标准有 GB 5009.28—2016 和 GB 1886.18—2015，其中在 GB 5009.28—2016 中规定了食品中苯甲酸、山梨酸和糖精钠的测定方法。方法一是高效液相色谱法，方法二是气相色谱法，其中方法一适用于食品中糖精钠的测定。检测原理：样品经水提取，高脂肪样品经正己烷脱脂、高蛋白样品经蛋白沉淀剂沉淀蛋白，采用液相色谱分离、紫外检测器检测，外标法定量。检测方法简化为：称取研碎的样品 0.10～2.00 g 于 250 mL 锥形瓶中，加纯水约 30 mL，超声波振荡 30 分钟，取上清液经滤膜（HA

0.45 μm）过滤，精密量取滤液 10 mL 用水定容至 100 mL 容量瓶备用。色谱柱：C$_{18}$柱（4.6 mm×250 mm，5 μm）；检测波长：230 nm，流动相为甲醇－1.54 g/L 乙酸铵（5∶95，V/V），经 0.45 μm 的滤膜过滤，超声波脱气，流量 1.0 mL/min，柱温为 40 ℃。将糖精钠标准贮备液用水稀释成含糖精钠 0、1.00、5.00、10.00、20.00、50.00、100.00、200.00 mg/L 的标准系列溶液，分别进样 10 μL，进行 HPLC 分析，测量保留时间和峰面积，每种浓度测定 3 次，取平均值，然后以峰面积为纵坐标，以糖精钠的含量为横坐标，绘制标准曲线。取处理后的样品溶液 10 μL 进样，以保留时间定性，由峰面积在标准曲线上求得测定液中糖精钠的含量。

（二）乳及乳制品中抗生素（四环素属）的测定

抗生素，是指在低浓度下对病原微生物如细菌、真菌、立克次体、支原体、衣原体、放线菌等具有杀灭或抑制作用的微生物次级代谢产物。如果滥用抗生素，不仅会威胁使用者的健康，还会加剧细菌的耐药性。细菌进化的速度远远快于人类研发新抗生素的速度，当耐药性不断加剧，终有一天人类将陷入无药可医的困境。由于现有的抗生素及抗感染药物不能有效杀死耐药性病原体，导致全球每年约有 70 万人死于耐药性细菌感染。

目前，与抗生素（四环素属）相关的国家标准有 GB/T 21317—2007《动物源性食品中四环素类兽药残留量检测方法　液相色谱－质谱/质谱法与高效液相色谱法》、GB/T 5009.116—2003《畜、禽肉中土霉素、四环素、金霉素残留量的测定（高效液相色谱法）》、GB/T 22990—2008《牛奶和奶粉中土霉素、四环素、金霉素、强力霉素残留量的测定　液相色谱－紫外检测法》等，检测方法主要有高效液相色谱法和高效液相色谱－质谱法。其中，GB/T 22990—2008 规定了牛奶和奶粉中土霉素、四环素、金霉素、强力霉素残留量的测定方法。检测原理是：用规定的缓冲溶液提取试样中的四环素族抗生素残留，经固相萃取柱和羧酸型阳离子交换柱净化，高效液相色谱法外标法定量。检测方法简化为：准确称取土霉素、四环素、金霉素标准物质各 10.0 mg 于三个 100 mL 棕色容量瓶中，用甲醇溶解并定容，得到三种抗菌素的标准贮备液（质量浓度分别为 100 μg/mL，贮存于 －20 ℃的冰箱中）。分别吸取上述标准贮备液各 2.0 mL 于 100 mL 的棕色容量瓶中，用甲醇定容成质量浓度为 2.0 μg/mL 的土霉素、四环素和金霉素混合标准工作液（贮存于 －10 ℃以下的冰箱中）。称取 2 g 奶粉（或 10 g 牛奶样品），精确至 0.0001 g，于 50 mL 的具塞塑料离心试管中，加入 20 mL 磷酸氢二钠－柠檬酸－EDTA 缓冲溶液，充分混匀，离心分离，将上清液通过预先活化过的固相萃取柱，然后分别用甲醇－水淋洗、甲醇洗脱，收集洗脱液通过羧酸型阳离子交换柱净化，甲醇洗柱，再用 10 mmol/L 草酸－乙腈溶液（1∶1，V，V）洗脱，收集洗脱液至离心管中，用氮气吹干后，全量转移并用流动相定容至 2.0 mL，过 0.45 μm 滤膜后进样。色谱柱为 C$_{18}$柱（150 mm×4.6 mm，5 μm）；流动相为 10 mmol/L 草酸－乙腈－甲醇溶液（77∶18∶5，V/V）；柱温：40 ℃；流速：1.0 mL/min；进样量：60 μL；检测波长：350 nm。

本章小结

1. **化学键合相色谱法**　是采用化学键合相作固定相的液相色谱法。根据流动相和固定相的相对极性不同分为正相键合相色谱法和反相键合相色谱法。正（反）相色谱法，流动相极性小（大）于固定相极性。离子色谱法是离子交换色谱与电导检测器结合分析测定各种离子的方法。可以分离测定无机和有机阴阳离子，氨基酸、糖类和 DNA、RNA 水解产物等各种离子。

2. **高效液相色谱仪结构**　由高压输液系统、进样系统、分离系统、检测系统、数据处理系统等五大部分组成。常用的检测器主要有紫外检测器、荧光检测器、示差折光检测器、蒸发光散射检测器和电化学检测器等。

3. **高效液相色谱的洗脱**　应选用色谱纯有机溶剂或高纯水配制流动相，流动相使用前都必须经 $0.45\ \mu m$（或更小孔径）滤膜滤过并进行脱气处理；色谱柱安装前要确认柱接头与管路匹配，进样前应使色谱柱充分平衡；每次分析结束，应用洗脱能力强的洗脱液冲洗色谱柱。

4. **定性定量分析方法**　高效液相色谱常采用对比供试品与对照品保留时间的一致性进行鉴别；常用定量方法有外标法、内标法和归一化法。

? 思考题

1. 为什么高效液相色谱仪中的流动相在使用前必须过滤、脱气？

2. 操作液相时发现压力很小，可能的原因是什么？操作过程若发现压力非常高，可能的原因是什么？

3. 在液相色谱中，提高柱效的途径有哪些？其中最有效的途径是什么？

4. 何谓化学键合固定相？其突出的优点是什么？

5. 何谓梯度洗脱？它与气相色谱中的程序升温有何异同之处？

扫码"练一练"

扫码"学一学"

实训十五　高效液相色谱柱效能的测定

一、实训目的

1. **掌握**　理论塔板数、分离度的计算。

2. **熟悉**　高效液相色谱仪的基本组成及其工作原理，初步掌握操作技能；柱效能的测定方法。

3. **了解**　高效液相色谱仪和色谱柱的维护知识，了解色谱柱评价指标。

二、基本原理

高效液相色谱中评价色谱柱柱效能的方法及计算理论塔板数（n）的公式，与气相色谱相同：

$$n = 5.54 \ (t_R/W_{1/2})^2 = 16 \ (t_R/W)^2$$

速率理论及其方程式对于研究影响 HPLC 柱效的各种因素，也同样具有指导意义：

$$H = A + B/u + Cu$$

然而，由于组分在液体中的扩散系数较在气体中为小，纵向扩散项（B/u）对色谱峰展宽的影响实际上可以忽略不计，而传质阻力项（Cu）则成为影响柱效的主要因素，可见欲提高 HPLC 的柱效能，提高柱内填料装填均匀性并减小其粒度以及加快传质速率是极为重要的。目前使用的固定相，微粒直径一般是 5 ~ 10 μm，而装填质量的好坏也将直接影响柱效能的高低。除上述影响柱效能的因素以外，还应考虑柱外展宽的因素，其中包括进样器的死体积和进样技术等所引起的柱前展宽，以及由柱后连接器、检测器流通池体积所引起的柱后展宽。

三、仪器与试剂准备

1. 仪器　高效液相色谱仪，C_{18} 柱，25 μL 微量注射器，超声波清洗机，电动真空泵，砂芯过滤装置，0.45 μm 滤膜，微膜过滤器，电子天平，刻度吸管（1 mL），容量瓶（100 mL），洗耳球，胶头滴管、量筒（500 mL）、烧杯等。

2. 试剂　苯、萘、联苯、正己烷等均为分析纯，甲醇（色谱纯），纯水、去离子水，再经一次蒸馏。

3. 试液制备

（1）标准贮备溶液　配制含苯、萘、联苯各 1000 μg/mL 的正己烷溶液，混匀备用。

（2）标准使用溶液　由上述标准贮备溶液配制含苯、萘、联苯各 10 μg/mL 正己烷溶液，混匀备用。

（3）流动相甲醇 – 水（83∶17）制备　量取甲醇 830 mL、水 170 mL 分别过滤后混合，脱气备用。

4. 色谱条件　色谱柱：长 150 mm，内径 3 mm，装填 C_{18} 烷基键合固定相，粒径 10 μm；流动相：甲醇 – 水（83∶17，V/V），流速 0.5 mL/min 和 1 mL/min；紫外检测器：检测波长 254 nm；进样量：5 μL。

四、实训内容

1. 配制流动相，在超声波发生器上脱气 15 分钟。

2. 连接色谱柱，开机。设置色谱条件（流动相流速取 0.5 mL/min），将仪器按操作步骤调节至进样状态，待仪器液路和电路系统达到平衡，记录仪基线平直时，开始进样。

3. 吸取 5 μL 标准使用液进样，记录色谱图，重复进样两次。

4. 将流动相流速改为 1 mL/min，待仪器稳定后，吸取 5 μL 标准使用液进样，记录色谱图，重复进样两次。

5. 测量各色谱图中苯、萘、联苯的保留时间及其相应色谱峰的半峰宽，计算各对应 n。

五、实训记录及数据处理

样品名称		苯、萘、联苯		检测项目	
检测时间				检测地点	
仪器条件		色谱柱： 检测器：	流动相： 检测波长（nm）：	进样量： 柱温：	
样品名称		苯	萘	联苯	
流量（0.5 mL/min）	保留时间 t_R				
	半峰宽 $W_{1/2}$				
	理论塔板数 n				
流量（1.0 mL/min）	保留时间 t_R				
	半峰宽 $W_{1/2}$				
	理论塔板数 n				

注：以上均填写两次测量的平均值。

六、思考题

1. 速率方程中哪一项在高效液相色谱法中可以忽略不计？为什么？

2. 理论塔板数计算公式中没有流速的影响，但流速的改变对于理论塔板数有无影响？为什么？

3. 进样量多少对于理论塔板数有无影响？为什么？

4. 影响柱效能的因素有哪些？

实训十六　高效液相色谱法测定饮料中山梨酸含量

一、实训目的

1. **掌握** 高效液相色谱仪操作技能，外标法计算。
2. **熟悉** HPLC 仪器的基本组成及其工作原理。
3. **了解** 样品处理方法，高效液相色谱仪保养维护知识。

二、基本原理

用待测组分的标准样品绘制标准曲线。具体做法是：用标准样品配制成不同浓度的标准系列，在与待测组分相同的色谱条件下，等体积准确进样，测量各峰的峰面积（或峰高），用峰面积（或峰高）对标准样品浓度绘制标准曲线，此标准曲线应是通过原点的直线。若标准曲线不通过原点，说明测定方法存在系统误差。标准曲线的斜率即为绝对校正因子。

标准曲线体现的是样品浓度与峰面积之间的线性关系，将样品的峰面积代入标准曲线可获得未知试样的浓度。

三、仪器与试剂准备

1. 仪器 高效液相色谱仪，C_{18}柱，超声波清洗机，电动真空泵，砂芯过滤装置，25 μL 平头微量注射器，针式微膜过滤器，电热恒温水浴锅，电子分析天平，刻度吸管（1 mL），容量瓶（10、100 mL），洗耳球，胶头滴管，量筒（500 mL），烧杯等。

2. 试剂 甲醇（色谱纯），乙酸铵溶液（1.54 g/L），稀氨水溶液（1∶1），碳酸氢钠溶液（20 g/L），超纯水。

3. 试液制备

（1）山梨酸标准贮备溶液 准确称取 0.1000 g 山梨酸，加 20 g/L 碳酸氢钠溶液 5 mL，加热溶解，定容至 100 mL，山梨酸浓度为 1000 mg/L。经 0.45 μm 滤膜过滤。

（2）山梨酸标准中间溶液（200 mg/L） 分别准确吸取山梨酸标准贮备溶液 10.0 mL 于 50 mL 容量瓶中，用水定容。于 4 ℃贮存，保存期为 3 个月。

（3）碳酸饮料样品 碳酸饮料（瓶装 600 mL）。

4. 色谱条件 色谱柱：长 250 mm，内径 4.6 mm，装填 C_{18}烷基键合硅胶、粒径 5 μm 的固定相；流动相：1.54 g/L 的乙酸铵 – 甲醇（85∶15，V/V），流速：1.0 mL/min；紫外检测器：检测波长：230 nm；进样量：10 μL。

四、实训内容

1. 试样制备 在电子分析天平上准确称取约 2 g 碳酸饮料样品两份于小烧杯中。经恒温水浴锅加温搅拌除去二氧化碳，用稀氨水调节 pH 为 7.0。加水定容体积为 50 mL。经 0.45 μm 微孔滤膜过滤后，滤液待测。

2. 标准曲线的绘制 取 10 mL 的容量瓶，再加入山梨酸的标准中间溶液（200 mg/L）0、0.05、0.25、0.50、1.00、2.50、5.00、10.00 mL，用水定容至 10 mL，配制成质量浓度分别为 0、1.00、5.00、10.00、20.00、50.00、100.00、200.00 mg/L 的标准系列工作溶液。准确吸取标准系列工作溶液 10 μL，分别注入液相色谱仪中，测定相应的峰面积，以标准系列工作溶液的浓度为横坐标，峰面积为纵坐标，绘制标准曲线。

3. 样品测定 准确吸取 10 μL 样品溶液注入液相色谱仪中，记录色谱图，测得峰面积，根据标准曲线得到待测液中山梨酸的浓度 c。

试样中山梨酸的含量按下式计算：

$$X = \frac{c \times V}{m \times 1000}$$

式中，X 为试样中山梨酸含量，g/kg；c 为待测液中山梨酸的质量浓度，mg/L；m 为试样质量，g；V 为试样总体积，mL；1000 为 mg/kg 转换为 g/kg 的换算因子。

五、实训记录及数据处理

样品名称			检测项目	
检测方法			国标限量	0.2 g/kg
检测时间			检测地点	

仪器条件	色谱柱：　　　　　　　流动相： 检测器：　　　　　　　检测波长（nm）： 进样量：　　　　　　　柱温：			

平行测定次数	1	2	3
取样量 m（g）			
试样总体积 V（mL）			
被测液中山梨酸浓度 c（mg/L）			
测定值 X（g/kg）			
平均值 $\bar{X}$（g/kg）及是否合格			
相对平均偏差（%）			

标准曲线	浓度（mg/L）	
	峰面积	
	回归方程及相关系数	

六、思考题

1. 如果流动相中不含盐分，对检测结果有何影响？对仪器有何影响？

2. 如果标准曲线不过原点，对测量结果有何影响？

3. 除去二氧化碳的目的是什么？

4. 如何编写高效液相色谱仪的使用规程？

（宋从从　赵玉文）

第十章　质　谱　法

案例讨论

　　案例：非法添加化学物质是目前食品造假的主要手段之一，也是重大的食品安全隐患，如 2008 年爆发的三鹿奶粉中违法添加三聚氰胺，那么如何借助现代仪器设备和分析手段快速准确地识别食品中的违法添加剂呢？

　　问题：1. 什么是质谱？质谱如何能快速检出食品中违法添加剂？

　　　　　　2. 质谱仪和色谱仪二者如何联用？

第一节　质谱法概述

扫码"学一学"

一、基本原理

　　质谱法（MS）是将试样置于高真空环境中，应用离子化技术，将物质分子转化为运动的气态离子，利用离子在电场或磁场中运动性质的差异，将这些离子按其质量 m 和电荷 z 的比值 m/z（质荷比）大小顺序进行收集和记录，即得到质谱图，根据质谱峰的位置进行物质的定性和结构分析，根据峰的强度进行定量分析。从本质上讲，质谱是物质带电粒子的质量谱。

二、质谱图

　　以离子质荷比为横坐标，离子相对强度为纵坐标得到的二维图，称为质谱图或棒图，如图 10－1 所示。一般将质谱图中最强离子峰称为基准峰，简称基峰。以基峰的峰高作为100％，其他离子峰对基峰的相对百分值表示相对强度。

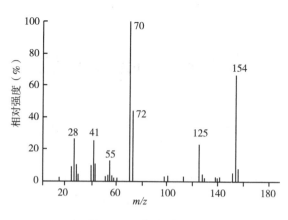

图 10 - 1　标准质谱图

由质谱法基本原理并结合质谱图不难发现，质谱分析的过程基本可分为以下四个环节：①将样品引入一定装置并汽化；②汽化后的样品分子进行电离即离子化；③电离后的离子经电场加速后进入一定装置，按质荷比的不同进行分离；④经检测、记录，绘制质谱图。根据质谱图提供的信息，通过质荷比，可以确定离子的质量，从而进行样品的定性分析和结构解析；通过每种离子的峰高（相对强度），可以进行定量分析。

三、质谱分析特点

与其他仪器分析方法相比，质谱分析具有以下特点。

（1）灵敏度高、进样量少、分析速度快，通常只需微克级甚至更少的试样就能完成定性或定量分析。

（2）特征性强、应用范围广，可以分析气体、固体、液体样品，测定化合物的相对分子质量、碎片离子质量，推测分子式、结构式以及较好地区别干扰物质等。

（3）与色谱仪等联用可进一步提高分析性能。

第二节　质谱仪

一、质谱仪的基本结构

质谱仪一般由进样系统、离子化系统（离子源）、质量分析器、检测系统、真空系统和自动控制及数据处理系统构成，如图 10 - 2 所示。

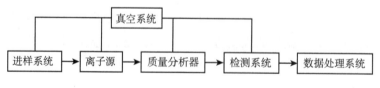

图 10 - 2　质谱仪结构示意图

（一）进样系统

进样系统的作用是在不破坏真空环境、具有可靠重复性的条件下，将样品引入离子源。常见的进样方式有间歇式进样、直接探针进样及色谱联用进样。

扫码"学一学"

1. 间歇式进样 对于气体及沸点不高且易挥发的液体样品可采用间歇式进样。通过可拆卸式样品管将少量样品（10～100 μg）引入贮样器，抽真空并加热使样品蒸发并保持气态（一般真空度 <1 Pa，温度为 150 ℃）。由于进样系统的压强远大于离子源的压强，样品分子可通过分子漏隙（带有小针孔的玻璃或金属膜）以分子流的形式渗透入高真空度的离子源中，如图 10 - 3 所示。

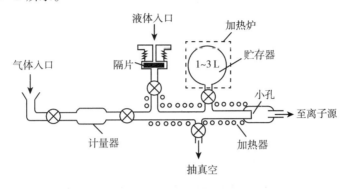

图 10 - 3 间歇式进样系统工作原理示意图

2. 直接探针进样 对于高沸点的液体及固体样品，可将其置于进样杆顶部的小坩埚（因其比较细小故称探针）中经过真空锁直接引入离子化室，如图 10 - 4 所示。调节加热温度，使样品汽化为气体。此方法引入离子源的样品可少至纳克级，且进样简便，应用越来越广。

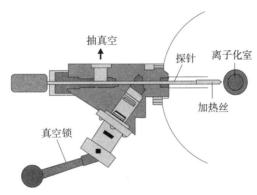

图 10 - 4 直接探针进样系统工作原理示意图

3. 色谱联用进样 色谱 - 质谱联用是目前用于分离和检测复杂化合物的最有效的手段。色谱分离后的流出组分通过适当的接口技术直接引入离子源中，称为色谱进样。这种接口技术主要包括各种喷雾技术（如电喷雾、热喷雾、离子喷雾）、传输装置（离子束）和离子诱导解析。

（二）离子源

离子源性能决定了离子化效率，很大程度上决定了质谱仪的灵敏度和分辨率等，是质谱仪的核心部分。离子源主要作用是将进样系统引入的气态样品分子转化为带电离子，并对离子进行加速使其进入质量分析器。离子源的种类很多，其原理和用途也各不相同。对于不同的分子应选择不同的电离方法，通常能给样品较大能量的电离方法称为硬电离方法，而给样品较小能量的电离方法称为软电离方法。常用的离子源有电子轰击离子源、化学电离源、电喷雾电离源、大气压化学电离源、电感耦合等离子体离子源等。

1. 电子轰击离子源　电子轰击离子源（electron impact source，EI）是应用最早、最为广泛的电离源，属于硬电离方法，主要适于易挥发有机物的电离（一般相对分子质量小于400）。如图 10-5 所示，样品分子由狭缝进入离子化室，受到热灯丝（钨丝或铼丝）发出的、再被阳极加速的高能电子流（约 70 eV 电压）轰击，失去一个电子而电离成分子离子（M^+）或进一步裂解产生质量较小的碎片离子和中性自由基（$N_1·$、$N_2·$，一般共价键解离能约为 10 eV），如果碎片离子还有较高内能，将继续裂解，直至离子内能低于化学键解离能。生成的离子在排斥电极作用下通过离子透过狭缝进入加速电极，再经过聚焦电极等多级电极加速后进入质量分析器。

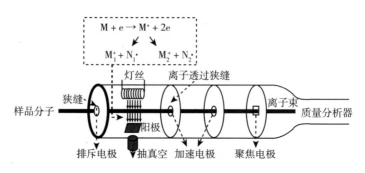

M 为样品分子，M_1^+、M_2^+ 为碎片离子；$N_1·$、$N_2·$ 为中性自由基

图 10-5　电子轰击离子源工作原理

此方法离子化效率高，离子源结构简单，能提供分子结构中重要官能团信息，是标准质谱图首选电离源；但轰击能量大，对相对分子质量大或极性大、难汽化、热稳定性差的有机物易产生大量碎片离子，难给出完整的分子离子信息，质谱解析困难。

2. 化学电离源　化学电离源（chemical ionization source，CI）与电子轰击电离源的主要区别在于 CI 源工作过程中需引进一种反应气体（常用甲烷、异丁烷、氨气等）。样品分子在承受高能电子束轰击之前，被反应气体按约为 $10^4:1$ 的比例进行稀释，从而使样品分子与电子之间的碰撞概率极小。高能电子束优先使反应气体电离或裂解，生成的离子和反应气体或样品气体分子继续发生离子-分子反应，通过质子交换使样品分子离子化。如图 10-6 所示，是以甲烷为反应气的化学电离过程。由此可见，与 EI 相比，CI 是相对温和的离子化方式。

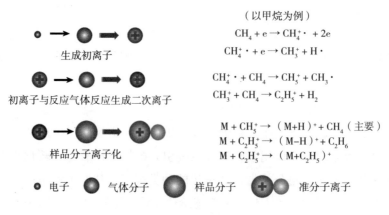

图 10-6　化学电离过程

化学电离的优点：①质谱图简单，因电离样品分子的不是高能电子流，而是能量较低的二次离子，样品分子裂解的可能性大大降低，产生碎片离子峰的数目随之减少；②准分子离子峰〔如（M＋H）⁺或（M－H）⁺离子峰〕强度大，可提供样品相对分子质量信息，且可作基峰用于定量分析。缺点是 CI 得到的质谱不是标准质谱，不能进行库检索。图 10－7 所示是某有机分子化学电离和电子轰击电离所得的质谱图比较。

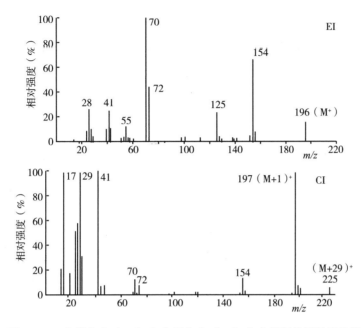

图 10－7　化学电离（CI）和电子轰击（EI）电离所得的质谱图比较

EI 和 CI 主要用于气相色谱－质谱联用，适于易汽化的有机物分析。

3. 场电离源和场解吸电离源　场电离源（field ionization source，FI）和场解吸电离源（field desorption ionization source，FD）是 20 世纪 60 年代相继出现的质谱电离方式。场电离源是应用强电场诱导样品电离的一种离子化方式，样品分子需汽化后电离，不适用于难挥发、热不稳定的有机化合物。场解吸电离源中，样品分子无需汽化再电离，特别适用于难汽化、热稳定性差的生物样品或相对分子质量高达 10^5 的高分子物质。FI 和 FD 均易得到较强的分子离子峰。

4. 基质辅助激光解吸离子源　基质辅助激光解吸离子源（matrix-assisted laser desorption ionization source，MALDI）是将溶于适当基质中的供试品涂布于金属靶上，用高强度的紫外或红外脉冲激光照射，使待测化合物离子化。这是一种高灵敏度和高选择性的电离源，主要用于分子质量在 100 000 D 以上的生物大分子分析，特别适合与飞行时间质量分析器配套使用，可以得到生物大分子，如肽、蛋白质、核酸等的精确的分子质量信息。

5. 电喷雾电离源　电喷雾电离源（electrospray ionization source，ESI）是在研发液相色谱和质谱联用仪过程中提出的重要软电离方法。其原理是在毛细管末端接一个不锈钢探针，探入常压离子化室，针头周围加有一圆筒形电极，针头接地后，将 2～5 kV 电压加于圆筒形电极。当毛细管中液体流出探针时，圆筒形电极可对液体表面充电，产生细雾状带电微滴（直径 1～3 μm），并进一步离子化。受电场驱动，带电的微滴通过高纯干燥氮气气帘，液滴进一步分散并去溶剂，形成单电荷或多电荷的气态离子，这些离子再经逐步减压区域，从大气压状态传送到质谱仪的高真空中，进入质量分析器。如图 10－8 所示。气帘的作用是阻止不带电荷的粒子通过毛细管进入真空离子室，也能减小分子 - 离子的聚合。毛细管的作用是维持离子化室和聚焦单元间的真空度差，隔离其入口处的 2～5 kV 高压。电喷雾电离可采用正离子或负离子两种模式，可根据被分析离子的极性决定。

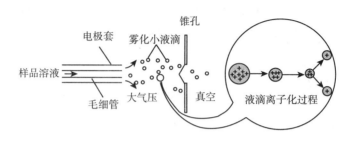

图 10 - 8　电喷雾电离工作原理示意图

电喷雾电离的优点：①样品分子不易发生裂解，质谱为无碎片质谱，特别适合于热不稳定的生物大分子，获得生物大分子的分子量信息；②可在大气压条件下，使溶液中样品分子离子化，是液相色谱 - 质谱联用、毛细管电泳 - 质谱联用最成功的接口技术。

6. 大气压化学电离源　大气压化学电离源（atmospheric pressure chemical ionization source，APCI）原理与化学电离源相同，但离子化在大气压下进行。样品溶液由具有雾化气（N_2）套管的毛细管端流出，通过加热管末端电晕放电针放电，溶剂分子离子化，溶剂离子再与待测化合物分子发生离子 - 分子反应，形成单电荷离子。如图 10 - 9 所示。

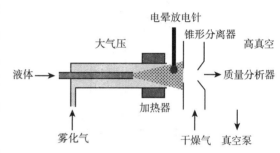

图 10 - 9　大气压化学电离工作原理示意图

大气压化学电离的优点：①离子化效率高，样品溶液借助雾化气的作用喷入加热器，溶质与溶剂均转化为蒸汽，对流动相的组成要求小于电喷雾电离，适用于非极性或中等极性的小分子化合物分析；②电离在大气压条件下进行，与 CI 相比离子损失少，碎片离子也少，适合于高效液相色谱联用。

（三）质量分析器

质量分析器是质谱仪的眼睛，其作用是将离子源产生并经高压电场加速的样品离子，按质荷比的大小顺序分开，并允许足够数量的离子通过，产生可被快速测量的离子流。质量分析器需用真空泵保持高真空状态，以保证离子在飞行区通过时不会与其他气体分子相碰撞。现代质谱仪的质量分析器的种类较多，目前常用的质量分析器有磁质分析器、四极杆质量分析器、飞行时间质量分析器、离子阱质量分析器等。

1. 磁质分析器　磁质分析器（magnetic mass analyzer）是扇形电磁铁，由离子源中产生的离子经加速电压加速做直线运动，其具有的动能为

$$z \cdot U = \frac{m \cdot v^2}{2} \tag{10 - 1}$$

式中，z 为离子所带的电荷；U 为加速电压。

在加速电场电压 U 一定时，离子的运动速率 v 与其质量 m 有关。当正离子进入质量分析器（即垂直于离子直线运动方向的均匀扇形磁场）时，在磁场力的作用下，正离子由直

线运动变成弧形运动，如图 10 – 10 所示。

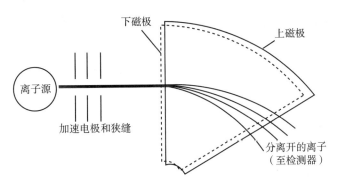

图 10 – 10　磁质分析器工作原理示意图

但此时离子的离心力也同时存在。只有当离子受到的磁场力和离心力平衡时，离子才能飞出扇形区域到达检测器，即有

$$B \cdot z \cdot v = \frac{m \cdot v^2}{r} \qquad (10 – 2)$$

式中，B 为磁场强度；r 为离子在磁场中的运动半径。将式 10 – 1 和 10 – 2 两式消去速率 v，可得质谱方程。

$$r^2 = \frac{2U}{B^2} \times \frac{m}{z} \qquad (10 – 3)$$

由此方程可知，离子在磁场中运动的曲率半径 r 与质荷比 m/z、磁场强度 B、加速电压 U 有关。当磁场强度 B、加速电压 U 固定，离子运动的曲率半径 r 取决于离子本身的质荷比大小，因此不同质荷比的离子，运动半径不同，被质量分析器分开。这就是磁质分析器的分离原理，也是设计质量分析器的依据。固定加速电压 U 而连续改变磁场强度 B（称为磁场扫描）或采用固定磁场强度 B 而连续改变加速电压 U（称为电场扫描），可使具有不同质荷比的离子具有相同的运动曲率（相当于固定曲率半径 r），进而依次通过质量分析器出口狭缝，到达检测器。

磁质分析器有单聚焦和双聚焦两种。单聚焦分析器分辨率较低，测量范围 m/z 小于5000，灵敏度低，多用于同位素质谱仪和气体质谱仪；双聚焦分析器分辨率高，灵敏度高，测量范围 m/z 达 150 000，适用于有机质谱仪。

2. 四极杆质量分析器　四极杆质量分析器（quadrupole mass analyzer，QMA）由四根截面为双曲面或圆形的棒状镀金陶瓷或钼合金电极组成，两组电极间施加一定的直流电压和射频（频率可连续改变）的交流电压。其工作原理如图 10 – 11 所示。

当离子束进入圆形电极所包围的空间后，离子作横向摆动。在一定的直流电压、交流电压、频率和一定尺寸等条件下，只有某种（或一定范围内）质荷比的离子（共振离子）才能到达检测器并产生信号，其他离子（非共振离子）在运动过程中撞击电极而被过滤掉，被真空泵抽走。如果使交流电压的频率不变而连续改变直流和交流电压的大小且两者电压比恒定（电压扫描），或保持电压不变而连续改变交流电压的频率（频率扫描），就可使不同质荷比的离子按顺序依次到达检测器而得到质谱图。

四极杆质量分析器的优点：①m/z 分辨率较高，测量范围 m/z 达 2000，灵敏度高；

②分析速度快，适合与色谱仪联用。缺点：精密度和准确度低于磁质分析器。将两个四极杆质量分析器和一个碰撞室（在两个四极杆中间）串联起来，组成三重四极杆质量分析器，比单四极杆质量分析器有更好的专属性、选择性和灵敏度。

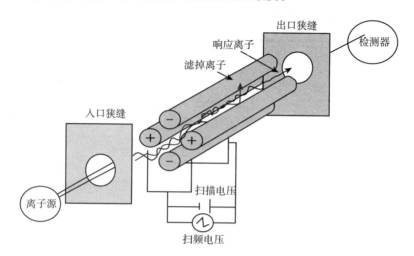

图 10 – 11　四极杆质量分析器工作原理示意图

3. 飞行时间质量分析器　飞行时间质量分析器（time of flight analyzer，TOF）的工作原理较简单，从离子源飞出的离子动能基本一致，在加速电场加速后，再进入长度为 L（约 1 m）的无电场又无磁场的漂移管。离子到达漂移管另一端的时间 t 为

$$t = \frac{L}{\nu} \qquad \nu = \sqrt{\frac{2U \cdot z}{m}} \qquad t = L\sqrt{\frac{m}{2U \cdot z}} \qquad (10 – 4)$$

离子在漂移管中飞行的时间与离子质荷比的平方根成正比，质量小的离子在较短时间到达检测器，质量大的离子到达检测器所需时间较长，据此，可将不同质量的离子分开。适当增加漂移管的长度可以增加分辨率。

飞行时间质量分析器的优点：①质量检测范围取决于飞行时间，可达几十万质量单位，适用于生物质谱仪（如分析蛋白质）；②扫描速度快，适用于色谱联用和研究快速反应；③体积小，操作方便。缺点：重现性差和分辨率低。

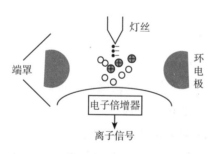

图 10 – 12　离子阱质量分析器工作原理示意图

4. 离子阱质量分析器　离子阱质量分析器（ion trap mass analyzer，ITA）又称为四极离子阱质量分析器，与四极杆质量分析器有一定的相似性。如图 10 – 12 所示，端罩电极施加直流电压 U 接地，环电极施加射频电压 V 形成一个离子阱。根据射频电压的大小，离子阱可以捕获某一质荷比的离子，同时还可以贮存离子，待离子累积到一定数量后，升高环电极射频电压，离子按质荷比从高到低的顺序依次离开离子阱，进入检测器。也可以将某一质荷比的离子留在离子阱进一步裂解，从而获得多级质谱。

（四）检测系统

质谱仪常用的检测器有电子倍增管、闪烁检测器、法拉第杯和照相底板等几种。

1. 电子倍增管 从质量分析器飞出的离子轰击阴极产生二次电子发射，电子在电场的作用下，依次轰击下一级电极释放更多的电子而被放大。电子倍增管有 10～20 级，放大倍数一般在 10^5～10^8。现代质谱仪中常用隧道电子倍增器，其工作原理与电子倍增管工作原理相似。因其体积小，多个隧道电子倍增器可以串联，同时检测多个不同质荷比的离子，减少样品重复测定次数，提高分析效率。但电子倍增器一次使用时间过长，放大增益会减小，检测灵敏度下降。

2. 闪烁检测器 由质量分析器飞出的高速离子轰击闪烁体使其发光，然后用光电倍增管检测闪烁体发出的光得到离子流的信息。

3. 法拉第杯 法拉第杯是质谱仪中最简单的一种检测器，其结构如图 10－13 所示。法拉第杯与质谱仪的其他部分保持一定的电位差以便捕获离子。当离子经过入口狭缝和一个或多个抑制栅电极进入杯时，产生电流，经高电阻 R 转换成电压后放大记录。

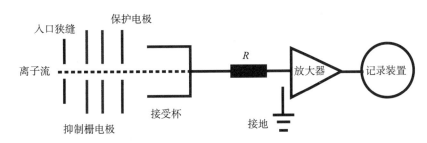

图 10－13 法拉第杯结构工作原理示意图

（五）真空系统

质谱仪中离子的产生和经过的系统必须处于高真空状态（离子源真空度应达 1.3×10^{-5}～1.3×10^{-4} Pa，质量分析器的真空度应达 1.3×10^{-6} Pa）。若真空度过低，则可能造成离子源灯丝氧化损坏、加速区高压放电副反应过多、本底增高使图谱复杂难解等问题。质谱仪的真空系统一般由机械泵和油扩散泵或涡轮分子泵串联组成。机械泵将系统的真空度预抽到 10^{-2}～10^{-1} Pa，再经油扩散泵或涡轮分子泵继续抽到高真空，并维持所需的真空度。

（六）自动控制及数据处理系统

现代质谱仪配有完善的计算机系统，不仅能快速准确地采集数据和处理数据，而且能监控质谱仪各部件的工作状态，实现质谱仪的全自动操作，并能代替人工进行被测化合物的定性和定量分析。

二、质谱仪的主要性能指标

1. 质量范围 质量范围是指质谱仪能够测量的离子质荷比范围，通常采用原子质量单位（D）进行量度。对于多数离子源，电离得到的离子为单电荷离子。这样，质量范围实际上就是可以测定的分子质量范围；对于电喷雾离子源，由于形成的离子带有多电荷，尽管质量范围只有几千，但可以测定的分子质量可达 10^5 D 以上。质量范围的大小取决于质量分析器，如四极杆质谱仪一般为 10～1000 D，磁质谱仪一般为 1～10 000 D，飞行时间质谱仪可达几十万道尔顿。

2. 分辨率 分辨率表示质谱分开两个相邻的质量差异很小的峰的能力，通常用 $R =$

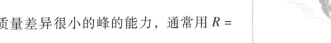

$m/\Delta m$ 表示。$m/\Delta m$ 是指仪器记录质量分别为 m 与 $m+\Delta m$ 的谱线时能够辨认出质量差 Δm 的最小值。一般规定强度相近的相邻两峰间的峰谷为峰高的 10% 作为基本分开的标志。根据 R 值的高低，可以将质谱仪分为低分辨质谱仪和高分辨质谱仪。R 值小于 1000 的为低分辨质谱仪，如单聚焦磁质谱仪、四极杆质谱仪、离子阱质谱仪和飞行时间质谱仪等，可以满足一般有机分析的要求；R 值大于 10 000 的为高分辨质谱仪，如双聚焦磁质谱仪。

3. 灵敏度 包括绝对灵敏度、相对灵敏度和分析灵敏度。绝对灵敏度是指质谱仪可以检测到的最小样品量。分析灵敏度是指输入质谱仪的样品量与仪器输出信号之比，通常以一定量的样品在一定条件下产生分子离子峰的信噪比（S/N）表示。

4. 质量准确度 质量准确度又称质量精度，是指离子质量实测值与理论值的接近程度，通常用相对误差表示。

第三节 定性定量方法及其应用

一、定性分析

（一）质谱中常见离子峰

1. 分子离子峰 分子失去一个电子而生成的离子称为"分子离子"或"母离子"，相应的质谱峰称之为分子离子峰或母峰。分子离子峰一般具有以下五个特点：①一般出现在质谱图的最右侧（存在同位素峰除外）。②分子离子的稳定性与结构紧密相关，具有 π 电子的芳香族、共轭多烯及环状化合物的分子离子稳定性好，分子离子峰强度大；含孤对电子的醇、胺、硝基化合物及多侧链化合物的分子离子不稳定，分子离子峰小或有时不出现。③分子离子所含的电子数目一定是奇数，含电子数目是偶数的离子不是分子离子。④分子离子的质量数服从"氮规则"。若有机分子中含氮原子的数目是偶数或不含氮原子，则分子离子的质量数是偶数；若分子中含氮原子数目为奇数，则分子离子的质量数是奇数。不符合"氮规则"的离子，不是分子离子。⑤假定的分子离子峰与相邻的质谱峰间的质量差要合理。如果在比该峰小 3~14 个质量数间出现峰，则该峰不是分子离子峰。因一个分子同时失去 3 个以上氢原子和小于 1 个甲基（CH_3，m/z 15）的基团是不可能的，能失去的最小基团通常是甲基，所以质谱图上会出现 $(M-15)^+$ 峰。

分子离子峰的主要用途是确定化合物的相对分子质量，利用高分辨率质谱仪给出精确的分子离子峰质量数，是测定有机物相对分子质量的最快速、最可靠的方法之一。

2. 碎片离子峰 离子源中分子发生某些化学键断裂而产生质量数较小的碎片，碎片离子相应的质谱峰称之为碎片离子峰，一般位于分子离子峰的左侧。同一分子离子可产生不同质量大小的碎片离子，而其相对强度与键断裂的难易及化合物的结构密切相关。因此可根据碎片离子的种类推测原化合物的大致结构。

3. 同位素离子峰 有机化合物一般由 C、H、O、N、S、Cl 及 Br 等元素组成，它们都有同位素。不同元素的同位素因含量的不同，在质谱图中会出现含有这些同位素的离子峰称之为同位素离子峰，常用 M 表示轻质同位素峰，$M+1$、$M+2$ 等表示重质同位素峰。同位素天然丰度比及分子中同位素原子数目决定重质同位素峰和轻质同位素峰的峰强度比。

扫码"学一学"

因 $^2H/^1H$、$^{17}O/^{16}O$ 的天然丰度比太小，同位素峰可忽略不计，但 $^{34}S/^{32}S$、$^{37}Cl/^{35}C$、$^{81}Br/^{79}Br$ 的天然丰度比很大，它们的同位素峰具有非常明显的特征，可以利用同位素峰强度比推断分子中是否含有 S、Cl、Br 及原子的数目。

4. 多电荷离子峰 某些非常稳定的分子，能失去两个或两个以上的电子，在质谱图中质量数为 $m/(nz)$（n 为失去的电子数）的位置上，出现多电荷离子峰。在低分辨率的质谱仪上，多电荷离子峰的质荷比可能是整数，也可能不是整数，如为后者，则很易区分。如芳香族化合物和含有共轭体系的分子易出现双电荷离子峰。多电荷离子峰的出现，表明被分析的样品很稳定。

除了上述离子外，分子离子在裂解过程中，还可能产生重排离子、亚稳态离子、络合离子等，相应的产生重排离子峰、亚稳态离子峰、络合离子峰等离子峰。因它们产生的机理较复杂，解析比较困难，在此不作介绍。

（二）定性应用

质谱是纯物质鉴定的最有利工具之一，其中包括相对分子质量测定、化学式确定和结构鉴定。

1. 相对分子质量测定 一般依据分子离子峰确定的原则，确立了被测样品的分子离子峰，其分子离子峰的 m/z 就是被测样品的相对分子质量。利用高分辨率质谱仪可以区分相对分子质量整数部分相同而非整数部分质量不相同的化合物。例如：四氮杂苗 $C_5H_4N_4$（120.044），苯甲脒 $C_7H_8N_2$（120.069），甲乙苯 C_9H_{12}（120.094）和乙酰苯 C_8H_8O（120.157）。若测得某化合物的分子离子峰的 m/z 是 120.157，则该化合物是乙酰苯 C_8H_8O。

2. 化学式确定 在质谱图中，确定了分子离子峰并知道了化合物的相对分子质量后，就可确定化合物的部分或整个分子式。一般有两种方法：①用高分辨率质谱仪确定分子式；②用同位素峰强度比，通过计算或查 Beynon 表确定分子式。Beynon 计算了相对分子质量为 500 以下的只含 C、H、O、N 四元素的化合物的 M＋1 和 M＋2 同位素峰与分子离子峰的相对强度，并编制成表格。根据质谱图中 M＋1、M＋2 和分子离子峰 M 相对百分比，就能根据 Beynon 表确定化合物可能的经验化学式。

【示例 10－1】 查 Beynon 表推测化学式

已知某化合物的质谱图中，M 为 102，相对强度 M＋1 为 6.78，M＋2 为 0.40。

表 10－1 Beynon 表中 M＝102 部分数据

分子式	M＋1	M＋2	分子式	M＋1	M＋2
$C_5H_{10}O_2$	5.64	0.53	$C_6H_{14}O$	6.75	0.39
$C_5H_{12}NO$	6.02	0.35	C_7H_4N	8.01	0.28
$C_5H_{14}N_2$	6.39	0.17	C_8H_6	8.74	0.34

由表 10－1 数据可知，$C_6H_{14}O$ 最符合上述条件。

3. 结构鉴定 从化合物的质谱图进行结构鉴定的程序如下：①确证分子离子峰，大致知道属于某类化合物和相对分子量；②根据同位素峰强度比或精密质量法确定化学式；③利用化学式计算不饱和度；④利用碎片离子信息，推断结构；⑤综合以上信息或联合红外光谱、核磁共振波谱等手段确证结构，也可从测得的质谱图提取几个（一般为 8 个）最重要的信息与文献提供的标准图谱比较确证。因结构确定较复杂、较难，这里只作了解。

【示例 10-2】推测未知物可能的分子结构

某化合物分子式为 $C_9H_{10}O_2$，其质谱如图 10-14 所示。

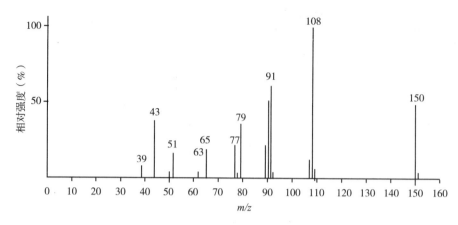

图 10-14　$C_9H_{10}O_2$ 质谱图

解：（1）计算不饱和度。

$$\Omega = （2 \times 9 - 10 + 2）/2 = 5$$

因为 $\Omega \geqslant 4$，结构中可能有苯环。

（2）主要质谱峰的解析。

$m/z\ 91$、$m/z\ 77$、$m/z\ 65$ 和 $m/z\ 51$，说明未知物含有 苯-CH_2— 基团。

$m/z\ 43$ 峰很强，分子式除了上述基团，仅余 $C_2H_3O_2$，推测该峰为 $CH_3C \equiv O^+$ 的峰。

（3）推测结构。将上面基团连在一起，未知物的结构可能为：

（4）验证。$m/z\ 108$ 为重排离子峰。

上述离子峰均可在未知物的质谱上找到，证明推测可靠。

二、定量分析

质谱仪因有较高分辨率和灵敏度，也常作为检测器使用。质谱检出的离子流强度与离子数目成正比，在一定质谱条件下离子数目和化合物的量也成正比，因此通过测量离子流强度可以进行定量测定。离子源出来的离子种类较多，为了提高检测的灵敏度，应选择重现性好、强度大且和其他组分有显著不同峰的一个或多个离子作为监测离子，前者是单离子监测，后者为多离子监测。单离子监测灵敏度高、检测限更低，多离子监测可同时对多种组分进行定量，但灵敏度会下降、检测限会升高。

定量分析时多与色谱仪联用，先用色谱分离，再利用质谱进行分析。一般采用内标法，以消除样品预处理及操作条件改变而引起的误差。内标物的物理化学性质应和被测物相似，且不存在于被测样品中，内标物最好是被测物的同位素标记物或其同系物。

第四节 色谱联用技术简介

扫码"学一学"

色谱可作为质谱的样品导入装置，可对样品进行初步分离纯化，给出化合物的保留时间，与质谱给出的化合物分子量、结构信息和离子强度结合，可以较为有效地鉴别和测定复杂体系或混合物中的化合物。

一、气相色谱－质谱联用技术

气相色谱－质谱联用技术（GC－MS）发展较早，广泛应用于分析有机物污染、农药残留、香精香料、食品添加剂等挥发性成分，以及先天性代谢缺陷检测、刑事侦查等领域。

（一）气相色谱－质谱联用仪色谱条件的选择

气相色谱的流出物已经是气相状态，可直接导入质谱。但气相色谱与质谱的工作压力相差较大，开始联用时需借助各种气体分离器以解决工作压力问题。随着毛细管气相色谱和高速真空泵的应用，现在气相色谱流出物已经可以直接导入质谱。对于气相色谱而言，应考虑以下色谱条件的选择与控制。

1. 载气的选择 对于GC－MS，载气必须满足以下条件：①化学惰性；②不干扰质谱图；③不干扰总离子流的检测；④具有使样品富集的某种特性，常用的载气是氦气。

2. 色谱柱的选择 应选择柱效高、惰性好、热稳定性好的色谱柱。GC－MS常用的色谱柱是毛细管柱，在使用时经常发生流失现象，应避免老化、降解等。

3. 柱温的选择 柱温选择的一般原则是在使最难分离的组分得到较好分离的前提下，采用较低的柱温，但以保留时间适宜，峰形不拖尾为度。对于宽沸程的多组分混合物，可采用程序升温法，即在分析过程中按一定速度提高柱温，随着柱温规律上升，组分由低沸点到高沸点依次流出色谱柱。

（二）气相色谱－质谱联用仪质谱条件的选择

GC－MS在分析测定时，对于质谱部分而言，应考虑以下两个方面。

1. 扫描模式 质谱图中信息量的多少往往和质谱仪扫描工作模式有关，常有以下四种。

（1）全扫描 选择全扫描（full scan）工作模式，质谱采集时，扫描一段范围，比如：150～500 D。对于未知物或化合物结构确证，一定要选全扫描模式，能看到更多的离子信息。

（2）单离子监测扫描 单离子监测扫描（single ion monitoring，SIM），针对一级质谱而言，即只扫描一个离子。对于已知的化合物，为了提高某个离子的灵敏度，并排除其他离子的干扰，就可以只扫描一个离子。这时候，还可以调整分辨率来略微调节采样窗口的宽度。例如，要对500 D的离子做SIM，较高分辨率状态下，可以设定取样宽度为1.0，这时质谱只扫499.5～500.5 D。还有些高分辨率的仪器，可以设定取样宽度更小，例如0.2 D，这时质谱只扫499.9～500.1 D。但对于较纯的、杂质干扰较少的体系，不妨设定较低的分辨率，如取样宽度设为2 D，质谱扫描499～501 D，如果没有干扰的情况下，取样宽度宽一些，待测化合物的灵敏度更高，因为噪声很低；但是有很强干扰情况下，设定较高分辨，反而提高灵敏度信噪比，因为噪声降下去了。

（3）选择反应监测扫描　选择反应监测扫描（selective reaction monitoring，SRM），针对二级质谱或多级质谱而言，第一次被选择的特征离子称为前体离子，前体离子在碰撞室经过碰撞裂解，再次选择一个碎片离子进行检测。因为两次或多次都只选单离子，所以噪音和干扰被排除得更多，专属性更好，灵敏度更高。

（4）多反应监测扫描　多反应监测扫描（multi reaction monitoring，MRM），多个化合物同时测定时，多个 SRM 一起扫描，其特点跟 SRM 一样。有的厂家并不区分 SRM 和 MRM，因为只要一次实验同时做几个 SRM 就是 MRM 方式。质谱定量分析时，倾向于用 SIM 或 SRM/MRM。如图 10 - 15 所示，MRM 模式比 SIM 模式有更高的专属性和抗干扰能力，也有更低的检测限，有利于对混合组分中痕量组分进行快速灵敏的检测。

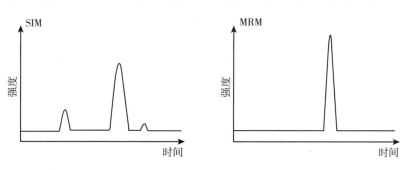

图 10 - 15　SIM 和 MRM 扫描模式离子流色谱图比较

2. 离子源　GC - MS 采用的离子源主要有 EI 源和 CI 源。EI 源可以提供丰富的结构信息，轰击电压一般为 70 eV，是标准质谱图首选电离源，但不适于难挥发、热不稳定的样品，不能检测负离子。CI 源所得质谱图简单，准分子离子峰强度大，但图谱重现性差，质谱谱库中几乎无 CI 源标准图谱。

【示例 10 - 3】 GC - MS 法测定乳粉中三聚氰酸和三聚氰胺

1. 测定原理　样品以甲醇提取，利用衍生化试剂进行衍生化处理以提高汽化能力，利用三重四极杆气 - 质联用的 MRM 技术，对三聚氰酸和三聚氰胺衍生物进行定性定量分析。

2. 标准溶液的配制

（1）标准物质贮备溶液　分别准确称取 0.02 g 三聚氰酸和三聚氰胺标准物质于 100 mL 容量瓶中，加入甲醇超声溶解，分别配制成含三聚氰酸、三聚氰胺的标准物质贮备溶液，其中三聚氰酸、三聚氰胺的浓度为 200 mg/L；然后稀释成 10.0 mg/L 次级标准贮备液。

（2）标准工作溶液　①三聚氰酸标准工作溶液：准确移取一定量的 10.0 mg/L 三聚氰酸次级标准贮备液，以甲醇依次稀释，配制成含三聚氰酸 0.010、0.020、0.050、0.10、0.20、0.50 mg/L 标准工作溶液。②三聚氰胺标准工作溶液：准确移取一定量的 10.0 mg/L 三聚氰胺次级标准贮备液，以甲醇依次稀释，配制成含三聚氰胺 0.010、0.020、0.050、0.10、0.20、0.50 mg/L 标准工作溶液。

三聚氰胺、三聚氰酸混合标准溶液：准确移取一定量的 10.0 mg/L 三聚氰胺和三聚氰酸次级标准贮备液，以甲醇逐级稀释，配制成含三聚氰酸、三聚氰胺 0.010、0.020、0.050、0.10、0.20、0.50 mg/L 标准工作溶液。

3. 样品处理

（1）样品提取　取均匀乳粉样品 0.5 g（精确至 0.0001 g）于 10 mL 具塞比色管中，准确加入 5.0 mL 甲醇，先涡旋混合 2 分钟，然后超声波提取 25 分钟，以 5000 r/min 转速离心，收集上清液并过 0.45 μm 滤膜，制得提取液。分别取 200 μL 样品提取液于自动进样瓶在 60 ℃ 水浴氮气吹扫至干；另取各标准工作系列 200 μL 于自动进样瓶中在 60 ℃ 水浴氮气吹扫至干，进行衍生化处理，同时作空白实验。

（2）衍生化　在上述氮气吹扫至干的自动进样瓶中，加入 0.30 mL 吡啶，涡旋 5 秒，再加入 N,O – 双（三甲基硅烷基）三氟乙酰胺衍生化试剂 0.20 mL，涡旋 5 秒，盖好密封，置于 70 ℃ 干燥箱内衍生处理 45 分钟，取出冷却待测。

4. 仪器条件

（1）色谱条件　载气：氦气（纯度 99.9995%）；柱流速：1.0 mL/min；汽化室温度：260 ℃；进样方式：不分流；进样量：1.0 μL；柱温程序：初始温度 90 ℃ 保持 1 分钟，以 12 ℃/min 速率升温至 200 ℃ 保持 14 分钟，总运行时间为 24 分钟。

（2）质谱条件　传输线温度：240 ℃；离子源温度：240 ℃；离子化方式：EI；电离能量：70 eV；溶剂延迟时间：6 分钟；质谱采集时间：16 分钟；EDR 电压：1200 V；碰撞气：高纯氩气（纯度 99.999%）；碰撞气压力：1.5 mtorr；质谱扫描方式：MRM；三聚氰酸衍生物母离子 m/z 345、子离子 m/z 330、215，三聚氰胺衍生物母离子 m/z 342、子离子 m/z 327、171（图 10 – 16）。

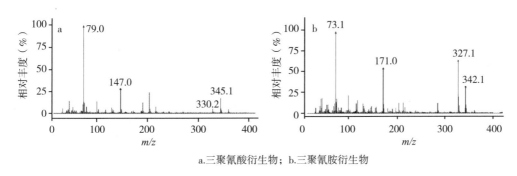

a.三聚氰酸衍生物；b.三聚氰胺衍生物

图 10 – 16　三聚氰酸衍生物、三聚氰胺衍生物的质谱图

二、液相色谱 – 质谱联用技术

液相色谱 – 质谱联用技术（LC – MS）是在 GC – MS 之后发展起来的，其核心部件接口装置的研究经历了一个更长的过程。经过液相色谱柱分离后，柱后流出物为待测组分和大量的液体流动相，而它们不能直接进入高真空的质谱部分，同时大量液体流动相还会影响待测组分的离子化。因此，LC – MS 的接口装置应能满足液相和质谱传质过程中真空度的匹配，将液体流动相和待测组分汽化，并去除大量的流动相分子，实现待测组分的电离。经过多年研究，直到大气压离子化接口技术（如 ESI、APCI）发展成熟，LC – MS 才真正广泛应用于药物代谢研究、天然产物研究、食品分析、环境监测等领域。

（一）液相色谱 – 质谱联用仪色谱条件的选择

使用 LC – MS 时，对于色谱条件重点考虑流动相的组成、样品性质及色谱柱的选择，具体要求如下。

1. 流动相的选择　常用的有机相：反相色谱可选择甲醇、乙腈，正相色谱可选择异丙醇、正己烷；水相添加剂为易挥发的缓冲盐（如甲酸铵、乙酸铵等）和易挥发的酸碱（如甲酸、乙酸、氨水等），不能使用不易挥发的缓冲盐（如硫酸盐、磷酸盐等）。为了达到较好的分析结果，可根据质谱正负离子模式，调节流动相 pH 或添加酸碱调节剂。

2. 样品性质 样品相对分子质量通常不宜过大（＜1000），分子结构中极性基团较少。

3. 色谱柱的选择 ESI 源选用 4.6 mm 内径色谱柱一般需要柱后分流，目前大多数采用 2.1 mm 内径的色谱柱；APCI 源选用常规 4.6 mm 内径色谱柱最合适。为提高分析效率，常采用小于 100 mm 的短柱，大批量分析时可以节省大量时间。

（二）液相色谱－质谱联用仪质谱条件的选择

LC－MS 的质谱扫描模式与 GC－MS 类似，质谱条件主要考虑电离模式的选择、离子源参数优化、MRM 参数优化等。

1. 电离模式的选择

（1）ESI 源 适用于离子在溶液中已生成，化合物无须具有挥发性的样品，是分析热不稳定化合物的首选。该电离模式除了生成单电荷离子之外，还可以生成多电荷离子。其中正离子模式适用于碱性样品，含仲胺或叔胺时优先考虑正离子模式；负离子模式适用于酸性样品，含较强电负性基团的样品，如含氯、溴和多个羟基可尝试使用负离子模式。

（2）APCI 源 适用于离子在气态条件中生成，具有一定的挥发性、热稳定性的化合物，如相对分子质量和极性中等的脂肪酸类，该电离模式只生成单电荷离子。

2. 离子源参数优化 离子源参数的设置直接影响灵敏度和稳定性，应从以下方面进行优化：干燥器温度及流量、雾化器压力或喷针位置、其他辅助雾化干燥气参数、毛细管电压等。

3. MRM 参数优化 全扫描或 SIM 应优化毛细管出口电压，保证母离子的传输效率；MRM 应使用优化好的毛细管出口电压、碰撞能量，进一步优化驻留时间等。

【示例 10－4】 超高效液相色谱串联三重四极杆质谱测定蜂蜜中氯霉素残留

1. 测定原理 样品经乙酸乙酯提取，过固相萃取小柱净化，梯度洗脱分离，电喷雾离子化，MRM 模式监测，采用内标法定量。

2. 样品处理

（1）样品提取 称取蜂蜜 5.00 g 于 50 mL 离心管中，加入 100 μL D$_5$－氯霉素应用液（20 ng/mL），加水 10 mL，混匀溶解，再加入 10 mL 乙酸乙酯，涡旋提取 2 分钟，1000 r/min 离心 2 分钟，吸取上层乙酸乙酯相 5 mL 于 10 mL 试管中，50 ℃氮气吹干后，加入 0.1 mL 甲醇溶解，再加入 1.9 mL 盐酸溶液（40 mmol/L），超声溶解 1 分钟，转入 2 mL 离心管中，12 000 r/min 离心 2 分钟，上清液待净化。

（2）样品净化 依次用 5 mL 甲醇、水、40 mmol/L 盐酸溶液活化平衡固相萃取柱，然后转移上述上清液至柱内，待样品过柱后，用 5 mL 水淋洗除去杂质，真空抽干柱内液体后加入 5 mL 乙酸乙酯洗脱，收集于 10 mL 具塞试管内得洗脱液；洗脱液在 50 ℃条件下用氮气吹干，分别先加入 0.1 mL 甲醇超声溶解残留物，再加入 0.9 mL 甲醇－水（1：9，*V/V*）溶液混匀，过 0.22 μm 滤膜后待超高效液相色谱串联三重四极杆质谱分析。

3. 分析条件 色谱柱：C$_{18}$柱（2.1 mm×100 mm，1.7 μm）；流动相：0.05% 氨水－乙腈梯度洗脱（表 10－2）；流速：0.4 mL/min；进样量：5 μL；扫描方式：负离子扫描；监测方式：MRM（氯霉素母离子 *m/z* 320.9，子离子 *m/z* 152.0）；电喷雾电压：－5500 V；喷

扫码"看一看"

扫码"看一看"

扫码"看一看"

扫码"看一看"

扫码"看一看"

雾器压力：40 psi；气帘气压力：35 psi；辅助气流速：40 μL/min；离子源温度：450 ℃；去簇电压：－55 V。

表 10－2　流动相梯度洗脱表

t(分钟)	乙腈体积分数（%）	0.05%氨水体积分数（%）	t(分钟)	乙腈体积分数（%）	0.05%氨水体积分数（%）
0	10	90	3.0	90	10
0.5	10	90	3.5	10	90
2.0	90	10	5.0	10	90

拓展阅读

核磁共振波谱技术

核磁共振（NMR）是指处于外磁场中物质的原子核（原子核有自旋运动，自旋量子数 $I\neq0$ 的原子核，如 ^1H、^{13}C、^{31}P、^{19}F 等）受到相应兆赫数量级的射频电磁波作用时，在其磁能级之间发生共振跃迁现象。在恒定的外加磁场中，处于不同化学环境（如结构环境）的多个同种原子核发生磁共振，产生不同的化学位移（与标准物核磁共振时射频电磁波频率差），记录化学位移峰位、强度和精细结构等情况图谱称为核磁共振波谱。目前应用较为广泛的核磁共振波谱有：氢谱（^1H NMR）、碳谱（^{13}C NMR）、磷谱（^{31}P NMR）、二维（如碳－氢二维谱）和多维核磁共振波谱等。NMR 在有机化合物的结构解析、构象分析、动态过程及反应机制的研究、聚合物立体规整性和序列分布的研究及定量分析等许多方面显示了巨大的优势，成为化学、生物、医药等领域不可缺少的分析技术。

本章小结

1. **质谱法与质谱图**　质谱法是指在高真空环境中样品分子受电流或强电场作用变成离子，在加速电场作用下质荷比不同的离子运动速度有差异而在质量分析器中分离，再通过检测器检测并记录其强度而进行定性或定量分析的方法。质谱图是以质荷比 m/z 为横坐标，离子相对强度为纵坐标的二维图。

2. **质谱仪构造**　进样系统（间歇式、直接探针、色谱进样）、离子源（电子轰击电离、化学电离、场电离和场解吸电离、基质辅助激光解吸电离、电喷雾电离、大气压化学电离）、质量分析器（磁质分析器、四极杆分析器、飞行时间分析器、离子阱分析器）、检测系统、真空系统（离子源真空度 $<1.3\times10^{-4}Pa$；质量分析器真空度达 $1.3\times10^{-6}Pa$）、自动控制数据处理系统六大部分。

3. **离子峰及信息**　质谱图中常见离子峰有分子离子峰（推断化合物分子质量）、碎片离子峰（推测化合物结构）、同位素离子峰（推断分子元素组成）、多电荷离子峰（判断化合物稳定性）。

4. **色谱－质谱联用扫描模式**　全扫描（有利于定性分析）、单离子监测扫描（适用于单级质谱选择一个离子）、选择反应监测扫描（适用串联质谱，先选母离子再选子离子）、多反应监测扫描（适用于串联质谱，相当于同时做两次或两次以上选择反应监测扫描）。

5. 检测技术　定性分析包含相对分子质量测定、化学式确定、结构鉴定；定量分析时采用内标法，内标物最好是被测物的同位素标记物或其同系物；可同时对多组分进行定量检测。

扫码"练一练"

? 思考题

1. 常见的离子峰类型有哪些？从这些离子峰中可以得到一些什么信息？

2. 画出质谱仪的结构示意图，并说明各部分的作用。

3. 常见的离子源有哪些？试述 3 种常见离子源的适用范围与所得谱图特点。

4. 试述液相色谱－质谱联用的必要性？

（于　勇）

第十一章　酶联免疫法

案例讨论

案例：某饲料厂收购一批玉米，准备加工成饲料喂奶牛，由于当地潮湿炎热，作为检验员应该重点检测玉米的水分和黄曲霉毒素 B_1，黄曲霉毒素 B_1 的急性毒性是氰化钾的 10 倍，砒霜的 68 倍，慢性毒性可诱发癌变。酶联免疫法是国家标准规定筛查黄曲霉毒素 B_1 的方法。

问题：1. 什么是酶联免疫法？

2. 如何用酶联免疫法测定玉米中的黄曲霉毒素 B_1？

酶联免疫吸附分析法（enzyme–linked immunosorbent assay，ELISA）简称酶联免疫法，是在免疫酶基础上发展起来的一种新型的免疫测定技术。由于 ELISA 具有选择性好、灵敏度高、检测结果准确、实用性强等优点，弥补了经典化学分析方法和其他仪器测试手段的不足，目前已广泛应用于临床医学、生物学和分析化学等领域。近年来随着分子生物学技术、ELISA 检测技术及其检测仪器设备的快速发展，在农药残留、食品中违法添加非食用物质、食品中生物毒素、食品中病原微生物、转基因食品等食品检测中应用也日益广泛。

第一节　酶联免疫法的基本理论

一、概述

（一）酶联免疫法的基本原理

抗原是指能在机体中引起特异性免疫应答的物质。抗体是指能与抗原特异性结合的免疫球蛋白。所有的免疫分析都要做两件事。第一件事是必须分离或者区分抗原和抗体。第

扫码"学一学"

二，抗原或者抗体必须在很低浓度就可以测量以保证最大限度的灵敏度。很低浓度的探测要求非常灵活的标记。Yalow 和 Berson 用纸色谱电泳法分离抗原抗体复合物和游离抗原，完成了免疫分析的第一个要求。

ELISA 是抗原或抗体的固相化及抗原或抗体的酶标记。加入酶反应的底物后，底物被酶催化成为有色产物，产物的量与标本中受检物质的量直接相关，由此进行定性或定量分析。

该法的优点是：可以通过颜色来快速作定性定量结果分析；特异性强；灵敏度高；酶标板上一次可做多份样品检测。

（二）ELISA 标记酶的特点及种类

ELISA 检测法对标记酶的要求很高，应具备的条件为：纯度高、溶解性大、特异性强、稳定性高；测定方法应简单、敏感、快速；与底物作用后会呈现颜色；与抗体交联后仍保持酶的活性。最常用的是辣根过氧化物酶（horseradish peroxidase，HRP），它广泛存在于植物界，辣根中的含量尤高。HRP 是一种糖蛋白，由酶蛋白和铁卟啉结合而成，相对分子质量为 40 000，其底物是二氨基联苯胺（diaminobenzidine，DAB），DAB 经酶解可产生棕褐色沉淀物，因而可用目测或用比色法测定。此外，还有碱性磷酸酶、酸性磷酸酶、苹果酸脱氢酶、葡萄糖氧化酶和 β - 半乳糖苷酶等可供应用。

（三）ELISA 试剂盒

目前 ELISA 试剂盒已得到广泛宣传。现在市面上关于针对抗生素残留检测的商品化 BIEA 试剂盒有许多，例如英国 Randox 公司、德国 r - Biopharm 公司、意大利 Tecna 及美国 ldex 公司等的产品。其中在中国使用较多的是英国 Randox 公司和德国 r - Biopharm 的产品。

英国 Randox 公司 ELISA 试剂盒已获美国分析化学家协会（Association of Official Analytical Chemists，AOAC）认可，2001 年 12 月 21 日原国家质量监督检验检疫总局推荐 Randox 公司的 ELISA 试剂盒作为动物激素、抗生素残留的首选筛选试剂。

二、酶联免疫法的类型

（一）夹心免疫分析法

夹心免疫分析法，又称双抗体夹心法或"三明治"法，是检测抗原最常用的方法。如图 11 - 1 所示，其测定原理是将已知抗体包被微量反应板和待检抗原反应，再加酶标抗体和底物，根据显色反应对抗原进行定性或定量。"夹心"是抗原。此方法最常用于蛋白质鉴别中。在食品分析中，此种方法可以用于食品掺假的检测，例如在牛肉制品中添加猪肉蛋白，或者检测花生蛋白中的蛋白过敏原等。操作步骤如下。

1. 将特异性抗体与固相载体连接，形成固相抗体，洗涤除去未结合的抗体及杂质。

2. 加待检标本，使之与固相抗体接触反应一段时间，使标本中的抗原与固相载体上的抗体充分反应，形成固相抗原抗体复合物。洗涤除去其他未结合的物质。

3. 加酶标抗体，使固相抗原抗体复合物上的抗原与酶标抗体结合，形成固相抗体 - 待检抗原 - 酶标抗体夹心复合物。彻底洗涤除去未结合的酶标抗体。此时固相载体上带有的酶量与标本中待检物质的量呈正相关。

4. 加底物显色，夹心式复合物中的酶催化底物产生有色产物。根据颜色反应的程度对酶标中的抗原进行定性或定量。

根据同样原理，将大分子抗原分别制备固相抗原和酶标抗原结合物，即可用双抗原夹心法测定标本中的抗体。

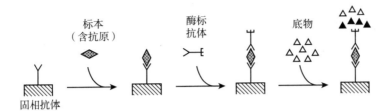

图 11-1 夹心免疫分析法

（二）竞争免疫分析法

夹心免疫分析法的可选择性、灵敏性和有色物质与检测抗原含量的直接相关性，常被用来检测大分子物质。然而，检测的食品样品中并不都是像蛋白质一样的大分子物质，而是一些小分子物质，如毒素、抗生素和杀虫剂残留。免疫分析法用于这些物质的检测时会遇到诸如以下问题：①当一些小分子物质被注入动物体内时，其体内不产生相应的抗体。②由于两种不同的抗原决定簇需要结合两种不同的抗体，夹心免疫分析法将不起作用，因为小分子物质只有一个抗原决定簇或一个抗原决定簇的一部分。

竞争免疫分析法可用于测定抗原，也可用于测定抗体，如图 11-2 所示。以测定抗原为例，待检抗原和酶标抗原与相应固相抗体竞争结合，标本中抗原越多与固相抗体结合的酶标抗原越少，与底物反应生成的颜色越浅，因此结合于固相的酶标抗原量与待检抗原的量成反比。操作步骤如下。

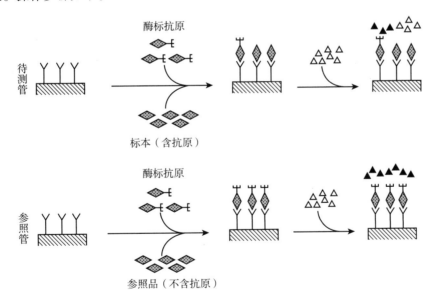

图 11-2 竞争免疫分析法

1. 将特异抗体与固相载体连接，形成固相抗体，然后洗涤。

2. 待测管中加待检标本和一定量酶标抗原的混合溶液，使两者与固相抗体竞争结合。如待检标本中无抗原，则酶标抗原能顺利地与固相抗体结合。如待检标本中含有抗原，则与酶标抗原以同样的机会与固相抗体结合，竞争性地占去了酶标抗原与固相载体结合的机会，使酶标抗原与固相载体的结合量减少。对照管中只加酶标抗原，保温后，酶标抗原与固相抗体的结合可达最充分的量。然后洗涤除去未结合到固相上的游离酶标抗原及其他结合物。

3. 加底物显色，参照管中由于结合的酶标抗原最多，故颜色最深。参照管颜色深度与待测管颜色深度之差代表待检标本抗原的量。颜色深浅与待检抗原量成反比，待测管颜色越浅，表示标本中抗原含量越多。

（三）间接免疫分析法

间接免疫分析法是检测抗体最常用的方法，如图 11 - 3 所示，其原理为利用酶标记的抗抗体以检测已与固相抗原结合的受检抗体，故称为间接法。操作步骤如下。

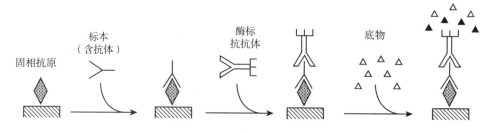

图 11 - 3　间接免疫分析法

1. 将特异性抗原与固相载体连接，形成固相抗原，洗涤除去未结合的抗原及杂质。

2. 加受检样品，其中的特异性抗体与抗原结合，形成固相抗原抗体复合物。经洗涤后，固相载体上只留下特异性抗体。

3. 加酶标抗抗体，与固相复合物中的抗体结合，从而使该抗体间接地标记上酶。洗涤后，固相载体上的酶量就代表特异性抗体的量。

> **课堂互动**
>
> 酶联免疫法最常用的方法是什么？它的基本原理是什么？

4. 加底物显色，颜色深度代表标本中受检抗体的量。

本法只要更换不同的固相抗原，可以用一种酶标抗抗体检测各种与抗原相应的抗体。

第二节　酶标仪

酶标仪的工作原理是光电比色法原理。仪器工作时根据物质的分子对可见光的选择性吸收和朗伯 - 比尔定律，先检测出标准液及待测样本液的吸光度，然后经过分析计算，对待测物质进行定量分析和定性鉴别。

一、酶标仪的结构

（一）酶标仪主要基市结构

酶标仪由分析仪和打印机组成。主机主要由光源、光学系统、八通道检测系统、酶标板驱动机构和微机处理系统组成。酶标仪后面布置图见图 11 - 4。

（二）酶标仪各部分的性能介绍

光源工作波长范围：400 ~ 800 nm；检测范围（A）：- 0.100 ~ 4.000；分辨率：0.001；滤光片配置：标准配置 405、450、492、630 nm；读板速度：单波长 5 秒/96 孔，10 秒/96 孔。

扫码"学一学"

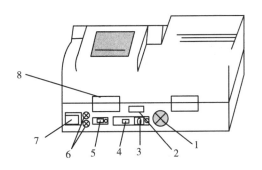

1. 冷却风扇；2. 器具输入插座；3. PS/2 鼠标接口；4. USB 打印机接口；

5. RS232 串行通讯接口；6. 熔断器；7. 电源开关；8. 铰链

图 11-4　酶标仪后面布置图

二、酶标仪的使用及注意事项

（一）仪器安装

1. 将酶标仪连接到电源上。

2. 连接外置打印机。先开酶标仪主机电源，再开打印机电源，以确保打印机正常工作。当要拔或插打印机时，关闭酶标仪主机电源和打印机电源，否则可能会损坏打印机接口引起打印不正常。

3. 连接串口线（如果使用工作站软件）：确定仪器、PC 机已关闭；串口线阳头接 PC 机的 COM1，串口线另一端接仪器通信接口。

（二）项目设置

1. 新建项目　在主菜单中，单击"项目设置"后，单击新建项目，输入项目名称、项目编号和选择波长。单击"双孔"：表示当前项目要求所有样本和标准品都要使用双份检测，取平均值，否则仪器默认单孔检测。

2. 定量分析设置　"标准品数量"依次按提示输入对应的标准品浓度；"参考范围"0.1~0.9；"稀释倍数"输入当前项目的稀释倍数；"单位"单击下拉列表各下箭头，从弹出的单位列表中选择当前项目的检测单位。

（三）检测操作

1. 开机预热　开机后仪器预热 10 分钟后，再开始检验。

2. 孔位布局　进入检测界面后，默认的界面为"孔位布局"界面。某个项目首次检测时，必须设置定标用的功能孔，进行定标。按照选项目→设置孔类型→设置样本号→指定样本位置的步骤，可以添加多个项目到同一板，每个项目以不同的显示颜色来区分。

3. 吸光度检测　检测结束后，选择"吸光度"页面，仪器会显示此次检测的整板吸光度值。

4. 定标值　检测结束后，选择"定标值"页面显示内容如下，此时可对定标情况进行审核。

"定标值"页面，显示定量检测法中定标参数和定标曲线。"当前项目名称"右侧"吸光度"下面的 8 个文本框对应当前项目标准品吸光度；"浓度"下面 8 个文本框显示对应的标准品浓度值。根据吸光度 - 浓度（$A-c$）标准曲线，得到相关系数（R），R 大小及经验（一般应大于 0.975），选择一种 R 最大的计算方法，利用该方法计算的结果作为样本的最后结果，以尽量减少误差。

三、酶标仪的保养维护

1. 清洁仪器

（1）保持仪器工作环境的清洁。

（2）仪器表面的清洁，可以用中性清洁剂和湿布擦拭。

（3）液晶显示器需用柔软的布清洁。

（4）当试剂洒落在仪器上时，应及时用消毒液消毒并擦拭干净。

警告：请勿让任何溶剂、油脂类、腐蚀性物质接触仪器。

2. 仪器部件更换

（1）更换滤光片　滤光片经过一段使用期后，其透射率会有所下降。当下降到仪器不能正常工作时，仪器会自动给出显示。更换方法：打开仪器上盖，找到滤光盘，查到失效的滤光片，取出已失效的旧片，换上新片（外径 12 mm）即可。

（2）更换光源灯　当光源灯损坏时，仪器会自动给出显示，这时可打开仪器上盖，经检查确定是灯泡损坏时，拔下灯插座，取出灯泡，更换上新的灯（12 V/20 W）。

3. 常见故障分析及处理办法　酶标仪常见故障分析及处理办法见表 11 - 1。

> **课堂互动**
>
> 当酶标仪出现检测结果偏离正常值，如何排除故障？

表 11 - 1　常见故障分析和处理办法

现象	原因	解决方案
酶标仪不能启动	电源不正常	检查是否通电，电源插头是否松脱，保险丝是否断了，电源电压是否合格
托盘运动不正常	步进电机引线插接不良；同步带松脱；运动部件移位卡住，定位光耦松脱或损坏	校正传动机构，请专业人员调整。重新检查各联接线，拧紧松动光耦
自检不正常	光系统故障；波长设置不对	查看光源灯是否亮，重新设置一次系统的波长值
检测结果不正确	光源灯和滤光片老化	及时更换新的光源灯和滤光片
打印机灯常闪	打印机接收故障，传送数据出错	关掉打印机电源；更换打印控制板

第三节　定量分析方法及其应用

一、定量分析方法

（一）直线法

"直线法"：需要设置 1 个标准品，以原点和标准点的连线为标准曲线（横坐标为浓度，纵坐标为吸光度），单点定标必须设置空白孔以校准 0 点。如图 11 - 5 所示。

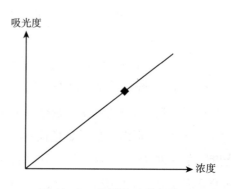

图 11 - 5　直线法（单点法）

扫码"学一学"

（二）点对点法

也称折线法，允许设置 2 ~ 8 个标准品，以各标准点的连线为标准曲线。如图 11 - 6、11 - 7 所示。

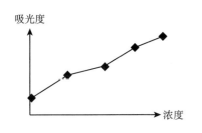 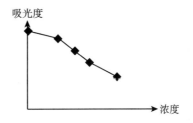

图 11 - 6 点对点法（吸光度 - 浓度为正相关）   **图 11 - 7 点对点法（吸光度 - 浓度为负相关）**

（三）线性回归法

允许设置 2 ~ 8 个标准品，通过这些标准品回归出一条直线 $y = kx + b$，即 $A = kc + b$，作为标准曲线（图 11 - 8）。

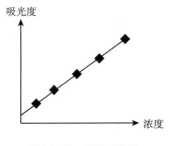

图 11 - 8 线性回归法

> **课堂互动**
>
> 酶联免疫法最常用的定量分析方法是什么？

二、酶联免疫法在食品检测中的应用

（一）食品中农药残留的测定

农药残留对公众的饮食安全都有重要的影响，农药残留常用的快速检测方法有酶抑制剂法和 ELISA。ELISA 操作步骤简单，适应于样品量较大的分析筛选，但是 ELISA 受限于抗体和抗原的制备。

（二）食品中违法添加的非食用物质的检测

三聚氰胺是一种用途广泛的有机化工产品，常用于生产三聚氰胺甲醛树脂的原料。三聚氰胺的含氮量高达 66%，由于其为白色结晶粉末并且无味，掺杂后不易被发现，因此成为掺假、造假者提高蛋白质检测含量的"首选"目标。目前市场上有三聚氰胺酶联免疫快速检测试剂盒和免疫胶体金检测试纸条等可用于定量、定性检测牛奶、奶粉、饲料样本中三聚氰胺的残留。

（三）食品中生物毒素的检测

真菌毒素是一些真菌在生长过程中产生的，易引起人和动物病理变化和生理变态的次级代谢产物，毒性很高，可通过污染谷物和被真菌毒素污染了的饲料饲喂的动物性食物（如牛奶、肉和蛋）而进入食物链，危害人类健康。黄曲霉毒素是由黄曲霉和寄生曲霉等产生的一类结构类似的化合物。其中黄曲霉毒素 B_1 具有很强的急性毒性，也有明显的慢性毒性和致癌性，是黄曲霉毒素中毒性最强的天然致癌物质。有学者采用间接竞争 ELISA 法测定黄曲霉毒素 B_1，结果显示该法适用于食品卫生监督工作中大量样品的初期筛选检测。

（四）食品中其他成分的检测

ELISA 技术还可应用于测定食品中其他成分，比如食品中重金属的检测、抗生素残留的检测以及食品营养成分的检测等方面。

本章小结

1. 酶联免疫法的原理　酶联免疫吸附测定法，简称酶联免疫法，或者 ELISA 法。是抗原或抗体的固相化及抗原或抗体的酶标记。加入酶反应的底物后，底物被酶催化成为有色产物，产物的量与标本中受检物质的量直接相关，由此进行定性或定量分析。

2. 酶联免疫法的类型　有夹心免疫分析法、竞争免疫分析法和间接免疫分析法。

3. 酶标仪的使用　主要有仪器安装、项目设置和检测操作。

4. 酶标仪的维护和保养　主要有清洁仪器、仪器部件更换、常见故障分析及处理办法等。

？ 思考题

1. 间接免疫分析法是酶联免疫检测抗体最常用的方法，请简述其原理和操作步骤。

2. 酶联免疫法类型的异同点是什么？

3. 酶联免疫法定量分析方法有哪些？最常用的定量分析方法是什么？

扫码"练一练"

扫码"学一学"

实训十七　酶联免疫法测定食品中的黄曲霉毒素 B_1

一、实训目的

1. 掌握　酶联免疫法测定食品中的黄曲霉毒素 B_1 的方法原理；标准曲线的绘制及数据处理。

2. 熟悉　酶标仪的基本操作。

3. 了解　仪器的主要结构；仪器的保养与维护。

二、基本原理

试样中的黄曲霉毒素 B_1 用甲醇水溶液提取，经均质、涡旋、离心（过滤）等处理获取上清液。被辣根过氧化物酶标记或固定在反应孔中的黄曲霉毒素 B_1 与试样上清液或标准品中的黄曲霉毒素 B_1 竞争性结合特异性抗体。在洗涤后加入相应显色剂显色，经无机酸终止反应，于 450 nm 或 630 nm 波长处检测。样品中的黄曲霉毒素 B_1 含量与吸光度在一定浓度范围内成反比。

三、仪器与试剂准备

1. 仪器　微孔板酶标仪（内置 450 nm 与 630 nm（可选）滤光片），研磨机，均质器，电动振荡器，离心机，快速定量滤纸，微量移液器。

2. 试剂　三氯甲烷或二氯甲烷，甲醇等。

3. 试液准备

（1）按照试剂盒说明书所述，配制所需溶液。

（2）所用商品化的试剂盒需验证合格后方可使用。

4. 酶标仪的操作规程

（1）开机自检　开启酶标仪电源，仪器进行自检。

（2）联机　开启计算机，打开酶标仪工作软件。

（3）新建项目　在主菜单中，单击"项目设置"后，单击新建项目，输入项目名称、项目编号和选择双波长（450 nm 和 630 nm），定量分析参数设置。

（4）孔位布局　按照选项目→设置孔类型→设置样本号→指定样本位置的步骤。

（5）吸光度检测　点击自动检测，仪器测定出吸光度检测值。

四、实训内容

1. 试样制备

（1）称取 5.00 g 样品（如麦类、饼干、糕点等样品）于 50 mL 离心管中，加 25 mL 样品提取液（3 份甲醇加 2 份去离子水，混合均匀），振荡 5 分钟，室温 4000 r/min 离心 10 分钟。

（2）取 5 mL 上清液，加入 10 mL 三氯甲烷（或二氯甲烷），振荡 5 分钟，4000 r/min 离心 10 分钟。

（3）转移上层液体到另一容器中，下层液留置备用，向上层液中再加入 10 mL 三氯甲烷（或二氯甲烷），充分振荡混匀 5 分钟，室温 4000 r/min 离心 10 分钟。

（4）去除上层液体，合并两次的下层液体并充分混匀。

（5）取合并后的下层液体 4 mL 于 50~60 ℃氮气下吹干，加入 1 mL 样品提取液充分溶解干燥物，再加入 5 mL 复溶液进行稀释并充分混匀，取 50 μL 进行分析。

2. 样品检测　按照酶联免疫试剂盒所述操作步骤对待测试样（液）进行定量检测。

（1）检测前所需试剂和微孔板的准备　将所需试剂从 4 ℃冷藏环境中取出，置于室温平衡 30 分钟以上，洗涤液冷时可能会有结晶需恢复到室温以充分溶解，每种液体试剂使用前均须摇匀。取出需要数量的微孔板及框架，将不用的微孔板放入自封袋，保存于 2~8 ℃环境。

（2）工作洗涤液制备　实验开始前，将 20×浓缩洗涤液用去离子水按体积比 1∶19 稀释成工作洗涤液。

（3）编号　将样品和标准品对应微孔按序编号，每个样品和标准品做 2 孔平行，并记录标准孔和样品孔所在的位置。

（4）加样反应　加标准品或样品 50 μL/孔到各自的微孔中，然后加酶标记物 0 μL/孔，再加抗体工作液 50 μL/孔，轻轻振荡 5 秒混匀，25 ℃避光反应 30 分钟。

（5）洗涤　将孔内液体甩干，用工作洗涤液 250 μL/孔充分洗涤 5 次，每次间隔 30 秒，最后用吸水纸拍干。

（6）显色　加底物液 A 50 μL/孔，再加底物液 B 50 μL/孔，轻轻振荡 5 秒混匀，25 ℃避光显色 15 分钟。

（7）终止　加终止液 50 μL/孔，轻轻振荡混匀，终止反应。

（8）测吸光度　用酶标仪于双波长 450 nm/630 nm 处测定每孔吸光度值，测定应在终止反应后 10 分钟内完成。

3. 数据处理

（1）标准曲线绘制　根据最小二乘法，绘制标准品浓度与吸光度的标准曲线。

（2）待测液浓度计算　按照试剂盒说明书提供的计算方法以及计算机软件，将待测液吸光度代入标准曲线，计算待测液质量浓度（c）。

（3）结果计算　样品中黄曲霉毒素 B_1 的含量按下式计算：

$$X = c \times V \times D/m$$

式中，X 为试样中黄曲霉毒素 B_1 的含量，μg/kg；c 为待测液中黄曲霉毒素 B_1 的质量浓度，μg/L；V 为提取液体积（固态样品为加入提取液体积），L；D 为在前处理过程中的稀释倍数；m 为试样的称样量，kg。

计算结果保留小数点后两位。阳性样品需进一步确认。

精密度，每个试样称取两份进行平行测定，以其算术平均值作为分析结果。其分析结果的相对偏差应不大于 20%。

五、实训记录及数据处理

1. 绘制酶联免疫试剂盒定量检测的标准曲线。

标准品浓度为 1 μg/mL　测定波长：＿＿＿ nm

$V_{标准品}$（μL）	0.00	40	200	800	3000
浓度（μg/mL）	0	4	20	80	300
A					

以浓度（μg/mL）为横坐标，吸光度（A）为纵坐标用 EXCEL 作图。

2. 样品的提取、净化。

样品名称	质量（g）	提取液体积（L）	稀释倍数

3. 样品中黄曲霉毒素 B_1 含量的测定。

平行测定次数	1	2	3
A			
查得浓度（μg/mL）			
样品中黄曲霉毒素 B_1 含量（μg/kg）			
含量平均值（μg/kg）			

六、思考题

1. 温度低于 20 ℃或者试剂及样品没有回到室温，测定结果会怎样？

2. 反应终止液具有腐蚀性，如果不慎接触皮肤或衣物应如何处理？

3. 简述本实验的实验原理。

（李桂霞）

扫码"学一学"

附录

常用的样品前处理仪器

一、微波消解仪

微波，一种波长范围在 0.1 ~ 100 cm，频率为 300 MHz ~ 300 GHz 电磁波。微波可以直接穿入试样的内部，在试样的不同深度，微波所到之处同时产生热效应，这不仅使加热更迅速，而且更均匀，大大缩短了加热时间，它比常规加热法一般要快 10 ~ 100 倍。微波消解法与常规湿法消化相比，具有样品消解时间短（几十秒至几分钟）、消化试剂用量少、空白值低的优点。由于使用密闭容器，样品交叉污染少，也减少了产生酸雾的量。目前，微波消解技术已广泛应用于分析检测中样品处理。

（一）原理

在 2450 MHz 的微波电磁场作用下，微波穿透容器直接辐射到样品和试剂的混合液中，吸收微波能量后，使消化介质的分子相互摩擦，产生高热。同时，交变的电磁场使介质分子极化，高频辐射使分子快速转动，产生猛烈摩擦、碰撞和震动，使样品与试剂接触界面不断更新。

（二）仪器结构

微波消解装置是由微波炉、消化容器、排气部件等组成。将样品和试剂置于密闭的消解罐中，用特殊盖帽装置使整个样品在反应过程中处于严格高压密闭状态，然后使样品罐置于微波场中加热。在高温高压下，样品很快消解。注意金属器皿不能放入微波消解装置中，以免损坏微波发射管。

消解试样的目的是通过试样与酸反应把待测物变成可溶性物质。如金属元素变成可溶性盐，成为离子状态存在于溶液中。使用最广泛的消解试剂是 HNO_3、HCl、HF、$HClO_4$、H_2O_2 等。

（三）注意事项

1. 严禁对含有机溶剂或挥发性的样品进行消化。如要消化，应先水浴挥干。

2. 聚四氟乙烯消解罐每次使用前应用硝酸溶液浸泡，然后水洗，去离子水冲洗，晾干。

3. 同一次消解，每个消解罐装入的样品和溶剂种类应该相同，样品质量、溶剂体积、起始温度应该相同（包括零号罐），有利于控制温度和压力。消解内罐、外罐、支架序号也要相同，不要混用，防止密封不严而引起漏气。

4. 消解过程结束后，必须待所有消解罐温度降至 80 ℃ 以下，才可以在通风橱内慢慢松开放气螺丝，待罐内气体释放完毕之后方可松开顶丝，取出消解罐。

5. 导气管下部接头与控制罐的连接处必须拧紧，确保不漏气。

二、旋转蒸发器

旋转蒸发器主要用于减压条件下连续蒸馏大量易挥发性溶剂，从而分离和纯化反应产物。

（一）原理

旋转蒸发器的基本原理是减压蒸馏，通过真空泵使蒸发烧瓶处于负压状态，蒸发烧瓶在旋转同时置于水浴锅中恒温加热，当溶剂蒸馏时，蒸馏烧瓶在最适合速度下连续转动，使溶剂形成薄膜，增大蒸发面积，瓶内溶液在负压下加热扩散蒸发，在高效冷却器作用下，可将蒸气迅速液化，加快蒸发速率。

（二）仪器结构

蒸馏烧瓶是一个带有标准磨口接口的梨形或圆底烧瓶，通过回流蛇形冷凝管与减压泵相连，回流冷凝管另一端与带有磨口的接收烧瓶相连，用于接收被蒸发的有机溶剂。在冷凝管与减压泵之间有一个三通活塞，当体系与大气相通时，可以将蒸馏烧瓶、接收烧瓶取下，转移溶剂，当体系与减压泵相通时，则体系应处于减压状态。使用时，应先减压，再开动电动机转动蒸馏烧瓶，结束时，应先停机，再通大气，以防蒸馏烧瓶在转动中脱落。作为蒸馏的热源，常配有相应的恒温水槽。

（三）注意事项

1. 旋转蒸发器的各接口、密封面、密封圈及接头安装前需要涂一层真空脂。

2. 使用时若真空抽不上来需检查：①各接头、接口是否密封；②密封圈、密封面是否有效；③主轴与密封圈之间真空脂是否涂好；④真空泵及其皮管是否漏气；⑤玻璃件是否有裂缝、碎裂、损坏的现象。

3. 蒸馏完毕，先停止旋转，通大气（不能直接关闭真空泵，同时托住蒸馏瓶，以免倒吸和脱落）。然后关真空泵，最后取下蒸馏烧瓶。

4. 蒸馏瓶内溶液不宜超过容量的50%，如果样品黏度较大，应放慢旋转速度，使其形成新的液面，利于溶剂蒸出。

三、氮吹仪

氮吹仪是一种常用的样品前处理的仪器，主要用于色谱、质谱等分析样品的纯化和制备，如：蔬菜、水果、谷物中的农残分析，饮用水、地下水和污染水水样有害物质的检测等。使用氮吹仪对样品进行浓缩已经越来越被人认可接受，其优势在于：①一次可处理多个样品，在多因素、多水平的重复实验中优势更为明显；②实验操作简便、灵活，可以不受约束地随时调节浓缩的进程；③实验中不需要操作者长时间维护，节省人力；④旋转蒸发器在溶剂沸腾时可能会造成样品的损失，而氮吹仪在浓缩时准确、灵敏，可避免样品损失。

扫码"看一看"

（一）原理

氮气是一种不活泼的气体，能起到隔绝氧气防止氧化的作用。氮吹仪利用氮气的快速流动打破液体上空的气液平衡，从而使液体挥发速度加快，并通过干式加热或水浴加热方式升高温度（目标物的沸点一般比溶剂的要高一些），从而达到了浓缩的目的。

（二）仪器结构

氮吹仪也叫氮气吹干仪，自动快速浓缩仪等，按照仪器的加热方式不同可分为两种：水浴式氮吹仪和干式氮吹仪。

水浴式氮吹仪特制水浴锅作为加热载体的氮吹仪，区别于使用铝模块加热的干式氮吹仪，加热温度在室温至100 ℃。使用氮吹仪时将样品定位架支撑在恒温水浴内，打开水浴电源，设定水浴温度，水浴开始加热。将需要蒸发浓缩的样品分别安放在样品定位架上，打开流量计针阀，氮气经流量计和输气管配气后送往各样品位上方的针阀，通过调节针阀控制氮气的流速，氮气经针阀管和针头吹向液体样品试管，调整针头高度，以样品表面吹起波纹，样品又不溅起为好，直到蒸发浓缩完成。

（三）注意事项

1. 开始通入氮气时，应缓慢开启阀门，防止样品溅起，造成损失和污染。

2. 每次使用针头后都应清洗，尽量减少针的污染。可使用有机溶剂冲洗、高压消毒和索格利特（SOXHLET）萃取等技术。

3. 整个操作必须在通风橱内进行。

四、固相萃取仪

固相萃取（SPE）是一个非常实用的样品预处理技术。与液 - 液萃取相比，固相萃取具有以下优点：①回收率和富集倍数较高；②有机溶剂用量少，减少了对环境的污染；③分析物与干扰组分分离效果好；④操作简便、快速，费用低，易于实现自动化及与其他分析仪器的联用。

（一）原理

固相萃取是利用组分在固相（吸附剂）和液相（溶剂）之间的分配能力或吸附能力的差异进行分离。其保留或洗脱的机制取决于组分与固相表面的活性基团，以及组分与液相之间的分子间作用力。

固相萃取的洗脱模式有两种：一种是目标组分比干扰组分与固相之间的亲和力更强，因而被保留，洗脱时采用对目标化合物亲和力更强的溶剂；另一种是干扰组分比目标组分与吸附剂之间亲和力更强，则目标组分被直接洗脱。

（二）操作步骤

1. 预处理　在萃取样品之前，吸附剂必须经过适当的预处理，目的是打开碳链、湿润和活化固定相，增大固定相的表面积，使目标物与表面紧密接触，易于发生分子间相互作用；增加萃取柱与组分相互作用的表面积；除去萃取柱中存在的有机干扰物，减少污染。

固相萃取柱预处理的方法是根据固定相的性质和种类采用一定量合适溶剂冲洗柱子。反相类型的固相萃取硅胶和非极性吸附剂，通常用水溶性有机溶剂如甲醇预处理，然后用水或缓冲溶液替换滞留在柱中的甲醇，以使样品水溶液与吸附剂表面有良好的接触，提高萃取效率。正相类型的固相萃取硅胶和极性吸附剂，通常用样品所在的有机溶剂来预处理。

离子交换填料一般用 3～5 mL 去离子水或低浓度的离子缓冲溶液来预处理。

2. 上样　上样的目的是使目标物被保留。上样的方法：将样品倒入活化后的 SPE 小柱，采取手动或泵用正压推动或负压抽吸方式，使液体样品以适当流速通过固相萃取柱，此时，样品中的目标萃取物被吸附在固相萃取柱填料上。

3. 淋洗　洗涤的目的是为除去吸附在固相萃取柱上的少量基体干扰组分。一般选择中等强度的混合溶剂，尽可能除去基体中的干扰组分，又不会导致目标萃取物流失。如反相萃取体系常选用一定比例组成的有机溶剂－水混合液，有机溶剂比例应大于样品溶液而小于洗脱剂溶液。

4. 洗脱　洗脱是用较强的溶剂将目标化合物洗脱下来，加以收集。目的是将分析物完全洗脱并收集在最小体积的洗脱剂中，杂质尽可能多地保留在 SPE 柱上。为了尽可能将分析物洗脱，使比分析物吸附更强的杂质留在 SPE 柱上，需要选择强度合适的洗脱溶剂。

（三）注意事项

1. 使用时真空压力不应大于 0.1 MPa。

2. 固相萃取柱与接头应安装配合好，当发现系统总是达不到设定压力时，应检查各接头是否拧紧，气压盖密封垫是否平整。

3. 一般固相萃取洗脱液的流速应不超过 5 mL/min，使用离子交换萃取柱时流速不大于 2 mL/min。流速太快，会造成保留或洗脱不完全；流速太慢，会增加工作时间。

五、超声波清洗器

超声波的频率在 20 kHz 以上，超声波由于频率高、波长短，因而具有传播的方向性好、穿透能力强等特点。超声波清洗是利用超声波在液体中的空化作用、加速度作用及直进流作用对液体和污物直接、间接的作用，使污物层被分散、乳化、剥离而达到清洗目的。超声波清洗器的优点是清洗效果好，操作简单。

六、涡旋混合器

涡旋混合器（涡旋振荡器）能将所需混合的任何液体、粉末以高速涡旋形式快速混合，混合速度快、均匀、彻底。涡旋混合器具有结构简单可靠、仪器体积小、耗电少、噪音低等特点，主要适用于医药、生物工程、食品、化学等研究领域。

参考文献

[1] 毛金银，杜学勤．仪器分析技术 [M]．第 2 版．北京：中国医药科技出版社，2017．

[2] 国家药典委员会．中华人民共和国药典 [M]．第四部．北京：中国医药科技出版社，2015．

[3] 中国药品生物制品检定所．中国药品检验标准操作规范 [M]．北京：中国医药科技出版社，2010．

[4] 郭景文．现代仪器分析技术 [M]．北京：化学工业出版社，2004．

[5] 孙凤霞．仪器分析 [M]．第 2 版．北京：化学工业出版社，2011．

[6] GB/T 5750.5—2006 生活饮用水标准检验方法 无机非金属指标 [S]．北京：中国标准出版社，2006．

[7] 徐馨，李霞，丁金龙．食品添加剂对火龙果皮红色素稳定性的影响 [J]．中国食品添加剂，2018（4）：141 – 147．

[8] 戴军．食品仪器分析技术 [M]．北京：化学工业出版社，2006．

[9] 李杨．食品仪器分析 [M]．北京：科学出版社，2017．

[10] 李自刚，弓建红．现代仪器分析技术 [M]．北京：中国轻工业出版社，2013．

[11] 汤轶伟，赵志磊．食品仪器分析及实验 [M]．北京：中国标准出版社，2016．

[12] 王炳强．仪器分析 – 光谱与电化学分析技术 [M]．北京：化学工业出版社，2017．

[13] 王炳强，曾玉香．化学检验工职业技能鉴定试题集 [M]．北京：化学工业出版社，2016．

[14] 丁兴华．食品检验工（技师、高级技师）[M]．北京：机械工业出版社，2006．

[15] 张小华．仪器分析 [M]．北京：中国农业出版社，2012．

[16] 魏培海，曹国庆．仪器分析 [M]．北京：高等教育出版社，2014．

[17] 张寒琦．仪器分析 [M]．北京：高等教育出版社，2013．

[18] 吕玉光．仪器分析 [M]．北京：中国医药科技出版社，2017．

[19] 高金波，吴红．分析化学 [M]．北京：中国医药科技出版社，2017．

[20] GB 5009.85—2016 食品安全国家标准 食品中维生素 B_2 的测定 [S]．北京：中国标准出版社，2016．

[21] 郭英凯．仪器分析 [M]．北京：化学工业出版社，2006．

[22] 李晓燕，张晓辉．现代仪器分析 [M]．北京：化学工业出版社，2013．

[23] 辛秀兰．生物分离与纯化技术 [M]．北京：科学出版社，2005．

[24] 马晓年，段海波，李文廷，等．超高效液相色谱串联三重四极杆质谱测定蜂蜜中氯霉素残留 [J]．食品安全质量检测学报，2017，8（10）：3898 – 3902．

[25] 李东刚，鞠福龙，李春娟．三重四极杆气质联用法分析乳粉中三聚氰酸和三聚氰胺 [J]．食品科学，2010，31（6）：180 – 184．